人类生态视野中的
长江下游农业起源

The Emergence of Agriculture in the Lower Yangzi:
A Human Ecological View

潘艳 著

上海辞书出版社

图书在版编目(CIP)数据

人类生态视野中的长江下游农业起源 / 潘艳著 . —
上海：上海辞书出版社,2017.2
ISBN 978 - 7 - 5326 - 4887 - 0

Ⅰ.①人…　Ⅱ.①潘…　Ⅲ.①长江中下游—农业史—
研究　Ⅳ.①S-092

中国版本图书馆 CIP 数据核字(2017)第 030750 号

人类生态视野中的长江下游农业起源
潘 艳　著

特约编辑/徐 衍　责任编辑/吴 慧　封面设计/杨钟玮

上海世纪出版股份有限公司
上海辞书出版社出版
200040　上海市陕西北路 457 号　www.cishu.com.cn
上海世纪出版股份有限公司发行中心发行
200001　上海市福建中路 193 号　www.ewen.co
上海中华印刷有限公司印刷

开本 720 毫米×1000 毫米　1/16　印张 22.5　字数 324 000
2017 年 2 月第 1 版　2017 年 2 月第 1 次印刷

ISBN 978 - 7 - 5326 - 4887 - 0/S • 8
定价：88.00 元

本书如有质量问题,请与承印厂质量科联系。T：021 - 69213456

序

陈　淳

　　农业起源是国际考古学研究的三大基石之一,这个领域的发展如科林·伦福儒(Colin Renfrew)爵士所言,不只表现为出土新材料的增加,更重要的是在于分析方法的改进及思想观念上的突破。这项课题已经从传统考古学"何时"与"何地",转向"如何"与"为何"问题的探索。潘艳博士的这本专著就是对后两个问题的尝试性研究,运用国际学界流行的理论方法,试图为长江下游稻作及农业起源提供一种全新的解读。本书以她的博士论文为基础,之后又做了进一步的打磨和优化,无论在理论探讨的深度和广度还是材料定性和定量分析方面都有许多亮点,因此从学术创新和科学价值上,获得上海市优秀博士论文的荣誉应该是实至名归。

　　潘艳自本科开始就在我的指导下阅读欧美考古学界许多有关环境考古学和文化生态学方面的原典,如朱利安·斯图尔特(J. Steward)和肯特·弗兰纳利(Kent Flannery)等人的著作,并将一些经典译成中文,在《南方文物》的"域外视野"栏目中发表。她在复旦大学本科的箜政课题中以三峡地区史前生态为目标,探索了该地区特殊的人地关系。直博之后,她得到国家教育部联合培养项目的支持,到加拿大多伦多大学人类学系教授、国际著名植物考古学家加里·克劳福德(Gary Crawford)教授门下学习了两年,夯实了她在环境考古和植物考古方面的理论基础和分析能力,特别是加深了对美国植物考古学家布鲁斯·史密斯就人类生态位构建理论所展开的多方面思考与论述的了解。两年的强化系统训练,为其论文和本书的写作打下了坚实的基础。与此同时,她也在考古材料上得到了浙江文物考古研究所同仁的鼎力相助。他们毫无保留地向她开放上山、跨湖桥、河姆渡和田螺山等遗址出土的植物遗存,使得这本著作能够用第一手资料来详尽分析全新世初长江三角洲和钱塘江流域古代先民的生计和对野生资源的利用和操纵，从而管窥水稻驯化和农业经济发展的过程。浙江文物考古研究所的同仁思想开放，与时俱进，意识到生态物对考古研究的重要性，所以尽可能在田野发掘中保留一切有价值的生态材料。这也为植物考古的定性和定量分析创造了必要的条件。在此，我特别要对为本书研究提供材料和帮助的郑云飞、王海明、孙国平、蒋乐平、郑建明，还有萧山博物馆的施加农、朱倩等诸位同仁深表激赏。因此，国外前沿思想方法的训练和国内同行的大力支持，对于这本书来说都是缺一不可的，此外当然还有赖于潘艳本人的悟性、努力以及对这门学科的执着。

　　我觉得本书的创意和洞见有以下几点：（一）从全球农业起源的视角来看待和分析长江下游的农业起源，充分讨论和介绍了国际上有关农业起源的理论和最新动态，并紧跟学术前沿，为研究设立了明确的问题导向。（二）引入生态位构建的概念分析农业起源的过程，并从人类对资源的被动利用的过程论视角，转向关注古代先民对生态系统进行积极和主动操纵的后过程论思考。（三）把长江下游农业起源探索从对水稻单一作物驯化过程的关注转向先民对生态系统里各种资源的操纵和综合利用，然后从这些野生资源的比例变化来看植食种类开发和利用的变迁，进而判断植物驯化的背景与过程。特别是注意到跨湖桥遗址水稻和非水稻植物的利用有一种起落的过程，表明水稻的驯化与对其的强化利用并不同步，似乎表明当时开发和利用多种生态位要比水稻栽培更省力更有效。还有，量化分析表明，田螺山资源前三种主要淀粉类植物橡子、芡实和菱角表现出被水稻所取代的趋势。（四）对作为判断野生和栽培水稻标志的小穗轴基盘做了详细的量化分析，为水稻利用和栽培提供了一种历时变迁和动态过程的洞见，并为判断野生稻和栽培稻区分提供了行之有效的途径。我觉得，如果这些观察和分析能够扩大到长江三角洲整个区域大多数史前遗址的植物考古分析中去，将能进一步深入了解和重建水稻和其他食物种类的驯化过程以及农业起源的具体轨迹。

　　就一本学术专著来说，写作过程中得到各位同行专家的审阅、批评和建议非常重要。正如著名美国人类学家埃尔曼·塞维斯(Elman Service)在其《国家与文明的起源》一书的序中所言,在漫长的写作过程中,最大的乐趣之一就是得到各位审阅者的反馈。他的这本名著就是在许多同仁的批评建议下,显著偏离其最初设计方向而日趋完善的。本书基本是潘艳个人独力完成的,因为加里·克劳福德教授无法阅读中文,而我的专攻无法在许多细节上提供建议。如果本书是用英文写作,并能让国际上一些著名专家审阅并提供意见,最后的终稿质量肯定会更好,所以这本专著应该还有值得提高的地方。

由于作者主攻植物考古,加上时间和精力所限,所以本书除了对鸟的利用略有提及外,并不涉及动物考古。原因可以理解,但是就长江下游农业起源的探索而言,这显然是不全面的。希望以后这个课题能够与动物考古结合来加以完善。我觉得生态位构建作为一种概念应该可以发挥更大的分析和阐释作用,与其相近的几个术语如栖息地或生境(habitat)和遗址域(catchment area)在运用上究竟有什么不同,在讨论中比较含糊。根据书中引用的定义,生态位是指"一个物种在群落中所占有的生境以及它在该生境中所需的环境要素"。而且,生态位构建可以帮助我们分析人类对资源的管理和动植物驯化的过程,以及人类塑造、改善和维持其生计,拓展自身发展空间的各种手段。由于每个物种都占据着自身特殊的一种生态位,并与其他物种的生态位有一定的重叠和竞争,所以,人类自身生态位的构建就是与其他生计物种一起建立起一种共生关系的过程。人们对环境和资源的利用和操纵使他们成为这种共生生态系统的工程师。

如果借鉴美国考古学家肯特·弗兰纳利偏差放大的概念来审视对不同物种利用的生态位构建,水稻栽培和驯化很可能是人类生态系统动态平衡过程的一种偏差放大。与广谱资源的许多其他物种相比,从水稻栽培成本高、回报率低的特点来看,其优越性并不明显,并非最佳觅食对象。但是,水稻相对他物种的优势很可能是它的储藏潜力。因为,人类觅食的高回报物种,大多只能当季消费,很难长期储藏。所以,自更新世末和全新世初以来,人类日益定居的趋势使得储藏变得越发重要,因为储藏能够应付不期而遇的食物短缺,以及保证人群在一年生存周期中度过食物匮乏的冬季。从跨湖桥和田螺山遗址来看,数量最多的几种淀粉类植物可能都有长短不一的储藏能力,能够应付短期的食物波动。而应付较长冬季食物短缺的橡子因为回报率高,可能会受到更大的青睐,水稻因回报率低很可能是作为储藏的候补选项而被利用和栽培的。而它在跨湖桥与其他物种相比地位不升反降的情况来看,似乎表明橡子和其他食物种类的供应在人类操控的生态系统中足以应付全年周期的食物波动与供应,使得水稻作为储藏的候补选项地位下降。而田螺山的情况则体现了水稻取代前三类淀粉类主食橡子、菱、芡实的趋势,尽管目前还不清楚这几类主食消费和储藏比例所蕴含的意义,但是很可能野生橡子等资源的波动或某些其他原因,使得田螺山先民逐渐偏重对水稻的依赖。所以,如果对人类依赖和操纵的几类主要物种的生态位进行分析,并将它们放到人类生态系统中进行动态观察,它们的历时波动和变迁,应该可以重建从最初的低水平食物生产到少数几种高产驯化物种的发展过程,了解人类从原始自然生态适应向今天农业人工生态的转变。

本书的一个遗憾是,最后一章对国际流行的几种农业起源主要理论只是根据自己的案例分析做了评述,并没有利用它们或提出自己的理论来解释长江下游的农业起源。我觉得用人口压力说和竞争宴享说来审视水稻的起源还是可以发现各自的合理之处,可以加以利用和充实。我觉得,从水稻最初似乎用来应付食物季节波动到最后成为主食,人口压力在其最终取胜的长期过程中应该是一个不可忽视的潜在动力。从考古证据来看,水稻在崧泽晚期之前似乎一直是野生资源利用的一种补充,并不一定处于主食的地位。一直到良渚才突然出现强化栽培和利用的迹象,并伴以大量精耕细作农具的出现。这显然和人口增长和复杂社会对剩余产品的需求有关。随着良渚文明的崩溃和可能的人口减少,马桥时期水稻的利用又回落到较低的水平。因此,人口压力虽然不宜被看作稻作农业起源的主动力,但是对于水稻作为主食而最终取胜的长期趋势而言,还是一种值得考虑的潜在动力。

海登(Brian Hayden)的竞争宴享说在用到水稻栽培上似乎与考古证

据所反映的事实不尽相符，因为跨湖桥和田螺山似乎还是原始的平等社会，缺乏少数人用夸富宴来筹办美食、树立个人威望的迹象。但是，跨湖桥精美的黑陶罐和奉食的泥质大陶盆暗示集体宴享的存在。作为维系原始社会关系的集会、祭祀和宴享在现代民族志也多有报道，不一定非得与社会等级分化拉上关系。而水稻在酿酒中的作用也值得深究，酒的起源很早，这在贾湖遗址中已有端倪，世界民族志中也不乏可供借鉴和类比的案例。酒的酿造应该起源很早，并与淀粉类植物和水果及蜂蜜等利用密切相关。酒被认为是社会关系和运转的润滑剂，也可能是祭祀活动和萨满仪式的必备之物。这些活动出现在社会复杂化之前，所以还是值得思考稻米利用的各种其他可能。

最后的期望是，植物考古学的问题导向和研究视野，应当从水稻和少数几种主食谷物的溯源转向人类利用各种植物的探究，包括水果、薯类、蔬菜、调味品、香料、饮品、染料、洗涤、药物、致幻药、编织物等的开发和利用，将神农尝百草的研究上溯到史前时代。同时将植物考古分析与相伴出土的各种工具结合起来，利用学科交叉的分析技术，以期能够在类型学之外，为各种工具的文化分析提供一种功能性解释。

潘艳的这本专著只是她处女航的开始，希望她以后能够继续努力，为我国农业起源研究提供更多的洞见，并将植物考古学拓展到与人类生活相关的、对各类植物的开发和利用，为发展具有中国特色的植物考古学做出自己的贡献。

Preface

Gary W. Crawford

This study has been a long time in the making. That's a good thing. One of my senior colleagues compared writing a monograph to producing a fine wine. Time and patience are two of the most important ingredients. This analogy may seem a little pretentious, but it has been worth the wait to see the results of this project. In these pages is an articulate exploration of the human ecological setting of some of the most extraordinary ancient cultures in pre-Bronze Age China: the Majiabang Culture and the Hemudu Culture including its immediate predecessors, the Shangshan and Kuahuqiao Cultures. The sites that form the substantial body of data in this study are waterlogged with outstanding preservation. House support posts, other architectural features including wooden pads to keep posts from sinking into the sediment, bows, paddles, a dugout canoe, preserved paddy fields, and wooden art forms round out the usual pottery and stone tools that archaeologists are familiar with. But the richness of the plant and animal remains make these sites tantalizing because they represent the debris left by people who were leading humanity, at least in this part of the world, for the first time along an unrelenting path to agriculture.

When I was first exposed to the archaeology of China as a student in the 1970s the Hemudu Culture was just beginning to be noticed. The excavations at the Hemudu site began in the early 1970s and details were being published in the late 1970s. At the time, no one knew much about the circumstances of early rice farming. Western scholars were also intrigued at the time and into the early 1980s by research in Thailand that was recovering rice chaff in pottery, rice that was being interpreted in the context of what was then thought to have been a Southeast Asian non-centre of rice domestication according to T. T. Chang and Doug Yen. The "non-centre" point was a reference to Jack Harlan who rejected the notion that a plant's place of domestication could be pinpointed to a particular point or centre. Not only we were seeing snippets of insight coming out of Asia but new results were also coming out of Mexico, Southwest Asia and Eastern North America. Hunter-gatherer studies were changing how we thought about their way of life too. Their earlier portrayal as hand-to-mouth, struggling people was wrong. Preconceptions about early agriculture everywhere were being upended. It was an exciting time to be in archaeology because so much was being exposed but every new piece of information seemed to confuse us more. It was the excavations at Hemudu that focused attention north to the Yangzi region from Southeast Asia as an important locus of early rice production, perhaps *the* locus and a locus with no clear ties elsewhere. This population appeared to be independently developing agriculture. The first reports seemed unbelievable, that huge layers of rice were uncovered in a water-logged context well before any signs of metallurgy, yet they were true. Beyond all this, Hemudu could not have been the earliest culture with rice production in the region. It was too well-developed. Subsequent projects such as the ones at Jiahu hundreds of kilometers north of Tianluoshan and Kuahuqiao, and others hundreds of kilometers upriver at Pengtoushan, Diaotonghuan, and Xianrendong showed how widespread rice production appeared to be in the period from about 9000 to 6000 years ago.

We are well aware now that these are the people who brought us rice, one of the top grain crops in the world today. They also provide us with the first evidence for the use of water chestnut, foxnut, hog plum, peaches, and pigs among others. So a significant part of the cuisine associated with this part of China was being developed in the households of the Kuahuqiao and Hemudu people. These households and their surroundings were their laboratories. The debris left in the mud is the stuff of their experiments, not that they knew that they were experimenting. I use that word to describe the process more in hindsight. They were not scientists in our sense of the word. Yet they had an intimacy with their world and a depth of knowledge of that same world that we can only superficially understand because we can't observe their lives unfolding in their time and place. We can only interpret their lives from the evidence that we, as archaeologists, are able to uncover.

Fortunately, a tradition of archaeological botany and zoology developed in Zhejiang Province out of the necessity for archaeologists to interpret what the Hemudu world was like. They weren't the only people in the world at the time setting out on a path to farming so this study will help us understand what was happening elsewhere too. Early farming is, for me at least, the most fascinating issue in archaeology because, to some extent, it makes no sense. Farmers work harder and have poorer health than their non-farming predecessors. Their predecessors weren't starving yet early farmers decided to focus their attention on a set of plants and animals that would evolve to force us to depend on them to such an extent that, without them, our modern societies would collapse. They were solving some type of problem by making the choices that they made. We think that they were reducing some type of risk and they probably thought that they were developing a more secure existence by cultivating resources rather than going out and finding them (something, by the way, they had no trouble doing before). Studies such as this one by Pan Yan are crucial to bringing us to a better understanding of how this happened, and by doing so, help us understand who we are, as human beings, today.

I first met Pan Yan over ten years ago when she came to study
with me at the University of Toronto. Her plan was to learn more
about archaeobotany and early agriculture from an anthropological
perspective and my lab seemed to be a good place for her to begin.
Although her writing had barely begun, she had ideas, ideas
formulated when she was doing field work at Kuahuqiao and
Tianluoshan, two sites that have come to be recognized as extremely
significant archaeological sites in the Lower Yangtze valley. Her ideas
needed considerable honing, but they would develop over the early
years we worked together at the Mississauga campus of the University
of Toronto. What struck me was her enthusiasm for new ideas and her
ability to critically evaluate her own preconceptions. It became a
reciprocal learning process, a process where I seemed to be learning as
much as she was. I was learning about the archaeology of the Lower
Yangzi while she was developing her theoretical perspectives. This
book is the results of those discussions and subsequent thinking after
she returned to China and marks the culmination of her deliberations
on the early human ecology of the region.

Pan Yan was trained at Fudan University, one of the finest
schools in China. In the mid-2000s she was entering the doctoral
program there and felt that she needed a change because her
intellectual development had not yet taken her beyond Fudan. So she
applied for a fellowship to work with me. When she arrived at my lab
I didn't know what to make of her. She was a whirlwind who
bombarded me with questions at every turn. Above all wanted to read,
and then read more. Nearly every day for two years she would drop by
my office with a question that would lead to more questions, then I'd
give her a reading list to help her answer her own question, leaving me
wondering how I was going to complete my own agenda. After all, I
was Chair of my department and had a growing list of my own
obligations.

Pan Yan also arrived with what appeared to be conclusions formed while immersed in the context of her research at two sites, Tianluoshan and Kuahuqiao. I encouraged her to start fresh and to think critically about what she had been doing and what she intended to accomplish. Her reading list and travels exposed her to North American archaeology, an archaeology that is far more explicitly steeped in theory than archaeology in China is, or at least was. Archaeology in China had matured rather independently although there were some diverse external influences in the late 19th and early 20th centuries. For the most part, archaeology has been generally accepted as a branch of history that moved forward with confidence derived from a shared, well understood agenda. Site reports and articles tended to be highly descriptive, with good reason. There is so much to describe. As Pan Yan points out, the descriptions tell us who these people were and what their technology was like but provides little insight on why and how people flourished and innovated here at the time they did.

The data coming from these sites, as I already pointed out, has established the Lower Yangzi Basin as a crucial area for understanding not only the evolution of local agriculture but for understanding the origins of agriculture in general. Site reports, individual studies of specific classes of remains, and a lively literature debating the meaning of rice recovered here are all bringing international attention to the region. The periods before and after the Hemudu and Kuahuqiao Cultures are not trifling either. The earlier Shangshan culture, only discovered about ten years ago, is establishing that rice production and probably other resource production has deep roots in the area. Subsequent to the Hemudu Culture is the Liangzhu Culture, potentially the earliest complex, politically centralized (to some significant degree) society supported by agriculture and without metal-working in China. This is a special region. Pan Yan's work sets out to examine why it became so special. She does this in a creative way.

Fast forward to the present. Her innovative approach came into focus when we pursued ecological issues, particularly human ecology. It's a great way to integrate human behaviour and the plant and animal data from these well-preserved sites. As a result, this book is the first explicitly human ecology-based study situated in a broadly articulated problem: how the first steps to rice-based agriculture were taken. Pan Yan wisely doesn't let the rice issue become central, although it remains an important part of her thinking. The best archaeological research these days uses multiple lines of evidence. Not only is her theoretical approach current but she integrates several crucial forms of evidence to derive and test her model, including genetics. Yes, in order to better understand rice Pan Yan undertook a postdoctoral program in genetics. Central to her thinking is to reject humans as passively receiving whatever their rich world had to offer. The evidence speaks to the ecologically creative role of people, and squarely places this monograph in the subfield of ecology called "niche construction." The concept has been late coming to archaeology, but it hasn't been entirely ignored. My own work and that of my doctoral supervisor and my fellow graduate students concerned anthropogenesis, or the impact of people on their surroundings. We always viewed this impact as interactive. Niche construction more explicitly acknowledges this interaction although I still have trouble seeing a clear difference. "Niche construction" is arguably more inclusive and signals a broader conceptualization of human-environmental interaction and acknowledges a sort of relativity. We could, if the circumstances called for it, select the perspective of rice, pigs, or oaks if necessary. In this case, Pan Yan focuses on people and how they modified their environment and adjusted not only to local habitats but the habitats as they were developing and changing them. The modifications go beyond preparing fields.

Pan Yan writes with an intimacy of the local archaeology that only a Zhejiang-raised scholar could. She was a member of the field teams that excavated several of the sites so she came to know the flora and fauna in the region over years of living and working there. This is an impressive work that will influence not only local thinking about Shangshan, Kuahuqiao, Hemudu and Majiabang, but about early agriculture in general. Hopefully it will also stimulate thinking about what we are doing to our planet today.

Abstract

The Lower Yangzi region is widely thought to be one of the independent centers of global agricultural origins, but no monograph systematically focused on this area in the Early-Middle Holocene has ever been published. By this book, I attempted to investigate agricultural origin in the Lower Yangzi region during 10000—6000 BP from the view of human ecology.

To solve key issues to research of global agricultural origins, the efforts of pursuing a comprehensive understanding of initial domestication in a boarder ecological context has been enhanced in past two decades. Particularly, Bruce Smith advocated that the process of domestication of plant and animal species should be studied in the context of human niche construction. It is conceptualized as "human-driven environmental modification that may lead to change in evolutionary direction and rate of human or other species impacted". This general concept also provides the logical link between efforts to explore agricultural origins at two disconnected scales of analysis, regional-level and species-level.

Compared with the big picture of exploration of global agriculture origins, the scope of research in agricultural origin in the Lower Yangzi appears more limited. Since the discovery of Hemudu site in 1970s, *what*, *when*, and *where* have been the central concerns in most discussions of early domestication of rice. Little attention is paid to explaining *how* and *why* agriculture emerged. In general, the narrative of agricultural origin in this area has been monopolized by rice, while a lot more taxa and quantity of archaeobotatic records were ignored. Furthermore, a variety of complex ecological processes of human-environment interaction need to be carefully interpreted. Stimulated by human niche construction theory, my book is aimed to demonstrate the pattern of human's behaviors by which the life cycles of plant species were intervened and the succession of ecosystem in the Lower Yangzi was changed and redirected during 10000—6000 BP.

Four archaeological cultures are involved: Shangshan, Kuahuqiao, Hemudu, and Majiabang. In order to discern human's role in changing environment and population of other species, three basic datasets, including palaeoenvironment, settlement, archaeobotany, are analyzed in detail. Palaeoenvironmental records consist of pollen, phytolith, microorganism fossils, and other geological analyses. On a regional scale, the study area was characterized by monsoonal climate and was largely influenced by rapid marine transgression during 9000—4000 BP. This process completely changed the eastern coastal line of mainland and the landscape of the Yangzi Delta. Not until 7000—6000 BP did the Taihu Plain and the Ningbo-Shaoxing Plain finally form and become stabilized. The unique water environment created ecotone and played a significant role in evolution of human subsistence and social development. A series of anthropogenesis such as burning, paddy field, tending, etc. are indicated by these records. Diversity and richness of the habitats was enhanced and regulated by human's activities so as to give people more flexibility, reliability, and sustainability to cope with issues of resource supply in their long-term occupation.

Settlement analysis looks into distribution and area of sites as well as archaeological features for understanding intensity of impact of human's occupation on local environment. Shangshan Culture is distributed along the upper reaches of the tributaries of Qiantang River. Kuahuqiao is located at the Xiang Lake while a few Shangshan sites have strata attributed to Kuahuqiao Culture. Hemudu and

Majiabang are chronologically simultaneous, respectively distributed in the Yao River valley and scattered on the Taihu Plain. The size of sites and arrangement of houses reflects that all of these communities are small-scale villages. Social stratification is not clearly shown. Their successful long-term survivals supported by sophisticated technology systems are implied through multiple varieties of structures, such as wooden piled dwelling, artificial mound, stone paved trail, well, storage facilities, etc.

Archaeobotanic data indicate that more than a hundred taxa of plants were involved in the resource system of people's daily life. Not only rice, but also an array of nuts and fruits are identified, such as fox nut, water caltrop, acorns, persimmon, Chinese berry, hog plum, peach, grape, bottle gourd, sedge, polygonum, etc. At least ten taxa of trees are identified from wooden tools, dwelling structure, boat, and other facilities. Although not all of the four cultures provide detailed botanical data, the information in hand shows a complicated pattern of environment management practiced by people.

Rice, in spite of being overemphasized, is still worthy of further exploration, especially the rethinking of indicator and syndrome of its initial domestication in a broader human behavioral context. By conducting a systematic experiment, I established a quantitative reference for identifying or predicting whether a given rice population is/was cultivated or domesticated by people in terms of the statistics of its spikelet base morphology. A series of rice samples, including wild, wild-domesticate hybrid, domesticated, weedy, and traditional cultivated populations, comprise the database, representing the rice with different levels of shattering along a wide continuum between wild and fully domesticated populations. The spikelet bases of each population are collected through simulated harvest and threshing experiments. The statistical analysis suggests that domestication intensity is the most important factor that influences non-brittle spikelet base percentage (abbr. NSBP). As domestication intensity increases, rice shattering tends to reduce while non-brittle spikelet base percentage increases. Thus NSBP can be used as an indicator of domestication intensity of rice population. The experiment shows that, if NSBP is lower than 10%, the rice population has a high probability of being wild; if NSBP is higher than 20%, the rice population may be safely predicted to be cultivated by people. Since this quantitative reference discerns that an archaeological rice population can reflect the pattern of human's intervene in rice's life cycle, it is expected to have a great potential in the research of rice agricultural origin and development. To some extent, human's knowledge about interacting with wetland species and aquatic environment can also be reflected by such a proxy indicating the intensity of human intervening in rice growth.

The archaeobotanic data from Kuahuqiao and Tianluoshan sites allow further quantitative analysis. The records of Kuahuqiao indicate that people promoted productivity of targeted species or resources by a wide range of environmental manipulative strategies so that a high-level sustainability of their subsistence economy, which could not be maintained by exclusively foraging and collecting, was achieved. The assemblage also shows that the focus of human niche construction on wetland gradually transferred to forest edge area as local water environment changed and their niche construction skills had developed. Tianluoshan yielded more abundant materials. Although only a small part of plant remains have been analyzed, a preliminary interpretation is possible. The assemblage indicates that more wetland plants might be consumed than other taxa at first and later more tree nuts and fruits appeared in storage. Between 6100 and 6000 BP, rice could have become the starchy staple in diet. A spatial analysis based on density of each taxon implies the arrangement of different activity areas of daily life in village. Both of the cases show that how a small-scale society encouraged resource production by active environmental management so as to sustain continuous occupation for thousands of years.

Conclusively, the dispute about whether the peoples in the Lower Yangzi in the Early to Middle Holocene were hunter-gatherer or farmers should be ceased. These societies should be understood as active and creative resource producers or agriculturalists, who played the significant role of promoting ecosystem evolution. With the synthetic analysis of archaeological data, the macro-evolutionary causal explanation of agricultural origin can be examined in this area. The empirical data do not support the hypotheses of climate change, population growth, resource pressure, competitive feasting. Risk reduction may have the greatest potential to be further explored.

目　录

插 图 目 录

表 格 目 录

第一章　长江下游全新世早中期的农业探源

人类从自然获得各类物质材料以满足生存的多方面需要,而农业是实现资源生产的文化手段,它的出现使人类对资源的依赖有了比较可靠的保证。显而易见,尽管史前的早期农业与现代农业在形式上大相径庭,但两者以提高可利用资源产量和可持续性为目的的本质却毫无二致,且均通过人类对环境和动植物物种生命周期不同程度的干预来实现,因此"农业"应当广义地指资源生产的手段,涵盖从最简单的小型农事活动到复杂的大规模农作物生产等一系列形式多样的农业行为。在此意义上,狩猎采集向农业的转变,实际上是人类生态系统的一次革命。本书正是试图在这样的语境中揭示人类在某一特定时期内活跃而丰富的资源生产活动,以及与其相应的整个人类生态系统的运作方式与历时变迁。

考古学证据表明,距今 10000 年左右,旧大陆的人类开始驯化动植物,继而使地球上的人口迅速增长、社群规模日益扩大、社会结构趋向复杂、技术发明层出不穷,同时也带来了简单狩猎采集社会所没有的烦恼。这就是被柴尔德称为"新石器时代革命"的农业起源,它对人类的命运影响至深。中国的长江下游也在那时出现了农业的迹象,那是以水稻栽培为代表的一系列人类对环境和动植物物种有意干预和控制的生计活动。本书将以考古出土的植物遗存为基本材料,探索长江下游距今 10000—6000 年间人类生计形态从最初的资源生产向比较成熟复杂的农作活动转变的过程。

第一节　问题性质与背景

近 1 个世纪以来,考古学、生物学、农学、地理学、遗传学等众多学科

已为探索农业起源问题贡献了大量成果。至今全球范围内已有近 10 个
地区作为物种的独立驯化中心得到确认[1]。从 20 世纪 20 年代起,考古
学就对农业发生的动力机制进行探索,这个理论问题一直处于研究的核
心地位。到 90 年代,从外部物质压力、社群内部结构、意识信仰等多种角
度建立起来的理论框架不计其数,虽然其中大多数学说在阐释中的有效
性依适用地区不同而程度不一,没有一种解释可以涵盖所有案例,但这些
理论和假设形成了农业起源研究的丰厚积淀和话题资源。

　　进入 21 世纪以来,新视角、新技术更是层出不穷,不仅快速更新已有
的实物材料,更促使学术界对过去的结论进行反思。首先,最重要的变化
是研究视野的拓宽,考古学家从多方面调整了对"农业"概念的理解,主要
表现在:从以物种遗传表型性状改变为中心转向以人类行为方式和生态
系统的变化为中心[2][3][4],从把农业起源作为一个事件来记录转向对其
漫长演进过程的跨时空追踪[5],从聚焦单一物种转向发现和剖析多物种
农业组合的发生过程[6][7],从勾勒农业发生的宏观环境背景转向对人类
活动微生境(micro-environment)的分辨[8][9],从社群外部观察者(etic)
的视角转向社群内部体验者(emic)的视角[10][11]。其次,与之相应的是随
着学术兴趣的扩展和新问题的层出不穷,其他学科的技术被发展并应用
到农业起源研究中来,提炼信息的手段大增。比如分子遗传
学[12][13][14][15]、植硅石分析[16][17][18]、淀粉颗粒分析[19][20][21]、骨骼稳定同
位素分析[22][23]、古病理学[24][25]等。在这个研究手段与认知水平互惠互
动、共同促进的过程中,研究者们意识到我们对史前人类生计形态和农业
起源的了解远远比想象中要少。因此,原先的"农业为何发生"的问题转
化成为"农业如何发生",学术热点也从解释农业起源的动力机制转变为
描绘和剖析农业起源的过程,特别是这个过程中的多样性和复杂性。

　　我国的长江中下游被认为是物种独立驯化的地区之一[26]。距今
10000—6000 年间,长江下游史前文化经历了食物与资源生产最初的发
生与发展阶段,学术界对于这一时空范围内人类生计形态的认识也经历
了众说纷纭的过程,主要问题集中在这种生计形态在何种程度上属于农
业范畴。70 年代以来,学界一般将河姆渡和马家浜文化的经济性质视作

以粗耕为代表的原始稻作农业,在此基础上家畜饲养得到发展,但渔猎和采集仍是经济生活中的一个重要组成部分[27]。对于长江下游在稻作农业起源和传播中所扮演的角色,考古界最具代表性的观点认为,该区域是"我国史前栽培稻的一个重要传播中心。我国的史前稻作,正是从那里像波浪一样地呈扇面展开"[28][29][30]。同时,多位研究者如童恩正[31]、严文明[32]、游修龄[33]又都极为谨慎地提出,河姆渡的稻作农业形态已相当成熟,应不是原始农业最初的形态,栽培稻起源可以追溯到更早的年代,后来跨湖桥、小黄山、上山遗址稻作遗存的发现证实了这些预见。90年代以来,有少数学者提出,由于长江下游早期史前文化的经济结构中除驯化水稻和猪以外,还包含较大比例的野生物种,可能与富裕的狩猎采集者有许多共性[34][35][36]。此外,一些学者分别尝试以环境压力[37]、竞争宴享[38]和共同进化理论[39]为基本框架对稻作起源的动力机制给予阐释,而这些学说之间似乎并未获得产生共识的机会。2007年,傅稻镰(D. Fuller)提出不应夸大以栽培稻为代表的驯化物种在该地区早期史前文化中的经济地位和发展程度,他再次强调野生物种在生计构成中的重要性,认为河姆渡先民属于狩猎采集者与栽培者兼而有之的范畴[40]。实际上,2006年至今的研究揭示,距今8000—6000年长江下游的水稻处于从野生向驯化的过渡阶段[41][42]。同时,最近的研究以布鲁斯·史密斯(Bruce Smith)提出的"低水平食物生产"(low-level food production)[43]这一理论框架来探讨跨湖桥与河姆渡文化的经济方式和人类生态[44][45]。综上所述,40余年来的探索将讨论长江下游早期食物生产的学术语境引向对一种"似农非农"经济形态的认识,究竟如何评估和理解这一过程就成为长江下游农业起源研究的核心问题,这与目前国际考古界农业起源研究的学术潮流是一致的。

将过去40余年研究中的缺陷和最近国内外学界的新潮流相对照,我们可以发现要对这一问题取得突破性的认识,必须调整和更新旧有的理解。首先,过去大多数研究将水稻的驯化作为长江下游农业出现与否的标志,过于突出水稻这一物种在早期农业中的地位。而近年来,有些学者更倾向于把生计形态作为一种整体性的概念来看待,他们不仅关注后来成为人类食谱中主食的稻米,更呼吁和渴望考古学通过了解其他各物种及其关系来揭示人类生计形态的完整面貌和真实性质[46][47][48]。其次,过去的研究经常以稻作遗存最早的绝对断代来定格农业起源的时间。但是,越来越多研究者都认为需要把农业起源作为一个漫长的过程来追溯,而不是将它看作一个短暂的时间点,更不提倡以明确的标志性事件来定义农业的发生[49]。其三,对过程的细致剖析能够从不同角度揭示诸多变量如何作用于农业起源,从而有助于在众多动力机制假说中剔除明显不够合理的因素,将可能的解释限定在更小的可检验的范围内。

因此,本课题研究有两点有别于以往的相关研究或同类研究。一是把早期农业作为一个整体性生计形态的概念来看待,从人类生态系统的视角进行分析,将重点放在人与其他物种和环境之间关系的变化上,不局限于一两种标志性物种,也不仅限于考察人类的食物,还将其他用作建材、织物纤维、染料、燃料、装饰等用途的物种都包括在考察的范围内。二是强调农业起源应当被看作一个连续过程,农业的发生固然有明确的定义,但是不一定能在物质形态上找到明确的起止或分段标志。

第二节　研究目标、内容与材料

一、研究目标与内容

本研究以长江下游距今 10000—6000 年间(相当于自上山文化至河姆渡文化,以及与河姆渡同时段的马家浜文化)的考古材料为研究对象,侧重分析各类植物遗存所反映的人类行为与环境信息,结合对聚落及其他材料的分析阐释,从人类生态的角度剖析该地区早期农业发生的过程。研究努力达成两个目标,其一,探明长江下游距今 10000—6000 年间人类生计形态的性质与相应人类生态系统的变迁过程,为该地区农业起源研究提供一个理论框架。其二,通过长江下游的实例研究,参与近 10 年来国际考古学界有关农业起源新视角与新理论的探讨,如“低水平食物生产”[2][43]、“资源生产”[11][50]、人类生态位构建[3](human niche construction)等,以期为理解农业起源问题提供具有启发性或普适性的创见。

本书的研究内容包括从最基本的一手材料梳理到最终对人类行为和社会演进的联系与比较,可以分为三个方面,分别与布鲁斯·特里格(B. Trigger)提出考古学理论的低级、中级、高级三个范畴[51]相对应。第一,利用考古出土材料和其他学科研究提供的相关数据,建立一个长江下游距今 10000—6000 年间有关聚落、植物组合、生物群落演变的分布与历时框架,致力于从最直接的现象中发现模式。第二,基于不同的时空框架和尺度阐释农业发生过程中的人类行为以及整个人类生态系统的特点,试图回答人类做了什么、人类行为有什么规律的问题。第三,在弄清人类行为模式和性质的前提下,评估不同变量作为农业发生动力机制的重要性,说明长江下游成为全球农业独立起源地的共性与特性。

二、研究材料

本研究所涉区域为东经 119°—122°、北纬 28°45′—32° 的范围,分布有属于上山文化、跨湖桥文化、河姆渡文化和马家浜文化的诸遗址。依今行政区划分,它们位于上海市、浙江省和江苏省境内,在气候分区上属于中国东部面临太平洋的亚热带季风区东北角,在地形区上属于长江下游的太湖平原和钱塘江流域的宁绍平原,会稽山、四明山和天目山脉向东面平原延伸的丘陵地带(图 1.1)。

20 世纪 70—90 年代,对长江下游早期史前文化的了解仅限于河姆渡遗址与马家浜文化环太湖以东的诸遗址。90 年代后,长江三角洲地区及其毗邻的钱塘江流域一系列具有突破性意义的考古为重新评估和思考该地区早期文明发展提供了契机。上山文化和跨湖桥文化的发现与确立、以田螺山遗址为代表的河姆渡文化大型遗址的发掘、马家浜文化一批新遗址,尤其是环太湖以西地区的发掘,特别是近年来 10 多处上山文化遗址的发现,这些新材料共同提供了更加完整的年代框架和实物证据。同时,多年的研究成果和经验积累,以及国际上新理论方法的发展与引进,使新材料有机会以更完善的技术手段进行分析,并在更细致的理论框架内予以阐释。因此,本研究使用的材料包括截至 2015 年为止开展过系统发掘并有简报或正式考古报告出版,或者已提供可定量分析数据的遗址。

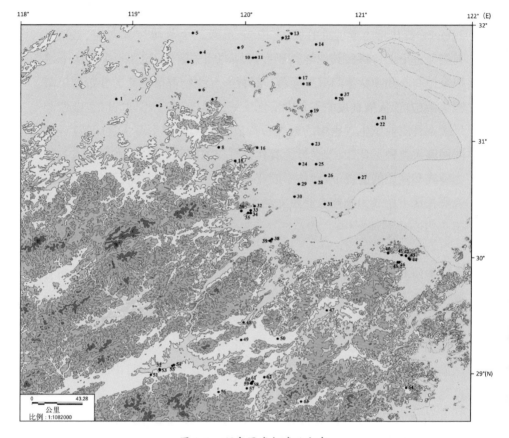

图 1.1　研究区域与遗址分布

(1) 薛城	(2) 神墩	(3) 三星村	(4) 北渚荡	(5) 凤凰山	(6) 西溪
(7) 骆驼墩	(8) 江家山	(9) 新岗	(10) 圩墩	(11) 潘家塘	(12) 祁头山
(13) 东山村	(14) 许庄	(15) 狮子山	(16) 邱城	(17) 彭祖墩	(18) 邱城墩
(19) 越城	(20) 草鞋山	(21) 福泉山	(22) 崧泽	(23) 梅堰	(24) 广福村
(25) 吴家浜	(26) 马家浜	(27) 大坟塘	(28) 张家埭	(29) 罗家角	(30) 新桥
(31) 坟桥港	(32) 南庄桥	(33) 荀山东坡	(34) 庙前	(35) 马家坟	(36) 吴家埠
(37) 绰墩	(38) 下孙	(39) 跨湖桥	(40) 鲻山	(41) 田螺山	(42) 傅家山
(43) 慈湖	(44) 小东门	(45) 河姆渡	(46) 鲞架山	(47) 小黄山	(48) 上山
(49) 桥头	(50) 老鹰山	(51) 青碓	(52) 荷花山	(53) 下库	(54) 山下周
(55) 青阳山	(56) 大公山	(57) 湖西	(58) 长城里	(59) 庙山	(60) 蒐山
(61) 长田	(62) 太婆山	(63) 下汤	(64) 峙山头		

　　上山文化是迄今长江下游发现的最早的新石器考古学文化,年代为距今 10500—8500 年(图 1.2a),主要分布于钱塘江上游的金衢盆地及其周边地区。目前发现的上山文化遗址达 18 处(图 1.1,表 1.1),已经系统发掘的是上山、小黄山、荷花山 3 处,义乌桥头遗址正在发掘中,永康湖西遗址曾有小规模试掘。这一系列遗址出土了可能与储藏活动和定居生活相关的灰坑、灰沟和成排柱洞,陶器组合以夹炭红衣大口盆、平底盘等为代表,石器包括磨盘、磨棒、石球等,陶胎内羼入的大量炭化稻粒遗存表明上山先民已开始利用或栽培水稻。

　　跨湖桥文化距今约 8000—7000 年(图 1.2b),以跨湖桥和下孙两处遗址最能代表文化面貌,类似的物质遗存在上山、荷花山、小黄山等晚于上山文化的地层中都存在[52]。本书仅针对跨湖桥和下孙两处遗址的出土材料进行分析,其陶器组合形制别致,包括釜、豆、盆、钵、罐、甑等,与上山文化相比凸显种类多样。遗址的饱水环境使大量有机质遗物得到了很好的保存,出土各类木器、木质储藏构造、竹器、骨器,尤其是独木舟代表了先民娴熟的木作技艺。遗址各地层,特别是古湖岸区出土了大量动植物遗存,说明了当时人类与环境和资源之间复杂而多样的互动关系。

　　河姆渡文化主要分布于杭州湾南岸的宁绍平原至舟山群岛,遗址达 30 多处,根据已发表的碳 14 常规断代和 AMS 断代数据,其年代约为距今 7000—4500 年(图 1.2c)。学界一般将第一、二期视为典型的河姆渡文化,年代为距今 7000—6000 年[53],本书的考察也限于此范围内。其居址以干栏式建筑为代表,显示河姆渡先民已过着定居的农业村落生活,还发现有大型食物储藏坑、独木桥、古水稻田、墓葬等与定居生活密切相关的遗迹现象。陶器早期以夹炭黑陶为主,中期出现泥质红陶,晚期以夹砂灰陶为主,最具特色的器型是炊器釜。除打制石器外,还出现了磨光石器,器型包括锛、凿、斧,另有一些石制品是加工精美的小饰件。丰富的骨器、角器、牙器、木器是其又一重要特征,其中包括建筑构件、以耜为代表的农具、容器、渔猎工具、精致的日常用具和装饰品等。此外,大量保存完好的动植物遗存揭示了先民在饮食方式、食物采办、农业生产、日程安排等多方面的活动。本书主要使用余姚的河姆渡、田螺山、鲻山、鲞架山以及宁波的傅家山这 5 处遗址的材料进行分析(图 1.1,表 1.1),它们都分布于姚江河谷两岸的山间小平原。

　　马家浜文化涉及的遗址达 30 余个(表 1.1),它们分布在环太湖平原上,东至东海,南至钱塘江北岸,西南沿天目山山麓,西达茅山山脉,北抵长江南岸,根据已发表的碳 14 断代数据,其年代跨度为距今 7000—6000 年(图 1.2d)。建筑以木结构为骨架,发现的木器以建筑构件为主,石器有斧、锛、凿、刀等,骨、角、牙质的各类工具和装饰品在人工制品中占较大比例。遗址常见饱水保存良好的动植物遗存,草鞋山、绰墩出土古水稻田,显示了有关人类生计形态的信息。

表 1.1　本书所涉遗址的时空分布简况

考古学文化	遗址名	所在地	年代范围(公元前)
上山文化	上　山	浦　江	8000—6500
	小黄山	嵊　州	7060—6970
	桥　头	义　乌	7100—6830
	湖　西	永　康	6700—6500
	下　汤	仙　居	
	荷花山	龙　游	
	太婆山	永　康	
	长　田	永　康	
	庙　山	永　康	
	蓭　山	永　康	
	长城里	永　康	
	青　碓	龙　游	
	下　库	龙　游	
	峙山头	临　海	
	大公山	武　义	

考古学文化	遗址名	所在地	年代范围（公元前）
上山文化	老鹰山	东　阳	
	山下周	金　华	
	青阳山	金　华	
跨湖桥文化	跨湖桥	萧　山	6000—5250
	下　孙	萧　山	约 5770
	上　山	浦　江	5892—5695
	荷花山	龙　游	约 5800
河姆渡文化	河姆渡	余　姚	5200—4000
	田螺山	余　姚	5000—2200
	鲻　山	余　姚	
	鲞架山	余　姚	4300—4000
	傅家山	宁　波	4800—2500
马家浜文化	马家浜	嘉　兴	
	吴家浜	嘉　兴	
	罗家角	桐　乡	5305—4845
	新　桥	桐　乡	
	张家埭	桐　乡	
	大坟塘	平　湖	
	坟桥港	海　宁	
	吴家埠	余　杭	
	荀山东坡	余　杭	
	庙　前	余　杭	
	马家坟	余　杭	
	南庄桥	余　杭	

考古学文化	遗址名	所在地	年代范围（公元前）
马家浜文化	邱　城	湖　州	4898—4621
	狮子山	长　兴	
	江家山	长　兴	
	草鞋山	苏　州	4450—3900
	圩　墩	常　州	4300—3500
	新　岗	常　州	
	潘家塘	武　进	
	祁头山	江　阴	
	东山村	张家港	5400—4000
	许　庄	张家港	
	彭祖墩	无　锡	
	邱承墩	无　锡	
	广福村	吴　江	4300—4100
	梅　堰	吴　江	
	骆驼墩	宜　兴	
	西　溪	宜　兴	
	越　城	苏　州	
	绰　墩	昆　山	4450—3900
	三星村	金　坛	3945—3700
	北渚荡	金　坛	
	崧　泽	青　浦	4300—3700
	福泉山	青　浦	3780—3400
	凤凰山	丹　阳	
	神　墩	溧　阳	
	薛　城	高　淳	

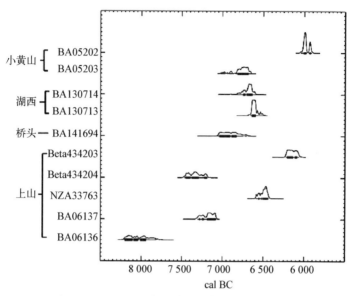

图 1.2a　上山文化部分遗址代表性测年数据

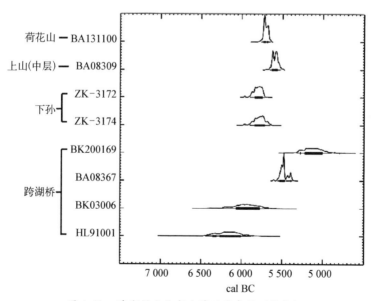

图 1.2b　跨湖桥文化部分遗址代表性测年数据

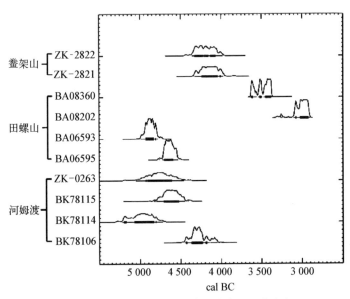

图 1.2c 河姆渡文化部分遗址代表性测年数据

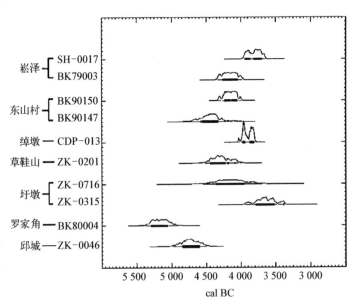

图 1.2d 马家浜文化部分遗址代表性测年数据

第三节　基 本 概 念

一、生计形态

　　"生计"一词在考古学中的使用主要受到英语单词"subsistence"的启发[54]，在国内也常被译作"生存"[55]，它一般是指维持生活的手段、谋生方式。一些考古学家对生计形态的探讨仅限于食谱的范围。实际上，在对史前社会的研究中，其内涵经常等同于社会经济形态的范畴，被表述为"生计方式"（subsistence strategy，或译"生存策略"）[56]，诸如狩猎采集、畜牧、刀耕火种型农业、工业化的集约型农业等，这种理解将"生计"等同于社会的生产活动。科林·伦福儒（Colin Renfrew）和保罗·巴恩（Paul Bahn）同样指出"维持生存的需要是人类最基础的需要。……这一概念包括燃料和服装等必需品……（还）通常意味着对食物的需求"[57]。在最近的研讨中，一些学者将"生计"更加广义地理解为人类从自然中摄取维生物质的活动，这些物质不仅指用于果腹的食物，还包括可用来制作服装或建筑材料的动物皮毛，可用作燃料、建材或工具原材料的木料，可用于编织的纤维，可用于染色的果实及根茎，甚至满足某些特殊用途如装饰品、致幻迷药的物种[11][48][58][59][60]。可见，学界已不再将"生计"仅限于人类的觅食行为，而是把定义的重点倾向于人类为维持生存而对环境与物种进行干涉和改变的活动。在这个意义上，上述提及的各类实物材料进入考古学背景无疑与其背后更加广阔而复杂的人类开拓行为紧密相关，而人类主动对自然资源的多元开拓则对整个生态系统产生了不可忽视的影响。本书将采纳这种广义的理解，把考察重点放在人类与其所处自然环境的相互关系上，特别是人对环境的干涉、管理、操纵、改造，以及相关生态过程的改变。

　　有一点是显而易见的，学界对描述人类生计形态，尤其是与农业起源相关的术语有各种不同的理解和表述。这是由多方面因素造成的[61]，它们包括：（1）由于多学科的介入，各领域专家看待同一问题的视角不同；（2）农业起源研究至少有 50 年的学术传统，对术语的理解也经历了层累性的演变；（3）各地区快速增长的材料和特有的文化轨迹未能以专门的语言恰当地表述;(4)农业起源的丰富内涵使各种用法能够选择向政治、经济、社会、意识形态等任一方面偏重,从而产生理解的分歧。鉴于这些复杂的考虑,本书需要对常用术语的意义和用法作一简介,同时说明它们在本书中所指的准确内涵。

二、狩猎采集

在过去的半个多世纪,大多数考古学研究以人群的食谱资源是否包含驯化物种作为界定"狩猎采集"与"农业"的分水岭——考古证据中不见驯化物种的社群可被定义为狩猎采集者[62]。这一标准因其明晰可行而得到广泛认同和采纳。但加里·克劳福德(Gary Crawford)等学者明确地将狩猎采集描述为:人类仅从自然中摄取其提供的天然物质材料,不从事任何物质生产,且不介入任何致力于增加自然资源可获性的活动[56]。他们强调狩猎采集者资源获取方式和来源的极端有限,极端的被动是其经济形态中最重要的特征。本书采纳后者的理解,认为当"狩猎采集"一词作为生计形态术语使用时,应符合其强调人类被动适应自然资源的内涵,应从人类的行为特征上找证据,而不是驯化物种的有无。

三、驯化

"驯化"是人类通过有意或无意的选择行为使动植物种群的遗传特征发生变化的演变过程,也被视为人类与其他物种之间建立互惠互利、共同进化关系的过程,这种共生关系的强弱程度取决于人类对环境进行操纵的方式和强度,有时会达到物种离开人类协助便无法生存和繁殖的程度[63]。驯化具体表现为,动植物的生命周期受到人类持续干预,致使其某种性状在种群中的比例发生变化。这些生物性状的改变在植物可表现为种皮或果皮变薄、果实尺寸增大、种子落粒性减弱、成熟期渐趋一致、休眠期缩短甚至消失等[64],在动物可表现为个体尺寸变小、吻部后缩、牙齿尺寸减小、齿列改变、两性差异变小等[65]。但我们需要意识到,这个"驯化"(domestication)与常见的"驯化物种"一词中的"驯化"(domesticated)有细微但重要的区别,前者指的是一个过程,后者指的是一种状态,意思是"驯化了的",驯化物种一般是指其形态性状变化已使之能与野生种群相区别的物种。

四、栽培

"栽培"指人类管理植物以及改造其环境的一系列行为,是具体的动作或活动本身。栽培的对象可以是驯化物种,也可以是非驯化物种(可包括野生型、杂草型等)。1960年赫尔贝克(H. Helbaek)提出"驯化前的栽培"(pre-domestication cultivation)一词,特指物种尚未表现出驯化性状变化但已被人类种植的阶段[66]。尽管一些进化生物学家对"pre-domestication"带有的目的论色彩感到不易接受,但这个词还是得到了植物考古学界的认可,比如被希尔曼(G. Hillman)采用并频繁出现在其植物考古论文和报告中[67],进而产生了较广泛的影响。"栽培"是三个术语中最容易理解和分辨的,但是在中文语境中易与"栽培种"的"栽培"相混淆。因为中文的"栽培种"可以约定俗成地特指驯化物种,比如 *Oryza sativa* 常被译为"亚洲栽培稻"就是典型的例子,这样就跟欧美考古学中"栽培"的用法有较大的差异。实际上,英语对"驯化"和"栽培"的概念辨析是非常明确的,本书将依欧美考古学对"栽培"的理解来使用这个词。

五、农业

该术语的使用有着深厚的历史背景,在此有必要先澄清概念的演变历史,再强调本书所采纳的视角和术语在行文中的处理。最初殖民者用其特指欧洲以禾本科作物生产为主的经济形态,以便与土著人群的"原始"状态相区别[10]。学术界也没能摆脱这种偏见的影响,柴尔德(V. G. Childe)的著作中刻意突出了大麦与小麦这两种作物对人类具有最大的贡献[68]。这些意味着该词诞生之初就带有浓重的价值判断上的欧洲中心倾向。

考古学上如何界定农业的出现经历了几番有关基本概念到操作标准的演变。当柴尔德首次讨论新石器时代革命时,驯化物种的有无成为判断农业出现的标志,也就是以实物所代表的事件作为标准。这一方法直观简便,影响深远,为许多研究者采纳[69][70]。

随后,学术界很快认识到农业的产生是一个漫长的过程[71][72],以事件为判断标准只能是权宜之计,它无法客观全面地反映其中复杂的渐变和反复。大卫·哈里斯(David Harris)详细考察了农业发生的特征,将其定义为:农业是一种包含若干驯化物种的作物生产系统,每单位土地需要比较强化的人类劳动,尤其是系统的耕种。同时,他把未达到这一标准的生产活动称为"野生食物生产"(wild-food production)[73][74]。根据这一定义,农业被归为人类食物生产达到比较成熟和系统水平的经济形态,因此后来相当一部分研究中的"农业"一词仅指强化的农业(intensive agriculture)。驯化物种在食谱中的比例被普遍用作该定义的量化指标,驯化物种占50%以上的生计形态为农业。哈里斯以人类在获取驯化种与野生种时所投入劳动成本的配比来计,兹维勒比尔(M. Zvelebil)等则以摄入的热量为单位来计算该比例[74][75]。

与此同时,林多斯(D. Rindos)从进化生物学的角度将农业定义为"一整套影响驯化植物生长环境的人类行为,其贯穿植物的整个生命周期"[76]。这一定义的核心在于着重表达了农业是一套行为系统,是人与其他物种之间的一种关系。民族学研究中所展示的传统农业的多样性有力地支持了这种观点,比如世界粮农组织业已确认的多项"全球重要农业文化遗产"(Globally Important Agricultural Heritage Systems,缩写为GIAHS)就包括秘鲁高原农业、智利岛屿农业、菲律宾稻作梯田、突尼斯与阿尔及利亚的马格里布绿洲、中国稻鱼共生系统、中国云南哈尼族稻作梯田、肯尼亚及坦桑尼亚草原游牧等多种不同于今天粮食生产系统的农业形态,它们无一不是人类主动改造和管理环境从而与其资源长期共生的杰作。因此一个重要的结论是,目前负责世界90%以上粮食生产量的农业形式,即已为我们熟知的禾本科草籽作物生产只是历史的结果,而非历史本身,所以农业不能局限在今天的视野范围内来界定。如果我们基于林多斯立足人类行为的定义来衡量就可发现,人类操纵环境、管理资源的行为如此丰富,与之相对应的"农业"也应当是一个非常宽泛的区间,它的一端可以是最简单小型的烧荒,无需耗费时间和能量上的太多投入,另一端则是大型密集的粮食和经济作物生产,需要大量劳力财力和社会管理资源的投入,而在这两端之间的区域有着无限多种可能的形式,靠近前者的正是处于狩猎采集与农业两者之间的争议地带,讨论农业起源问题最常处理的实证材料集中在此。布鲁斯·史密斯指出过去的研究往往泾渭分明地把狩猎采集和农业划分成两种对立的生计形态,实际上大量社群的经济构成恰恰处于这两者之间广大的中间地带,这些人群活跃地从事着多种环境和资源的管理活动,虽然驯化物种在其经济中不是主要或唯一的构成成分,但他们的行为特征符合林多斯所定义的农业,即人类对动植物物种生命周期的持续干预[43](图 1.3)。

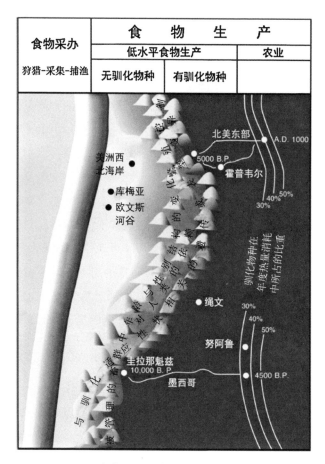

图 1.3　布鲁斯·史密斯对狩猎采集与农业
之间中间地带的概念划分[43]

　　综合农业起源研究的历史和本研究强调生态学视角的考量,本书对"农业"一词的理解采纳林多斯和史密斯的视角,将农业视作人对其他物种生命周期加以干预以维持互惠互利、共同进化关系的一系列行为。本书不把驯化物种在生计经济中的比例——也就是不以"规模"标准——作为判断农业是否发生的标志,而是以人类是否有生态位构建的行为、是否从中创造了一种农业生态(agroecology)作为界定标准(详见第三章)。尽管这些行为的实物证据在某种程度上仍存在争议,但正如对"农业"一词学术史的简要回顾所显示的那样,这正是当前寻找农业最初发生的探索方向。

　　尽管如此,本书仍然会最大程度地考虑英文和中文词汇在造词特点和使用习惯上的现实差异,在表述最初的农业形态时对措词略作调整,尽量减少概念上不必要的争议。中英文的"农业"一词在词源词义上明显地侧重不同,"农业"强调这类活动必须成为一种"业",暗示其须有一定的规模性乃至系统性,因此,在中文语境中就很自然地倾向把规模作为标准之一,进而将其与强化的农业形式对应起来。而"agriculture"在这一点上就没有这么强烈的暗示,它的词根"culture"强调人的行为属性,而非其规模,这正是本研究所采取的视角。但是,为了使本书行文与其他大量相关讨论保持语言表述上的一致,也为了提供理解上的便利,文中论及某些比较简单小型的早期农业形式时,特别是在对本土材料进行分析的章节,不直接称其为"农业",而是以"农作"或"农事(活动)"这类词来指称,这样基本上能够兼顾中文的表述习惯和本研究所持的对"农业"概念的理解。此外,对这类算不上强化的、似农非农的"农事活动",本书还引用了文献中的专门概念"资源生产"或"低水平资源生产"来概括。

六、低水平食物生产或资源生产

　　史密斯在其2001年发表的文章中,首次明确地指出从狩猎采集者到农业社群之间存在着一个广阔的中间地带,他利用大量考古学与民族学资料详细描述了这些社群的特点。他们往往实践着一套有效的管理环境和资源的策略,是生态系统中最活跃的因素,对整个系统的演替起到引导和塑造的作用。但同时他们不一定拥有具有明确驯化性状的物种,或者整体的生计形态并不倚重驯化物种，而且对驯化物种的依赖程度也可能各不相同。此外，他们的发展方向是不定的，可能会成为强化农业社会，也可能像日本的绳文时代那样保持长期稳定，也可能回到狩猎采集状态[43]。这种多样性为寻找合适的术语客观准确地概括这类社群造成了很大困难。史密斯推荐了"低水平食物生产"（low-level food production）一词，它既对已形成共识的常用术语（如"食物生产"）有一定程度的继承，又避免了因直接选取已被某一部分研究者习用的现成术语（如"管理"〔husbandry〕、"园艺"〔gardening〕、"园艺"〔horticulture〕、"初始的农业"〔incipient agriculture〕）而可能产生的误导。而后，克劳福德指出，该词仍不足以涵盖人类促进物资可获性的所有目的，因为它们不仅包括食物，还包括其他用途的材料，因此他使用"资源生产"（resource production）一词来表述这个中间地带[11][50]。

　　本书所研究的长江下游距今 10000—6000 年间人类社群的生计形态

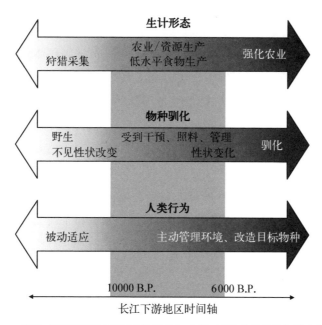

　　　　说明：该图示意了在不同生计形态中，人类对环境和物种施加影响的程度。由浅而深的灰度表示程度的加深，距今 10000—6000 年为本书集中关注的阶段。

图 1.4　不同生计形态中人类对环境和物种施加影响的程度示意图

正是处于狩猎采集与农业之间的中间地带,本书将结合史密斯与克劳福德所使用的两个词,以"低水平资源生产"来表述这种生计形态,此处的资源仅指生物资源。需要说明的是,本书并不想致力于使该词成为一种固定用语,在这里它只是一个权宜的术语,一个便于行文的、操作性的概念。关键在于这一概念的内涵能够被明晰地传递出来,图1.4简要表示了"低水平资源生产"与上述论及的诸概念之间的关系。

第四节　章 节 安 排

本书结构分为四大部分。第一部分简要地说明本课题所关注的主要科学问题及其学术背景和最新趋势,介绍研究的目的、内容和基本材料,厘清涉及的基本概念和探讨范畴。第二部分包括两章,为研究史的回顾与评述,以及整体的研究设计,其中第二章将对农业起源研究的两大学术传统和理论模型的嬗变作一梳理,并对长江下游农业起源的研究史进行回顾与评述;第三章专论研究中所涉及的理论、方法与整体研究路线。第三部分包括四章,其中第四章论述研究区域的自然环境与地质情况;第五章梳理与归纳上山、跨湖桥、河姆渡及马家浜4个文化的聚落形态变迁与差异;第六章描述和评论植物遗存的鉴定与分析结果,详细说明每个物种的生态特征、鉴定特征、考古分布与其在考古发现中的意义;第七章集中讨论古水稻遗存的研究,评估研究区域内各文化阶段水稻与人类的共生关系。第四部分为两章,对材料进行综合分析、阐释与讨论,其中第八章对跨湖桥和田螺山两处遗址的植物遗存组合数据作了详细的整合和定量分析,揭示了人类资源管理系统的结构与历时变化的特点;第九章以区域为尺度,描述各文化的人类行为、遗址域与资源的季节性特征,揭示人类资源生产的内容与模式,总结该地区全新世早中期人类生计形态的演变历程,然后在此基础上对有关农业起源的多种主要动力机制假说与本书所揭示的人类生计演变过程进行对照,评估不同假说在解释该区域农业起源动力中的有效性,并对本书所采用的以人类行为为导向的农业起源理论框架进行检验和反思。

注释

[1] Price, T. D. Ancient farming in Eastern North America [J]. *Proceedings of the National Academy of Sciences of the United States of America*, 2009, 106 (16): 6427-6428.

[2] Smith, B. D. Low-level food production and the Northwest Coast [A]. In Deur, D., & Turner, N. J. (Eds.) *Keeping It Living: Traditions of Plant Use and Cultivation on the Northwest Coast of North America* [M]. Vancouver and Toronto: UBC Press, 2005: 37-66.

[3] Smith, B. D. Niche construction and the behavioral context of plant and animal domestication [J]. *Evolutionary Anthropology*, 2007, 16: 188-199.

[4] Harris, D. R. Agriculture, cultivation and domestication: exploring the conceptual framework of early food production [A]. In Denham, T., Iriarte, J., & Vrydaghs, L. (Eds.) *Rethinking Agriculture: Archaeological and Ethnoarchaeological Perspectives* [M]. California: Left Coast Press, 2007: 16-35.

[5] Hunt, H. V., Linden, M. V., Liu, X., Motuzaite-Matuzeviciute, G., Colledge, S., & Jones, M. K. Millets across Eurasia: chronology and context of early records of the genera *Panicum* and *Setaria* from archaeological sites in the old world [J]. *Vegetation History and Archaeobotany*, 2008, 17 (Suppl 1): S5-S18.

[6] Smith, B. D. Eastern North America as an independent center of plant domestication [J]. *Proceedings of the National Academy of Sciences of the United States of America*, 2006, 103(33): 12223-12228.

[7] Smith, B. D. and Yarnell, R. A. Initial formation of an indigenous crop complex in Eastern North America at 3800 B. P. [J]. *Proceedings of the National Academy of Sciences of the United States of America*, 2009, 106(16): 6561-6566.

[8] Coe, M. D., & Flannery, K. Microenvironments and Mesoamerican Prehistory [J]. *Science*, 1964, 143: 650-654.

[9] Zong, Y., Chen, Z., Innes, J. B., Chen, C., Wang, Z., & Wang, H. Fire and flood management of coastal swamp enabled first rice paddy cultivation in east China [J]. *Nature*, 2007, 449: 459-462.

[10] Deur, D., & Turner, N. J. Introduction: reassessing indigenous resource management, reassessing the history of an idea [A]. In Deur, D., & Turner, N. J. (Eds.) *Keeping It Living: Traditions of Plant Use and Cultivation on the Northwest Coast of North America* [M]. Vancouver and Toronto: UBC Press, 2005: 3-34.

[11] Crawford, G. W. The Jomon in early agriculture discourse: issues arising

from Matsui, Kanehara and Pearson [J]. *World Archaeology*, 2008, 40(4): 445-465.

[12] Londo, J. P. , Chiang, Y. -C. , Hung, K. -H. , Chiang, T. -Y. , & Schaal, B. A. Phylogeography of Asian wild rice, *Oryza rufipogon*, reveals multiple independent domestications of cultivated rice, *Oryza sativa* [J]. *Proceedings of the National Academy of Sciences of the United States of America*, 2006, 103(25): 9578-9583.

[13] Molina, J. , Sikora, M. , Garud, N. , *et al*. Molecular evidence for a single evolutionary origin of domesticated rice [J]. *Proceedings of the National Academy of Sciences of the United States of America*, 2011, 108 (20): 8351-8356.

[14] Huang, X. , Kurata, N. , Wei, X. , *et al*. A map of rice genome variation reveals the origin of cultivated rice [J]. *Nature*, 2012, 490: 497-501.

[15] Li, C. , Zhou, A. , & Sang, T. Rice domestication by reducing shattering [J]. *Science*, 2006, 311: 1936-1939.

[16] Pearsall, D. M. , Piperno, D. R. , Dinan, E. H. , Umlauf, M. , Zhao, Z. , & Benfer, R. A. Jr. Distinguishing rice (*Oryza sativa Poaceae*) from wild *Oryza* species through phytolith analysis: results of preliminary research [J]. *Economic Botany*, 1995, 49(2): 183-196.

[17] Zhao, Z. , Pearsall, D. M. , Benfer, R. A. Jr. , & Dolores R. Piperno, D. R. Distinguishing rice (*Oryza sativa Poaceae*) from wild *Oryza* species through phytolith analysis, II: finalized method [J]. *Economic Botany*, 1998, 52 (2): 134-145.

[18] 宇田津彻朗,汤陵华,王才林,郑云飞,柳泽一男,佐佐木章,藤原宏志. 中国的水田遗构探查[J]. 农业考古,1998,(1): 138-155.

[19] Torrence, R. , & Barton, H. *Ancient Starch Research* [M]. Walnut Creek: Left Coast Press, 2006.

[20] Piperno, D. R. , Ranere, A. J. , Holst, I. , Iriarte, J. , & Dickau, R. Starch grain and phytolith evidence for early Ninth Millennium B. P. maize from the central Balsas River Valley, Mexico [J]. *Proceedings of the National Academy of Sciences of the United States of America*, 2009, 106 (13): 5019-5024.

[21] Liu, L. , Field, J. , Weisskopt, A. , Webb, J. , Jiang, L. , Wang, H. , & Chen, X. The exploitation of acorn and rice in early Holocene Lower Yangzi River, China [J]. *Acta Anthropologica Sinica*, 2010, 29(3): 317-336.

[22] Pate, F. D. Bone chemistry and paleodiet: reconstructing prehistoric subsistence-settlement systems in Australia [J]. *Journal of Anthropological Archaeology*, 1997, 16: 103-120.

[23]　Lightfoot, E., Liu, X., & Jones, M. K. Why move starchy cereals? A review of the isotopic evidence for prehistoric millet consumption across Eurasia [J]. *World Archaeology*, 2013, 45(4): 574-623.

[24]　张君.从筛状眶和多孔骨肥厚考察中国古代人骨上的贫血现象[J].考古, 2009,(10): 86-90.

[25]　Tayles, N., Domett, K., & Nelson, K. Agriculture and dental caries? The case of rice in prehistoric Southeast Asia [J]. *World Archaeology*, 2000, 32 (1): 68-83.

[26]　Barker, G. *The Agricultural Revolution in Prehistory: Why Did Foragers Become Farmers?* [M]. Oxford: Oxford University Press, 2006: 182-230.

[27]　浙江省文物考古研究所.河姆渡——新石器时代遗址考古发掘报告[M].北京: 文物出版社,2003: 371-375.

[28]　严文明.中国稻作农业的起源[J].农业考古,1982,(1): 19-31,151.

[29]　严文明.中国稻作农业的起源(续)[J].农业考古,1982,(2): 50-54.

[30]　吴维棠.中国稻作农业的起源和传播[J].地理学报,1985,40(1): 29-35,40.

[31]　童恩正.中国南方农业的起源及其特征[J].农业考古,1989,(2): 57-71.

[32]　严文明.略论中国栽培稻的起源和传播[J].北京大学学报(哲学社会科学版), 1989,(2): 51-54.

[33]　游修龄.中国稻作史[M].北京: 中国农业出版社,1995: 36-39.

[34]　Chang, K.-C. The affluent foragers in the coastal areas of China: extrapolation from evidence on the transition to agriculture [A]. In Koyama, S., & Thomas, D. H. (Eds.) *Affluent Foragers: Pacific Coasts East and West* [M]. Osaka: National Museum of Ethnology, 1979: 177-186.

[35]　张光直.中国东南海岸的"富裕的食物采集文化"[A].见: 张光直.中国考古学论文集[M].北京: 生活、读书、新知三联书店,1999: 190-205.

[36]　陈淳,郑建明.稻作起源的考古学探索[J].复旦学报(社会科学版),2005,(4): 126-131.

[37]　陈胜前.史前的现代化——中国农业起源过程的文化生态考察[M].北京: 科学出版社,2013.

[38]　郑建明.环境、适应与社会复杂化: 环太湖与宁绍地区史前文化演变[M].上海: 上海人民出版社,2008.

[39]　Huang, H. *A Three-Stage Model for the Domestication of Oryza Sativa and the Emergence of Rice Agriculture in China 12000-7000 BP* [D]. Unpublished Ph.D. Dissertation. Kansas City: University of Kansas, 2008.

[40]　Fuller, D. Q., Harvey, E., & Qin, L. Presumed domestication? Evidence for wild rice cultivation and domestication in the fifth millennium BC of the Lower Yangtze region [J]. *Antiquity*, 2007, 81: 316-331.

[41]　Zheng, Y., Sun, G., & Chen, X. Characteristics of the short rachillae of

rice from archaeological sites dating to 7000 years ago [J]. *Chinese Science Bulletin,* 2007, 52(12): 1654-1660.

[42] Fuller, D. Q., Qin, L., Zheng, Y., Zhao, Z., Chen, X., Hosoya, L. A., & Sun, G. The domestication process and domestication rate in rice: spikelet bases from the Lower Yangtze [J]. *Science,* 2009, 323: 1607-1610.

[43] Smith, B. D. Low-level food production [J]. *Journal of Archaeological Research,* 2001, 9(1): 1-43.

[44] Jiao, T. Exploring low-level food production in prehistoric South China: a case study of the Hemudu Culture [A]. In Crawford, G. W., & Takamiya, H. (Eds.) *Recent Research on Early Agriculture in East Asia* [M]. Berkeley: University of California Press, in press.

[45] Pan, Y., Zheng, Y., & Chen, C. Human ecology of the Neolithic Kuahuqiao Culture in East China [A]. In Habu, J., P. V. Lape, J. W. Olsen (Eds.) *Handbook of East and Southeast Asian Archaeology* [M]. New York: Springer, 2017.

[46] 郑云飞,游修龄.新石器时代遗址出土葡萄种子引起的思考[J].农业考古, 2006,(1): 156-168.

[47] 郑云飞,陈旭高.甜瓜起源的考古学研究——从长江下游出土的甜瓜属 (*Cucumis*)种子谈起[A].见: 浙江文物考古研究所(编).浙江省文物考古研究所学刊(第 8 辑): 纪念良渚遗址发现 70 周年学术研讨会文集[M].北京: 科学出版社,2006: 578-585.

[48] Crawford, G. W. Early rice exploitation in the lower Yangzi valley: What are we missing? [J]. *The Holocene*, 22(6): 613-621.

[49] 赵志军.栽培稻与稻作农业起源研究的新资料和新进展[J].南方文物,2009, (3): 59-63.

[50] Crawford, G. W. Advances in understanding early agriculture in Japan [J]. *Current Anthropology*, 2011, 52(S4): S331-S345.

[51] Trigger, B. G. *A History of Archaeological Thought: Second Edition* [M]. New York: Cambridge University Press, 2006: 30-38.

[52] 蒋乐平.跨湖桥文化研究[M].北京: 科学出版社,2014: 160.

[53] 河姆渡遗址正式发掘报告将地层分为四期,对这四期的文化属性有许多观点, 两种主流认识是: (1) 认为可将之归为属于同一个文化;(2) 认为第一期和第二期属于河姆渡文化,第三、四期应当属于另一种考古学文化。本书不完全认同第二种主张,但倾向于将第一、二期和第三、四期分别讨论。

[54] 俞伟超,张居中,王昌燧.以原始农业为基础的中华文明传统的出现[J].农业考古,2001,(3): 15-22.

[55] 如赵志军(译).他们吃什么? 生存与饮食[A].见: 科林·伦福儒,保罗·巴恩 (著).中国社会科学院考古研究所(译).考古学: 理论、方法与实践[M].北京:

文物出版社,2004: 271.

[56] Haviland, W. A., & Crawford, G. W. *Human Evolution and Prehistory* [M]. Toronto: Nelson Education Ltd, 2009: 296.

[57] Renfrew, C., & Bahn, P. *Archaeology: Theories, Methods, and Practice* [M]. Second edition. London: Thames and Hudson Ltd, 1996: 253.

[58] Lee, G.-A. *Changes in Subsistence Systems in Southern Korea from the Chulmun to Mumun Periods: Archaeobotanical Investigation* [D]. Unpublished Ph.D. Dissertation. Toronto: University of Toronto, 2003: 6.

[59] Denham, T., Iriarte, J., & Vrydaghs, L. (Eds.) *Rethinking Agriculture: Archaeological and Ethnoarchaeological Perspectives* [M]. California: Left Coast Press Inc., 2007.

[60] Deur, D., & Turner, N.J. (Eds.) *Keeping It Living: Traditions of Plant Use and Cultivation on the Northwest Coast of North America* [M]. Vancouver and Toronto: UBC Press, 2005.

[61] Winterhalder, B. & Kennett, D. J. Behavioral ecology and the transition from hunting and gathering to agriculture [A]. In Kennett, D. J. & Winterhalder, B. (Eds.) *Behavioral Ecology and the Transition to Agriculture* [M]. Berkeley: University of California Press, 2006: 1-33.

[62] Lee, R.B., & Daly, R. (Eds.) *The Cambridge Encyclopedia of Hunters and Gatherers* [M]. Cambridge: Cambridge University Press, 1999.

[63] Rindos, D. *The Origins of Agriculture: An Evolutionary Perspective* [M]. California: Academic Press, 1984.

[64] Smith, B.D. Documenting domesticated plants in the archaeological record [A]. In Zeder, M.A., Bradley, D.G., Emshwiller, E., & Smith, B.D. (Eds.) *Documenting Domestication: New Genetic and Archaeological Paradigms* [M]. Berkeley and Los Angeles: University of California Press, 2008: 15-24.

[65] Zeder, M. A. Archaeological approaches to documenting animal domestication [A]. In Zeder, M.A., Bradley, D.G., Emshwiller, E., & Smith, B. D. (Eds.) *Documenting Domestication: New Genetic and Archaeological Paradigms* [M]. Berkeley and Los Angeles: University of California Press, 2008: 171-180.

[66] Helbaek, H., The palaeoethnobotany of the Near East and Europe [A]. In Braidwood R. J., & Howe, B. (Eds.) *Prehistoric Investigations in Iraqi Kurdistan* [M]. Studies in Ancient Oriental Civilization 31. Chicago: University of Chicago Press, 1960: 99-118.

[67] Hillman, G.C., The plant remains from Tell Abu Hureyra: a preliminary report [A]. In Moore, A.M.T. (Ed) *The Excavation of Tell Abu Hureyra in*

Syria: A Preliminary Report, Proceedings of the Prehistoric Society 41. 1975:
50-77.

[68] Childe, V. G. *Man Makes Himself* [M]. Chicago: Aldine, 1936.

[69] Higgs, E. S., & Jarman, M. R. The origins of animal and plant husbandry
[A]. In Higgs, E. S. (Ed.) *Papers in Economic Prehistory* [M]. Cambridge:
Cambridge University Press, 1972: 3-13.

[70] 冯孟钦. 略谈从考古发现判断农业发生的若干标准问题[J]. 农业考古, 1992,
(1): 38-43.

[71] Harris, D. R. An evolutionary continuum of people-plant interaction [A]. In
Harris, D. R., & Hillman, G. C. (Eds.) *Foraging and Farming: The
Evolution of Plant Exploitation* [M]. London: Unwin Hyman, 1989: 11-26.

[72] Ford, R. I. The processes of plant food production in prehistoric North
America [A]. In Ford, R. I. (Ed.) *Prehsitoric Food Production in North
America* [M]. Ann Arbor: Museum of Anthropology, University of
Michigan, 1985: 1-18.

[73] Harris, D. R. Domesticatory relationships of people, plants and animals
[A]. In Ellen, R., & Fukui, K. (Eds.) *Redefining Nature: Ecology,
Culture and Domestication* [M]. Oxford: Berg, 1996: 437-463.

[74] Harris, D. R. The origins of agriculture in Southwest Asia [J]. *The Review
of Archaeology*, 1998, 19(2): 5-11.

[75] Zvelebil, M., & Rowley-Conwy, P. Foragers and farmers in Atlantic Europe
[A]. In Zvelebil, M. (Ed.) *Hunters in Transition: Mesolithic Societies of
Temperate Eurasia and Their Transition to Farming* [M]. Cambridge:
Cambridge University Press, 1986: 67-93.

[76] Rindos, D. *The Origins of Agriculture: An Evolutionary Perspective* [M].
California: Academic Press, 1984: 100, 256. 原文表述为"一整套动物的行
为",但由于他的专著致力于探究农业的起源,那么显然所指就是人类。

第二章　从全球农业起源研究反思
长江下游农业探源

农业起源研究的学术史是考古学、生物学、农学、民族学等众多学科逐渐融合的漫长历史。布鲁斯·史密斯把这一过程概括为两种学术传统的引导,一种是考古学的传统,它强调并依赖古代实物遗存的发现,探寻最早驯化物种的时空分布,另一种是生物学的传统,它关注现生驯化物种及其野生祖型之间的关系[1]。此外,考古学还认为解释农业起源这一人类文明发展转折点的原因至关重要,因此相关理论层出不穷,它们试图揭示促使农业产生的深层动力机制。这三方面的努力相互促进、相辅相成,从不同角度为解决农业起源这一庞大而多元的课题提供了极为丰富的资源。首先,考古学方面的努力以实物遗存为对象,体现在方法的突破与材料的发现积累上,多种技术手段被发展出来,用于植物遗存的发现、鉴定与分析,为农业起源提供驯化物种和年代的依据。其次,生物学方面的探索随其学科潮流的变迁,牵涉到许多分支,以进化生物学为基础的遗传与育种理论比较直接地推动了植物遗存鉴定标准的系统确立,而进化理论与生态学的视角在解释农业发生的过程方面起着核心作用。第三,对农业起源动力机制的理论探讨把这一人类生计形态的重要变迁置于文化演变的大框架中来检视,致力于从社会内部与外部的多种变量中归纳出跨时空的宏观规律。

第一节　考古学的研究传统

至今全球已有近 10 个地区通过考古学证据被确认为物种最初的驯化地(图2.1、2.2),这一图景由过去半个世纪以来激动人心的发现以及

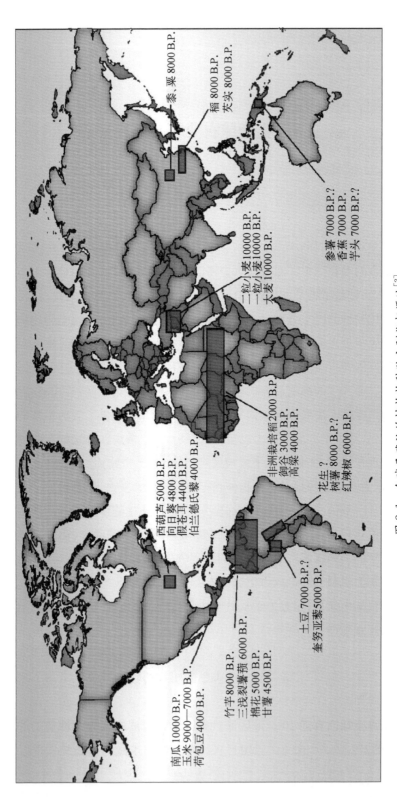

图 2.1 全球已确认的植物物种立驯化起源地[2]

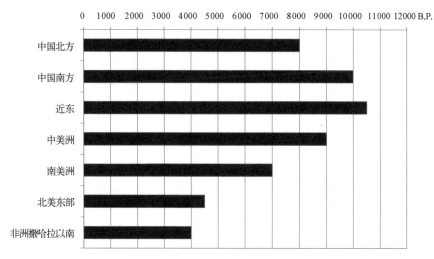

图 2.2　全球各地区物种驯化最早出现年代

其依托的技术手段逐步拼合而成。本书的回顾不可能一一尽述所有这些发现的历史，因此篇幅将集中在为考古发现农业起源证据带来巨大变革和关键影响的技术、人物以及具有突破性意义的研究上，同时尽可能完整地展现早期农业起源地与驯化物种的分布模式。

　　布雷德伍德(L. Braidwood)是奠定考古发掘研究农业起源的第一人，他最重要的贡献是开创了多学科合作的先例。20 世纪四五十年代，他率先提出需要了解农业革命这一人类文化演变的重要阶段，而最初利用驯化物种的考古记录尚未被系统地发现和探究过。因此他带领一支研究团队深入地中海东岸的扎格罗斯(Zagros)地区考察[3]，旨在寻找证明狩猎采集向农业转变的实物证据，该团队聚集了来自多个自然科学领域的专家——从生物学到地球科学。他们在被认为可能是驯化物种野生祖型的自然分布区域选择发掘了卡里姆-沙希尔(Karim Shahir)和加尔摩(Jarmo)两处遗址，发掘结果体现出狩猎采集与农业两种不同经济形态和生活方式在聚落、动植物等多方面的鲜明区别。他们特别考察了加尔摩鼎盛时期的气候情况，得出并无明显古今差异的结论，还分析鉴定了动物骨骼和植物遗存，从中区分出驯化种与野生种。这项先驱性的工作为后来植物考古、动物考古、古地质、古生态等介入农业起源研究树立了成功的范例,此后该领域内最富价值并被频繁引用的案例都以多学科综合研究的形式出版正式报告[4][5][6][7][8],这一惯例甚至愈加广泛地影响到其他时代背景社群的考古研究[9][10]。

麦克尼什(R. MacNeish)在拉丁美洲的工作与布雷德伍德在近东的发掘可谓并驾齐驱[11][12]。在 1960—1964 年对墨西哥中部高地特瓦坎(Tehuacán)河谷地区众多洞穴遗址的发掘中,他发现了大多数中美洲重要作物在驯化各个阶段——从野生植物到相当驯化——的实物材料,包括当时年代最早的炭化玉米及其驯化种标本[4]。在 1969—1972 年对南美洲阿亚库乔(Ayacucho)地区罗沙马查伊(Rosamachay)洞穴的发掘中,他发现的玉米遗存被断代为至当时为止南美年代最早的标本[13]。麦克尼什的工作同样以与其他学科专家的合作而著称,他的合作者中包括著名的植物考古学家卡特勒(H. Cutler)和曼格尔斯多夫(P. Mangelsdorf),他们分别鉴定了出自特瓦坎地区洞穴遗址的葫芦[14]和玉米[15][16]。在整个六七十年代,麦克尼什的学生们效仿他的工作,在中美洲广泛发掘了许多早期洞穴遗址,一直到 20 世纪末,这些出土材料仍主导着中美洲和安第斯山地区农业起源研究的一手材料。

毫无疑问,对考古学而言,动植物标本是考察农业起源最基本的一手材料,而今浮选法已成为发现和收集这类遗存的常用方法。早在 20 世纪30 年代,即浮选法被考古学应用以前,研究者们已经认识到生物遗存,特别是植物遗存对研究人类经济形态、社会结构的重要意义[17],但这类材料在古地层中相对难以保存和发现,大多数发掘也不太重视对它们的收集和分析。奥地利植物学家昂格尔(Franz Unger)和美国民族植物学家琼斯(Volney Jones)曾分别将风干的土坯砖放在水中化开,提取其中包含的植物颗粒,当时这种类似的浮选尝试还非常零星,而琼斯和卡特勒则锲而不舍地做了大量探索性工作,随后卡特勒把这一方法传授给了斯特鲁埃弗(S. Struever),斯特鲁埃弗发表的文章才最终将它普及开来[1]。

浮选法利用炭化植物种实和泥土颗粒相对于水的比重差异,用浮力将土壤中包含的植物颗粒分离出来。其工作系统一般分为简易手工浮选与较为复杂的机器浮选两类。60 年代初都是采用手工浮选,其操作过程有三个版本。赫尔贝克率先采用浮选技术在伊朗的阿里-考什（Ali Kosh）遗址收集炭化种子，他的方法是：将干燥的土样倒入水中，轻轻搅拌片刻后使泥水慢慢通过孔径细小的网筛，这样浮在水面的炭化种子就完整地留在网筛里，可供阴干后分析鉴定。他凭借此法在 1963 年的发掘中发现了 40000 多颗炭化种子[18]。斯特鲁埃弗的方法被称为"浸入法"（immersion method），他的方法需要将底部以网筛替代的洗衣盆浸入小溪，把土样倒入盆中，然后把浮出在水面的植物碎片和细小骨骼撇捞出来，这一方法成功地应用到阿坡尔河（Apple Creek）遗址的发掘中[19]。沃森（Patty Jo Watson）在索尔兹洞穴（Salts Cave）发掘中采用的"垃圾桶法"（garbage-can technique）或"汽油桶法"（oil drum technique）很近似"浸入法"，只是溪水被汽油桶中所盛的水代替[20]。这两种方法的优点在于，它们能够处理体积较大的土样。虽然手工浮选比较费时费力，但由于其简便易行，对场地、设备、气候等没有特殊要求而迅速广泛地传播开来[21]。

　　浮选这一并不复杂、也完全算不上高科技的手段为解决考古难题带来了革命性的转变，它使从遗址中成功提取出植物遗存，尤其是炭化种实的机率大大增加，而根据浮选原理研发的浮选机很大程度上改变了植物遗存收集的工作方式和效率（图 2.3）。1971 年，弗伦奇（David French）首次开发了用于土耳其坎恩-哈桑（Can Hasan）遗址发掘的浮选机，被称为"安卡拉浮选机"，它的特点是使用水泵向浮选箱内自下往上地供水，在把轻浮产物从土样中分离并送入网筛的同时，也把重浮产物中的泥土洗净[22]。这款浮选机的改装版被用于伊朗希拉夫（Siraf）遗址[23]和美国印第安纳地区[24]的考古发掘。与此同时，剑桥大学的团队也独立研制出一款"泡沫浮选机"，其中的泡沫发生装置能把比重大于水的种子也提取出来，它在巴勒斯坦纳哈尔-奥伦（Nahal Oren）遗址的使用取得了理想的效果[25]。除近东地区以外，北美东部的考古实践也为浮选机的演进提供了广阔的舞台。罗伯逊（Bill Robertson）曾借鉴安卡拉浮选机希拉夫版的特点为肯塔基西部贝冢考古项目（Shell Mound Archaeology Project，简称 SMAP）专门设计了一款浮选机[21]，其装配和

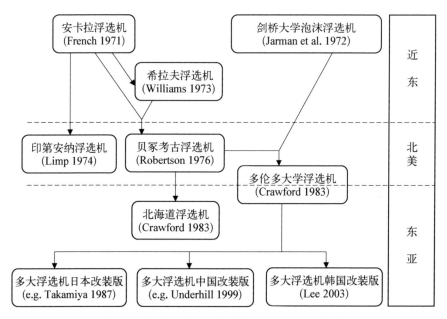

图 2.3 各种版本浮选机的发展与继承演化轨迹

使用更加简便快捷。克劳福德把 SMAP 浮选机用于他在日本北海道的发掘,还吸收泡沫浮选机的特点,与多伦多大学仪器店共同研制了一款升级版(UTM 浮选机)。它有一个轻巧的金属架和聚氯乙烯箱体,能很容易地装载在汽车上,各部件可拆卸,无需翻倒即可排空浮选后的残渣,它在加拿大安大略地区和日本北部的考古中显示出很多优越性。随后,这款 UTM 浮选机由克劳福德的合作者和学生们带到中国[26]、日本[27]、韩国[28]许多遗址的考古发掘中,每到一个新的环境中,装置和使用方法都会根据当地的具体情况有所调整。因此,自 80 年代以来,浮选机在东亚考古中也开始发挥作用。现在,越来越多使用者把自己的经验细节分享出来,深入探讨多种浮选方法及其结果在不同条件考古中的偏差与意义[29][30],总之,丰富多彩的新实践正在赋予这种技术更有活力的演化历程。

浮选法的应用大大加快了史前驯化物种及其野生种利用情况的发现与材料的更新速度。近半个世纪以来,近东、拉丁美洲、北美、东亚等地区不断报道史前驯化作物的新发现,这些大多通过浮选获得的材料在农业起源研究领域一次次引发强烈的反响。在近东,整个 20 世纪 60 年代见证了植物考古材料飞速增长和不断赶超的狂飙时期[31][32][33],而近 20 年来考古学家则获得了早至 23000 年前加利利(Galilee)地区人类开始栽培麦类一直到新石器农业聚落生产和加工麦、豆等作物的一系列植物遗存证据[6][7][34][35][36]。在北美东部,浮选所得的炭化植物中包括以前不为人所知的本地驯化种——瓶状葫芦(*Cucurbita pepo*)、伯兰德氏藜(*Chenopodium berlandieri* subsp. *jonesianum*)、假苍耳(*Iva annua*)和向日葵(*Helianthus annuus*),还有大量不见性状变化但被利用的蓼(*Polygonum erectum*)、虉草(*Phalaris caroliniana*)和小大麦(*Hordeum pusillum*)等草籽,考古学家还据此了解到印第安人的一系列资源管理活动[37][38][39]。在东亚,浮选研究证明向来被视作渔猎采集者的绳文人群实际上拥有驯化物种,如荞麦[40]、小米[27],还在阿伊努人史前遗址收集到超过 20 万颗炭化的作物种子,为纠正将阿伊努人视为狩猎采集者的偏见提供了坚实的实证依据[41]。在中国,长江中下游[42][43]、淮河流域[44]和黄河下游[45][46]都发现了早至 8000 年前的稻米遗存,距今 8000 年的炭化小米也在北方被发现[47][48],与它们共生的还包括种类繁多的其他果实和杂草籽。在韩国,浮选法的应用使研究者第一次能够系统报道朝鲜半岛农业起源的直接证据,植物组合包括黍、粟、赤豆、大豆、稻米、大麦、小麦以及多种与人类活动密切相关的杂草[49][27]。

　　有趣的是,浮选法在近东和北美的考古发掘中取得成功后,由于这两个地区的学术传统侧重不同,也使得大植物遗存研究主导的植物考古学在欧洲和北美学者中形成两个不同的学术流派。欧洲学者一般称植物考古学为 archaeobotany,侧重植物遗存的鉴定分类,较少探讨它们与人类活动的关系[50],在农业起源上体现为强调驯化作物种子的发现。比如冯·泽斯特(William van Zeist)曾在荷兰各地用浮选法广泛寻找史前与历史时期人类食用植物的材料,他典型地遵循了欧洲学者的习惯,把重点放在一系列以麦类为主的作物上[51]。而北美的古代民族植物学(paleoethnobotany)提倡分析和阐释有关人类与植物之间相互关系的遗存信息,它更加强调生态学和人类学方法的运用[52],这是被欧洲流派所忽视的方面。因此,寻找和确认驯化物种固然也是北美学者们热衷的课题,但他们的视野更加广阔地伸展到解读植物背后的社会文化、经济、意识与信仰等各个相关方面。

与大型植物遗存分析相关的另外两大重要技术革新是 AMS 放射性碳测年[53]和电子显微镜[54]的使用。20 世纪 60 年代常规放射性碳测年的发明已经解放了考古学家花在断代上的大量精力,但对样品的形态和质量要求比较严格。质谱加速仪(AMS)的出现使测年技术在准确性和适用性两方面都发生了质的飞跃,它可以对比常规测年所要求的质量小得多的碳样进行测定。这意味着我们可以直接对颗粒较小的植物遗存测年,农业发生的年代可以更精确地以某一驯化物种遗存本身的年代来确认。而过去我们只能依靠该植物遗存所在地层的木炭常规测年,这类碳样所代表的驯化发生年代就相当可疑。AMS 测年技术一经问世,就被用于检验中、南美洲早年考古出土的植物遗存。朗(A. Long)等人对特瓦坎河谷炭化玉米的直接测年表明它们并不如早先的地层测年数据那样古老,年代最早的玉米只有距今约 5500 年[55]。史密斯对圭拉那魁兹(Guila Naquitz)洞穴 60 年代出土的西葫芦遗存直接进行了 AMS 测年,结果验证这些标本的确与原先木炭代表的地层年代一样古老,约在 10000—8000 年前[56]。AMS 测年还表明特瓦坎河谷出土的驯化菜豆实际上不超过距今 2500 年,瓦哈卡(Oaxaca)河谷出土的驯化菜豆仅有 1300 年左右历史,出自秘鲁安第斯山区与沿海的驯化菜豆则早至距今 4400 年和 5600 年[57]。出土大植物遗存的直接 AMS 测年正在为农业起源研究提供更可靠的有关驯化发生的年表,这种极其严谨的测年标准应当得到广泛的共识,从而成为一项操作惯例。测年技术在近几年的又一波大飞跃是能够对极微量碳样进行测试,国内外的实验室都有成功的案例[58][59],这将为那些只能通过植硅石等微型植物遗存确认驯化发生的研究提供有力的实证支持,并有望继续更新全球农业起源的版图。

电子显微镜使植物考古学家获得了观察、分辨和比较植物遗存细微形态的有力手段,它提供了光学显微镜所不能及的清晰度和富有立体感的视域。这方面最著名的案例莫过于伯兰德氏藜作为北美东部本地驯化种的确认。史密斯认为,在人类的栽培过程中,藜会以种皮厚度逐渐变薄的进化适应策略来回应人类的选择压力。因此他用电子显微镜测量了这种藜的考古出土标本、现代驯化种、现代野生种的种皮厚度,发现考古样品数据甚至略小于现代驯化种,从而证明了其为驯化种的假设[60][61]。南美洲奎努亚藜(Chenopodium quinoa)的驯化也是通过这种方法鉴定的[62]。最近,扫描电镜还帮助发现了无花果可能在 11200 年前的近东被栽培的迹象[63][64][65]。值得一提的是,这一技术在观察块茎、根茎、球茎类遗存的组织细胞时显示出极大的潜力[66],而寻找这类作物早期栽培和驯化的实物证据恰恰是农业起源研究的一大难点。

此外,电子显微镜的优越功用更显著地体现在微型植物遗存的分析鉴定上。微型植物遗存包括孢粉、植硅石和淀粉颗粒,它们的分析技术广泛用于农业起源研究是最近 20 多年的进展。孢粉最先被用于分辨禾本科中的野生与驯化类型,研究者根据近东的植物材料建立了以孢粉颗粒大小为参照的判别标准[67],但由于禾本科种类众多,光学显微镜无法对种属加以区别,以致这种方法一直得不到推广。扫描电镜用于孢粉种属的鉴定后,北美学者报道了小田纳西河流域古代土著社群自公元 400 年后的千余年间持续清除林地,种植玉米、藜和假苍耳等作物的农业活动。当地的孢粉序列还表明,早至距今 3500 年人类就已开始在河谷底部和较低的阶地上从事本地驯化种的小型耕作[68]。尽管孢粉分析技术提供过一些成功案例,但由于扫描电镜的使用远没有光学显微镜来得普及,因此它往往不像另外两种技术那样能直接地通过古代标本的形态特征确认驯化种。

植硅石分析技术在最近 20 年的考古学实践中取得了长足发展,尤其是它在寻找早期农业起源证据方面的价值在东亚获得了引人瞩目的突破。日本学者藤原宏志(H. Fujiwara)率先开拓了依据水稻运动细胞扇形植硅石的形态与密度来寻找史前稻作遗迹的系统方法[69],这一技术在寻找中国和日本古代水田中发挥了巨大作用[70][71]。赵志军等人通过分析另一种水稻表层细胞的双峰形植硅石,在长江中游发现了距今 10000—9000 年人类刻意栽培水稻的证据[72][73][74]。中国磁山遗址出土的黍和粟也是通过稃壳表皮细胞植硅石形态得以辨别的[75][76]。

　　淀粉颗粒分析是这几项技术中最晚发展起来的,其价值最初体现在广义的人工制品残渍分析以及相关人类行为阐释上[77],最近才有报道利用古代淀粉颗粒确认早期驯化物种的成功案例。皮佩诺(D. Piperno)等人从墨西哥中南部伯尔萨斯(Balsas)河谷希瓦托特拉(Xihuatoxtla)岩洞出土的研磨石器上辨认出属于驯化玉米的淀粉颗粒和属于某葫芦科驯化种的植硅石,相关地层断代为距今 9000 年,这几乎将以前所知的最早驯化玉米年代成倍提前[78]。此外,这一技术还曾用于探寻土豆在秘鲁驯化的早期历史[79]。

　　由此可见,微型植物遗存在建立农业起源时空框架的研究中正越加明显地发挥着作用。皮佩诺和皮尔索(D. Pearsall)曾针对低纬度和一些湿热地区无法完好保存有机质植物遗存的情况提出,微型植物遗存分析的发展可能会为在这类环境中发现新的史前驯化材料开辟广阔的天地。此外,孢粉、植硅石和淀粉颗粒这三种材料对考古鉴定而言各有自身的优势和局限,而将它们综合应用到同一批材料或同一物种的研究中恰恰可以取长补短,获得更加可靠的实证依据[80][81]。

　　综上所述,在考古学研究农业起源的传统中,技术与方法论的发展为植物遗存的早期驯化与传播提供了最基本的信息,这些个别物种研究和分区研究的积累形成了涵盖全球的时空框架,这回答了农业起源“什么”“何时”“何地”的问题。在此基础上,我们才有可能对农业起源所涉的跨区域或规律性的问题,以及相关的社会文化背景进行宏观而系统的思考。

第二节　农业起源动力机制的理论阐释

　　早在 20 世纪 20 年代,柴尔德就意识到文明进程不光是事实和物质材料的堆砌,考古学家更需要从中阐述一般性的结论和原理[82],农业起源的动因就是其中一大课题[83]。他提出“绿洲理论”来解释农业为何发生,布雷德伍德在扎格罗斯山区的早期发掘正是为了验证这一理论。尽管研究结果否定了柴尔德的假设,但柴尔德的思考和视野为考古学家在农业起源领域的探索开辟了一条与材料积累和技术发展平行的理论思路,即农业起源的动力机制问题。

概括地讲,农业起源动力机制的理论框架可以分为三个角度:社会外部物质性的压力、社会内部因素、关乎人类精神世界的象征性因素,每种理论所适用的时间和空间范畴大小不一,有涵盖全球的,也有洲际的、区域性的,以及更小的地区范围。

一、外部压力模型

社会外部的物质性因素是考古学家最先探讨的变量,它始于深受文化生态论影响和主导的新考古学时代。物质性因素一般指以主观的人力难以干涉或控制的方面,比如气候环境、资源条件、人口增长等,实际上这些变量在人类觅食系统中是互相联系和影响的,很难说某一个因素能够单独触发食物生产。因此"外部压力说"可以简化地理解为人口与资源关系的失衡导致人类开始投入强化劳力进行资源生产,在这一大的理念之下,各家的侧重点不同罢了。自20世纪60年代以来比较普遍的一种观点认为人口增长是主要因素。博赛洛普(E. Boserup)[84]和宾福德(L. Binford)[85]最先提出该观点,后者将此过程详细描述为,更新世末人口会在资源条件最优越的生境中快速增长,多余人口会向资源条件略差的边缘生境转移。由于边缘生境的土地载能没有核心区域高,而这里的社群又不断受到来自核心区域的人口压力,人口增长使土地载能接近临界值,食物供应紧张。正是在这种压力下,狩猎采集社群不得不逐渐加强开拓以前不利用的食物种类,比如小型动物、鱼类、鸟类和草籽,之后便出现了动植物驯化和早期农业。弗兰纳利(K. Flannery)将这一观点发展为"广谱革命"理论,认为10000年前食物短缺迫使人类强化开发一些后来成为驯化物种的草籽等资源,这一过程是农业发生的先决条件[86]。由于人口数量难以从考古遗存中直接观察,研究者开发出一些替代指标(proxy)来指示人口压力。斯蒂纳(M. Stiner)提出从小型动物的利用可以获知农业起源前夜人类食谱广谱化与人口增长的密切关系[87][88][89]。马克·科恩(Mark Cohen)从古病理学材料推知史前农人的健康状况普遍比觅食者差,因此他认为正是人口增长所引起的食物压力使人类饥不可待地选择食用营养价值较差的物种,如栽培草籽作物,这种以质量交换数量的策略使人类走上了依赖农业生存的道路[90][91]。

　　另一些学者强调气候变化的主导作用,里彻森(P. Richerson)等人发现更新世时全球气候干燥多变而且二氧化碳含量低,不适宜植物生长,只有到全新世气候改善后人类才有机会成功驯化作物[92]。皮佩诺的实验表明不同的二氧化碳浓度的确会导致玉米野生祖型产量发生变化[93]。气候动因的探讨较多关注近东地区,莱特(H. Wright)注意到距今13000—10000 年间气候从干冷向温暖的转变与文化演进和动植物驯化在时间上的同步现象[94][95][96]。同时,更新世末导致全球降温的新仙女木事件也被广泛认为是促使人类开始驯化动植物和从事食物生产的直接原因[97][98][99]。麦克考里斯顿(J. McCorriston)和霍尔(F. Hole)则认为当时近东经历了气候上长时间的不稳定,由此加剧的季节性使人类迅速耗竭了当地的野生资源,从而导致农业发生[100]。最近,这类主张气候主导文化演变的观点正在受到严格的检验和反思,马赫尔(L. Maher)等指出现有材料并不表明气候变化与文化演变之间有很好的对应关系,这两者间的同步性应当比所有已知的阐释都要复杂,因此进一步的探索需要更加详细精准的测年数据、分辨率更高的古环境数据序列,以及更加精细的模型,由此才能将古环境资料与史前人类的行为整合起来[101]。

　　第三种观点着眼于人类生存环境中资源结构的变化,海登(Brian Hayden)借鉴生态学家常用的描述生物繁殖策略和生长模式的分类方式把资源分为 K 选择策略型和 r 选择策略型,K 型物种由于觅食回报率高而被优先纳入食谱,他认为随着人类捕猎技术变得越来越有效,K 类资源到旧石器晚期已将近耗竭,人类面对资源基础恶化而引发的粮食危机,不得不大量利用以小型动物和草籽为主的 r 型选择物种,驯化动植物的产生很可能就是强化利用这类资源的结果[102]。芒罗(N. Munro)的研究发现近东的纳吐夫(Natufian)社会即使在环境改善和人口减少的条件下都经历着持续的资源压力并采取强化利用的策略,这种资源压力可能暗示了农业发生的原因和途径[103]。

　　外部压力模型对农业起源机制的解释强调了人类对客观物质环境的

适应,这虽然充分考虑到环境和资源条件对人类生存和社会发展的制约,但是却忽略了人类无处不在的改造环境、控制自然资源的能力和主动性。这些观点都潜在地将人类对自然的适应策略视作危机与穷途胁迫下的被动反应,如果考古解释一味遵循这些模型,就容易使材料的剖析落入环境决定论的窠臼,这是外部压力模型最大的弱点所在。

二、社会内部动因模型

社会内部动因模型一般强调群体内部个人之间的互动与竞争或群体之间的关系。在讨论群体内部关系时,驯化物种的生产一般被认为是有野心的领袖人物用来控制劳动力和社会资源的途径。当讨论重点转移到群体之间的关系时,农业起源与不同地区的资源互补和贸易流通有着密切关系。

弗兰纳利以群体间物资交换的需求来解释农业起源的过程[104][105]。在美索不达米亚地区,居住在不同海拔的人群开发不同类型的资源,他们之间通过交换来获取自己不开拓的种类,这使一些物种离开其自然原生地,开始依赖人类的照管而生存,这种关系促成了动植物的最初驯化,而成功的栽培和畜牧则又强化了自然资源在地区间的流动和专门生产。

本德(B. Bender)认为农业是食物生产强化的一种形式,这种强化的需求如何产生才是农业起源的核心问题,她强调狩猎采集群中社会关系的变化——而非技术或人口因素——是导致农业产生的深层原因[106][107]。觅食中的剩余物资一方面要供社群联盟之间的互惠互利,另一方面要供应各种再分配活动,而这两类行为都因包含较复杂的物资流动和信息沟通而需要一定的组织,某些人会通过调节操纵这些活动来实现个人威望,从而控制劳动力和劳动产品,这种对物质财富的掌控加剧了社会关系的不平等,继而推动生产力强化的需求,因此某些地区出现了农业。

海登的竞争宴享理论与本德异曲同工地强调个人的控制欲在推动社群采纳农业过程中的作用[108][109][110]。他提出,最先被驯化的物种都需要投入大量劳力和试验的成本,应当不是用于果腹的主食,而是一种奢侈品,所以只有资源丰富的环境和复杂狩猎采集社会中富有的个人或家庭才能负担得起这种经济活动。在此条件下,有野心的人会利用基于经济的竞争宴享来控制劳力、忠诚和租赁,这成为推动物种驯化的力量。这种从个人能动性出发的独特视角在过去的 20 年里多次经受新出土材料的挑战和检验。首先,史密斯提出用现有的实际证据检验竞争宴享假设[12],如果理论是合理的,那么实证材料应当与以下两个推论不矛盾。第一,最初驯化的物种应多为需要投入强化劳力的非主食物种,而不是平淡无奇的日常口粮。但目前出土的早期驯化物种——如近东的大麦、豆类,东亚的稻米、小米、豆类,北美东部的藜——几乎都出现在史前人类的日常食谱当中,而且民族学和实验考古学证据表明最初栽培它们并不需要十分强化的投入。此外,有些驯化种如狗和葫芦是被驯化来用作工具的,而非食用。第二,最早驯化物种的出现应当与社会经济不平等和社群结构复杂化的出现同步,但考古学材料显示,在大多数地区,贫富分化和社群内部分层的出现在时间上要比农业起源晚得多。库伊特(I. Kuijt)也提出类似的质疑,他举例论证,被认为存在于复杂狩猎采集者中的储藏和以竞争为目的的宴享在农业起源以前并不常见,即使存在,规模也很小,它们反而是在农业出现以后快速增长[111]。但是,近东地区最近 10 年的新发现为竞争宴享理论带来了又一次生机,瓦迪-费农(Wadi Faynon)遗址的大型公共集会土台[112]和哥伯克利(Gobekli)土丘及周边巨型石碑阵所构成的礼仪场所[113]都表明,一些不同于狩猎采集生活方式的活动或观念很可能早于农作物的出现。

三、象征性与后过程模型

后过程考古学的唯物主义观强调社会关系与物质性之间的密切联系,物的象征性是表达这种关系的外在途径,"象征主义充满意识形态地改变了生产关系"[114]。伦福儒[115]和霍德(I. Hodder)就是从实物证据所表现出的人类象征体系演变入手,揭示早期农业的产生机制以及与之关系密切的定居生活。霍德认为在社群规模扩大的漫长过程中,个人之间、个人与环境之间时空感的变化使人的意识和认知也相应产生渐变[116][117]。个人的身份确认与社会关系的强化在日常生活实践和物质投入中表现出来,物质投入越是增长,社会关系就越趋复杂和强化,反过来又刺激更多物质投入,最终物质关系与社会关系两者间的牵连就变得难以分割。在霍德看来,驯化物种是物质性表现的重要方面,它的出现是社会关系复杂化累积过程中伴生的产物。更确切地说,农业的从无到有实际上渗入了社会结构复杂化乃至社会秩序重组的整个过程,它是物质性与社会关系两者互为因果、互相激励从而不可分割的自然结果。霍德的观点与本德不谋而合地以社会关系为切入点来剖析农业产生的内在机制,不同的是,他以象征性来解释物在社会关系中的功能,深层次地揭示出社会关系复杂化的动因。

科万(J. Cauvin)强调近东在旧石器时代末就出现了女性小人像和牛头,它们应该分别代表女神和男神,祖先崇拜也几乎与村落生活同步出现,逝者的遗骸由埋入地下墓葬转为供奉在更加显著的公共场合,由此可以肯定对拟人化的神的崇拜先于驯化物种和农业经济的产生[118]。因此,人类物质行为的革命源于象征系统的革命,如果把栽培行为看作人类对其他物种主宰欲的外在表现,那么这种基于人类认识到自身操控外界能力的象征系统为它的产生提供了必要条件。需要指出的是,象征性模型都不同程度地受到社会内部动因模型的启发,霍德和科万都提到了本德、海登理论中所倚赖的宴享和社会复杂化等因素,但其最重要的差别在于,前两种象征性模型强调物质上的强化是出于一种下意识的行为和群体的心理状态,后两种社会结构变迁模型则突出个体行为的刻意性和能动性[119]。

后过程模型还关注谁是主要驯化者。由于女性在觅食活动、家庭生活、社群联姻、家族传承等事务中的角色定位,她们被认为比男性更多介入环境管理和照料的工作,特别是在小型的园艺活动中,也与植物的象征性联系得更加紧密。因此,女性很可能主导了物种驯化和农业起源的过程[120][121][122]。

纵观纷繁多样的农业起源模型建立、发展和借鉴的历史,我们可以发现理论阐释领域目前存在两种趋势。一是由于新材料的涌现,原先那些可以涵盖全球范围的理论框架受到挑战,其适用性越来越有限,信息详细多元的倾向限制了考古学家在解释时的自我发挥和想象空间,避免了随意附会,提高了准确性和可检验的程度,现在的解释框架更多是区域性适用的或者仅限于遗址的个案分析。二是以某一因素所代表的主动力引导模式正在受到广泛质疑,研究者更加热衷从物质、社会、象征性多种因素综合的可能性去演绎农业在人类社会中出现的过程。表 2.1 简明地举例汇总了各种农业起源理论的阐释维度。

表 2.1　农业起源动力机制阐释理论的角度

理 论 维 度		一般性理论		区域性理论	
		理论提出者	理　　论	理论提出者	理　　论
外部物质性压力	人口	博赛洛普/宾福德/科恩 弗兰纳利/斯蒂纳	人口压力 广谱革命		
	气候	里彻森等 莱特	全新世气候改善 气候变冷	巴尔-约瑟夫(Bar-Yosef)等 麦克考里斯顿&霍尔	新仙女木事件 季节性
	资源	海登	资源结构变化	芒罗	资源压力
社会内部压力	能动性	海登 本德	竞争宴享 社会关系演变		
后过程动因	象征性	科万 霍德 沃森/弗里茨(Fritz)/哈斯托夫(Hastorf)	信仰基础改变 象征系统改变 性别		

　　综合上面的回顾和评述,如果把布雷德伍德的田野发掘和柴尔德的思考看作考古学研究农业起源在实践和理论上的两个源头的话,那么在这近一个世纪无数学者孜孜探求的领域中,是否真的存在理论与实践的分野?毫无疑问,今天的研究走向的确存在两极分化的倾向,一些研究者思考宏观问题,是超越地区范围的、较为复杂的文化演变问题,另一些研究者则关注一地的、一个物种的驯化历史。与其将这两方面对立起来,不如把它们看作是互为补充的。前者看似凌驾于第一手的实物材料之上,

但它实质上是以后者所提供的事实为依托的,实物证据越丰富越坚实,对理论演绎的支持就越有说服力。但同时,理论的视域并不仅局限于实物证据所支持的范围,其中与实物证据没有明显联系的部分,或者尚未被现有研究范式充分检验或顾及的部分,并不能被轻易否定。

第三节　生命科学的研究传统

对史密斯所述农业起源研究的生物学传统,作者在这里使用"生命科学"一词来涵盖所有生物学、生态学、遗传学领域对农业起源探索的关注和贡献。这种传统并不显见,但是它的影响却深远而持久。这主要表现为三种研究走向,一是育种与遗传研究对野生种和栽培作物关系的探究,二是以达尔文的进化理论解释农业发生的过程,三是民族学考察与民族志的积累成为窥探古人类生态的活化石,它们与生态学的密切结合促使考古学以人类生态视角来看待农业起源的过程。

一、从植物育种到分子遗传学

20世纪30年代,苏联遗传学家瓦维洛夫(N. Vavilov)在栽培作物遗传与育种方面的工作率先尝试预测了世界主要栽培植物的起源地。他提出了物种驯化的两种途径:一为原生驯化,驯化物种在最初起源地会出现不同种的变异与分化,这是人类出于不同目的而对同一物种不同特征强化选择形成的,因此具有丰富遗传多样性的区域可能是物种的独立驯化中心。二为次生驯化,有一些物种起初并非人类有意选择,但它们与人类的活动共生,因人类干扰而繁盛,最终竞争过其他共生的作物而成为驯化种。基于该假设,瓦维洛夫调查了全球的植物资源分布,将多个物种多样性重叠的区域预测为农业起源地,并给予两个规律总结:(1)农业起源中心多为山地;(2)农业起源地往往也是古人类文明发端的区域[123][124]。虽然这一理论在实践中有多方面的不足,但它在半个多世纪内很大程度地影响到驯化物种的栽培及其起源研究。瓦维洛夫开创了探索现生植物驯化种与其野生祖先之间关系的学术传统,哈兰(Jack

Harlan)吸收他的植物地理学思路,结合考古发现提出了作物起源的"中心与非中心"说[125]。

此外,哈兰和德韦(J. deWet)还提出,所有禾本科作物从其野生种被驯化为栽培种的过程包含了许多相同的特征。他们首次基于育种与遗传理论,详细讨论了野生种、杂草种、驯化种的分类、杂交、与人类行为的关系等问题[126][127]。根据物种对人类依赖的不同程度,一个物种的生存可被分为野生、受干扰、驯化等涵盖宽泛区间的一系列状态[128]。这项工作最重要的贡献是使考古学家在分辨古代植物遗存,特别是禾本科物种的驯化状态时有了可靠的依据[129]。

育种与遗传理论还与实验生物学方法结合并为寻找驯化物种祖型提供线索,最近墨西哥类蜀黍(teosinte)和摩擦草(*Tripsacum*)成功杂交对玉米驯化的启示可算是该领域最引人注目的进展。这个问题在近40年中一直处于不明朗的状态,弗兰纳利在1973年仍然相信这两种植物不能成功杂交和繁殖后代,没有证据能表明摩擦草在玉米的驯化中起到任何作用[11]。80年代,伊尔蒂斯(H. Iltis)凭借对玉米和墨西哥类蜀黍的精细解剖和比较研究,有力论证了后者是前者的野生祖型[130]。这一单祖先起源说很快就遇到了新挑战,2001年尤班克斯(M. Eubanks)证实墨西哥类蜀黍和摩擦草能够杂交并成功繁殖后代,其果实是至今所知与考古出土最古老的驯化玉米遗存及其复原形态最为相似的样本,该实验同时佐证了为何墨西哥类蜀黍从野生到驯化经历了如此迅速而突发的演进[131][132][133]。玉米起源和进化之谜并未就此尘埃落定,飞速发展中的育种技术和实验手段无疑在挑战研究者不断调整认知和思考新问题。

此外,分子遗传学所倚重的DNA技术在农业起源研究中的应用正在成为学科交叉的热点,目前的实践集中在:(1)通过现生动植物各个种群的遗传特征与相似度推测它们之间的关系;(2)古代标本的DNA提取与测序。结果一般用于回答以下问题:驯化种可能的野生祖先是什么?最有可能的驯化起源地在哪里?某些物种究竟是一次驯化然后传播到世界各地,还是在不同地区多次独立驯化?驯化物种的地理传播路线与速度是怎样的?[134][135]在对现生种群的研究中,德布勒(J. Doebley)通过同功酶和叶绿体 DNA 证实墨西哥类蜀黍是玉米的野生祖先,并由伯尔萨斯河谷墨西哥类蜀黍野生种群的分子遗传特征与玉米相似度最高而推测当地可能为玉米的最早驯化地[136]。当时,最早驯化玉米的证据出自瓦哈卡(Oaxaca)地区,但 2009 年公布的考古证据最终支持了德布勒的推测[78]。霍伊恩(M. Heun)对近东小麦驯化做了类似的工作,他推测的驯化起源地得到了阿布-胡赖拉(Abu Hureyra)遗址出土材料的佐证[137][7]。现生水稻中有关籼粳分化的基因片段研究使沃恩(D. Vaughan)等人推测,今天世界各地的栽培稻是远古野生稻在长江中下游地区驯化后再传播开的后代,籼稻与粳稻很可能源自同一个古代驯化品种[138][139],当然这还有待考古材料的检验。由此可见,古今材料的比对在 DNA 技术的使用与观点论证中十分关键,而从考古植物遗存中直接提取 DNA 已有成功先例。佐藤洋一郎(Y. Sato)曾直接从出土的栗子中提取 DNA,遗传物质多态性研究表明其中中性基因的多样性程度低于现代野生种,因此推测绳文时代的人类已经栽培栗树,而非仅仅收获"野生"栗实[140]。对美洲各地遗址出土葫芦遗存的古 DNA 研究表明,美洲的葫芦是距今 10000年前的亚洲驯化种传播过去的后代[141]。而西葫芦的一个亚种(*Cucurbita pepo* ssp. *ovifera*)作为北美东部独立驯化物种的确认也是在古 DNA 研究的协助下完成的[142]。

二、进化理论

从农业起源进入考古学的研究视野起,达尔文有关生物进化的诸观点就成为学术探讨的出发点。其中,两个方面在狩猎采集经济如何与为何转变为农业的阐释中有着突出影响,一是最佳觅食理论在人类觅食策略变迁中的应用,二是动植物在家养环境中与人类共同进化的讨论。

前一种学说在 20 世纪 80 年代进化考古学的潮流中盛行一时。进化生态学的基本理论告诉我们,物种能否成功繁殖后代是衡量其生存成功的标志,这取决于它对环境的适应程度,而适应策略中最重要的方面就是觅食。生态学家将其发展为最佳觅食理论,并以食谱宽度模型来预测动物的觅食行为及其食谱的构成和变化[143][144]。人类学家很快发现它对狩猎采集群行为研究非常有用,埃里克·史密斯(Eric Smith)[145]、温特哈尔德(B. Winterhalder)[146]、贝廷格(R. Bettinger)[147]等人探索了觅食模型在研究狩猎采集群生计模式和群体规模方面的应用,而霍克斯(K. Hawkes)[148]、海登[102]、温特哈尔德和肯尼特(D. Kennett)[149]等许多学者又注意到它在解释人类从狩猎采集向农业转变方面的潜力。

最佳觅食理论可以简要地表述如下:一种食物是否被食用并不取决于它在环境中的丰富性,而是以觅食效率的指标即回报率来衡量。回报率一般以觅食者在单位时间内获得的热量计算,觅食者总以追求回报率最大化为目标。如果按回报率标准将食物分档的话,食物将依该值从高到低的档次依次列入食谱的选择范围,直到某一项食物的加入会使总回报率不升反降,这时说明整个食谱的回报率已达到最大值[148]。

人类最初驯化的物种几乎都是回报率很低的草籽,按照最佳觅食理论推测,农业很可能是人类面临高档食物匮乏情况下饥不择食的无奈选择,对低档食物的强化开拓最终导致农业发生,弗兰纳利将这一效应命名为"广谱革命"[86]。从外部压力寻找农业起源动力机制的研究往往乐于引用这个假说。虽然许多实证研究支持"广谱革命说",但新材料和相关反思都在挑战该理论的普遍性与合理性[150]。在理论方面,有学者提出,最佳觅食需要满足两个前提:觅食斑块是均匀分布的;人能够充分了解环境中资源的分布情况,而现实案例并不满足这些情景。在实证方面,近东地区尼安德特人和莫斯特时期遗址中都已发现利用植物的证据[151][152]。这令人质疑:低档食物究竟何时开始被人类取食?抑或是,被习惯性地视作"低档"的植食实际上一直都存在于人类的食谱中?基于最佳觅食理论的"广谱革命"是否名副其实地发生过?这些疑问暴露出觅食理论在解释农业起源机制上的缺陷,它强调人类对外部环境的被动适应,这虽然充分考虑到资源条件对人类生存和社会发展的制约,但是却忽略了人类行为的主动性,容易落入环境决定论的窠臼。

进化理论的另一大影响是共同进化的思想。达尔文认为,进化发生在生物个体与环境互动的过程当中,驯化物种的形成是动植物在家养环境中与人类长期共存、相互影响的结果。埃德加·安德森(Edgar

Anderson)提出农业起源的"垃圾堆理论"(dump heap theory)与这一思想一脉相承[153]。他指出,在自然界中只有不断受到扰动而保持开放状态的生境才能接受新物种进入,比如常年或季节性受侵蚀的河岸台地,或是人为造就的表面无遮盖的土层——即垃圾堆。驯化物种即这类新物种,它最初以与人相伴的杂草形式出现,这些杂草很容易在人类居址附近的垃圾堆上生长起来,在人类活动的照料和庇护下,物种的性状变异被越来越多地保留下来,以至于最后形成了不同于野生祖型的驯化种。

　　布鲁斯·史密斯基于此发展出洪积平原杂草理论(floodplain weed theory)来阐释北美东部农业发生的过程[129]。他认为靠近河谷的洪积平原是农业起源的关键地形,季节性的频繁泛滥使环境保持开放的状态,因而它们适于一年生种子植物——包括瓶状葫芦、伯兰德氏藜、假苍耳和向日葵——的进入和生长,同时这些物种也具备了适应与洪泛的自然扰动具有类似特征的人为扰动的能力。当人类在河谷中的定居生活逐渐强化和稳定时,这些植物在人类扰动或刻意选择的干预下发生了一系列标志驯化的性状改变,如种子尺寸增大、种皮变薄等。科平杰(R. Coppinger)和施奈德(R. Schneider)也以类似的"垃圾堆理论"演绎过狗的驯化过程,他们提出,当人类的永久性居址出现,累积的食渣与废弃物形成了"垃圾堆"生境,这吸引狼中间性情比较温和、不畏惧人的品种来此觅食,这种环境提供了狼与人亲密接触和互动的机会,最后这些逐渐适应人类定居生活的狼就成为驯化的狗[154]。无论是"杂草理论"还是"垃圾堆理论",其中强调的"人源干扰"[155](anthropogenesis)受到持共同进化观学者的欢迎。克劳福德和丹德烈亚(A. D'Andrea)在研究日本东北部史前人群的生计时非常注意观察植物组合中杂草类型的构成和变化,杂草比例的增长和一些种子尺寸变大表明绳文时代定居者对环境的扰动相当活跃,并且已经开始驯化植物[156][157]。综上可见,人源扰动的开放生境提供了一种契机,使野生物种进入人类主导的环境,参与系统的共同进化,这是驯化过程必不可少的背景。

　　林多斯赞同安德森的人源扰动论(anthropogenesis),他认为杂草向人源扰动的生境迁移是驯化发生的关键环节,人类对环境的持续影响推动了人与物种之间共同进化关系的发展与强化。林多斯进一步把这个共同进化的过程区分为三种模式——偶发驯化（incidental domestication）、特化驯化（specialized domestication）和农业驯化（agricultural domestication）——来描述其强化的程度。偶发驯化指非农业社会中物种出现性状变化，它很可能因某些物种比较容易适应人为创造的环境而产生。这种关系促使特化驯化的发生，随着驯化物种在人类居址中散布，原先的生态演替序列被新的演替取代，也就是人类创造的农业生态成为环境的主导趋势。农业生态继续强化的结果就会导向农业驯化，它一般标志着农业生产系统的确立和完善[158]。

皮尔索用该框架来阐释中美洲与南美北部农业发生的过程[159]。中美洲距今约 10000—7000 年间已出现早于人类定居的偶发驯化的证据，几乎同时南美洲北部的植物材料也表明人类活动对环境的干扰。距今约 5500 年左右，人类开始较频繁地利用驯化种，有意耕种土地，物种也更多样，定居生活也开始出现，这表明特化驯化阶段开始，在南美洲这始于距今约 4300 年。在中美洲距今 4000 年左右，人类更强化地操控环境，社会经济趋于复杂，人口大增，农业生态向更加强化的方向发展，可以视为农业驯化阶段到来，在南美洲这种趋势见于距今 3500 年以后，有些地区则更晚。纳尔逊（S. Nelson）也用林多斯的三阶段理论解释朝鲜半岛农业的发生和发展。栉文早期为偶发驯化阶段，栉文中期与晚期被归为特化驯化阶段，无文早期水稻栽培的出现标志着农业驯化开始[160]。

三、人类生态学与民族志"活化石"

生态学以有机体及其环境之间的相互作用为研究对象，为认识地球的物理环境和生物过程的特征与功能提供了框架，是一门描述和解释生态系统中的物质和能量如何运作，以及为何这样运作的学问[161]。尽管它在当代自然科学中是比较年轻的一个门类，但是它对考古学的渗透却很早就开始了。20 世纪 50 年代，格拉厄姆·克拉克（Grahame Clark）在他对史前欧洲的研究中引入了生态学视角，索尔（G. Sauer）的《农业起源与传播》一书首次明确意识到把人类行为放在生态学背景中考察的深远意义[162]。尽管当时新兴的生态学思想吸引了少数考古学家的兴趣，但在传播论盛行的文化历史考古学时代，文化"如何"与"为何"演变的问题受到冷落和忽视，生态学并无用武之地。

到 60 年代，尤金·奥德姆（Eugene Odum）的《生态学基础》课本[163]已经培养了最早的两代生态学家，生态系统研究成为生态学的主流[164]。与此同时，新考古学强调系统论科学方法的应用，生态系统研究的范式遂受到考古界的追捧，学者们广泛使用生态学概念和变量来描述研究对象，并模仿其建立量化模型。哈德斯蒂（D. Hardesty）[165]和巴策尔（K. Butzer）[166]等人在将生态学方法系统地应用到考古研究方面做了大量整合性的工作。这种潮流在农业起源研究领域表现为学界开始放弃传播论，转向思考什么样的生态条件促使农业发生，什么样的条件又有阻碍作用。进化生态学作为其中一个分支在这方面的推动作用已在前面介绍过。

新考古学留下的另一项重要的、同时也是大大受惠于生态学的遗产是民族志研究，其研究对象是现代社会中存在的土著群体，它们被视为现代人观察和理解古代人类生活方式可借鉴的"活化石"。在有了生态学的理论与方法准备后，一大批关于土著人群文化生态的研究涌现出来，它们大多结合生态学、民族学与考古学等多方面材料，为土著民族与其生存环境之间的互动关系提供了高质量的研究成果。比如，亨利·刘易斯（Henry Lewis）对加利福尼亚土著烧除行为的分析就是非常成功的案例[167]，生态学家德尔考特夫妇（P. Delcourt 和 H. Delcourt）则毕生追踪和揭示印第安人的生态变迁[168]。这些促使考古学从新的角度认识到人类在生态系统中——特别是在那些"似农非农"的生存状态中的特殊地位。其一，人并不像斯图尔特（J. Steward）在其文化生态学中所理解的那样倾向于以较为被动的方式适应环境[169]，实际上人类一直在地表景观的改变过程中发挥着非常活跃的作用，特别是在食物及其他资源生产方面[170]。其二，今天土著人的生存策略是经历长期历史演变后的结果，它是一个长程的动态过程，绝非完全复制其祖先的适应行为本身，因此近现代民族学观察对应到考古学材料中需要经受高度甄别。自此，考古学家认识到了人类与环境互动的漫长历史和现实生态系统之间关系的复杂性及其动态本质,古人类生态学作为一个学术分支应运而生,这对后来农业起源概念的更新和研究思路的转换有着重要的启示作用。

20 世纪 90 年代以后,人类生态学的兴起可谓是考古学人地关系研究的助推力量。以人源影响(anthropogenesis)为核心理念,生态学像桥梁一样沟通了自然环境与社会文化这两个方面的联系。人类生态的前沿理论和概念在学术界一经讨论,就迅速与农业起源研究相结合,比如生态系统工程[171](ecosystem engineering)、人类生态位构建[172][173](human niche construction)。这些概念明确地把人类行为的主动性及其对环境的积极影响放到农业起源问题的中心地位,与过去一味寻找动力因素的研究导向不同,它强调在了解农业"如何"起源的基础上再讨论"为何"的问题。

第四节　长江下游农业起源的研究史及评述

20 世纪 70 年代河姆渡遗址的发现是探索长江下游农业起源的起点,大量古稻遗存的出土是发掘中最炫目的亮点。多年以来,在这种印象的持续引导下,水稻驯化与稻作农业始终是讨论长江下游史前农业的中心问题。探讨的主要方面基本可概括为以下四大类:(1)考古出土水稻种类的鉴定;(2)长江下游是否为稻作农业的起源地;(3)水稻在长江下游生计经济中的重要性;(4)水稻最初驯化的动力机制。

一、古水稻种类的鉴定

游修龄是首位鉴定河姆渡古稻的专家。他首先根据出土稻粒与现代野生稻种在粒重上的明显差异排除了古稻为野生的可能性,其次他根据出土稻粒的长宽比值落在现代籼稻长宽比范围内以及颖壳上稃毛形态特征近似现代籼稻,而判断河姆渡古稻属于籼稻[174]。而后,周季维对出土稻粒进行了形态鉴定,他也以稻粒长宽比作为判别标准,样本数据显示古稻种群当中 74.59% 为籼型,23.43% 为粳型,1.98% 为高原粳型[175]。汤圣祥和张文绪等则以稻谷外稃双峰乳突形态为突破口,结合稻米粒型测量数据,对罗家角和河姆渡两处出土的古稻进行观察,结论认为这两处出土的古稻存在多样化现象,是一种非籼非粳的正在分化的古栽培稻[176]。张文绪还以同样方法鉴定了鲻山遗址[177](属河姆渡文化)和骆驼墩遗址[178](属马家浜文化)出土的古稻,结论与其对河姆渡古稻鉴定基本一致。他把古栽培稻的性质概括为"既有粳、籼、野三种特征又不同于这三者的一个独立种群",不建议将其直接对应到现代标准的粳、籼、野分类中去,而应将其作为栽培稻中的一个亚种处理,直接冠以出土遗址名,命名为"某地古栽培稻"[179]。面对众家对稻粒形态测量结果各执一词的局面,郑云飞等指出依靠稻谷外形长宽比数据已无法探清古稻种类问题,他们另辟蹊径地将日本学者藤原宏志的水稻植硅石形态判别法应用到研究中,河姆渡又首当其冲地成为接受再检验的材料。研究通过对土壤样品中水稻叶片运动细胞产生的扇形植硅石形态进行测量和统计,得出河姆渡出土稻谷以粳型为主,而且属于热带粳稻型[180]。此后,该方法随着江浙两省考古发掘的扩展迅速地被广泛应用于寻找和分析古稻遗存,经研究的遗址包括罗家角[181][182]、跨湖桥[42]、小黄山[183]、上山[183]、草鞋山[70]、楼家桥[184]、南庄桥[185]、绰墩[186]等,稻属植硅石形态判别表明该地区史前古稻以粳型为主,籼粳混杂的情况也相当常见。至此,虽然鉴定结果对长江下游出土古稻具体属于哪个亚种未有共识,但几乎所有鉴定者都赞同它们为人工驯化种[187]。

1991年,汤圣祥和佐藤洋一郎提出需要考虑河姆渡古稻种群中存在野生稻的可能性,既然迄今为止最古老的水稻出土于长江下游,而现代水稻又是由普通野生稻驯化而来,那么该区域在河姆渡时代是否有普通野生稻存在就成为问题的关键。他们首次报道了在河姆渡炭化稻谷中发现4颗可被明确鉴定为野生型的稻粒,它们的特征是粒型瘦长,芒上小刚毛长而密集,小穗轴基盘呈现自然落粒后留下的光滑疤痕[188][189]。这是否能成为河姆渡水稻当地驯化的力证并无定论,但无疑为探求长江下游古稻的属性增添了一条新线索。对于同一遗址相同地层出土材料在不同鉴定方法和标准对照下得出大相径庭的结论,秦岭和傅稻镰提出了质疑和批评,他们提醒研究者不能先入为主地将出土古稻遗存都预设为栽培稻,然后在作结论时用材料去迎合预设,同时更是呼吁野生稻在长江下游农业起源的研究中不应当被忽略[190][191]。作为对这一质疑的审慎回应,郑云飞和陈旭高重新观察了罗家角、跨湖桥和田螺山三处遗址出土的水稻样品。不同以往的是,他们将关注点集中到从未留意过的小穗轴特征,结果显示这三个古稻群小穗轴中代表栽培粳稻类型的粗糙型基盘比例达到40%—50%,远远高于现代野生稻群中不自动落粒的比例,另外的50%—60%为代表野生稻的光滑型基盘,他们还从上山和小黄山陶片内羼合料留下的印痕中辨认出粳型和野生型的小穗轴特征。这些表明,至少跨湖桥、河姆渡和马家浜文化的先民已开始从稻穗上收获不易落粒的种子而后通过持续播种、收获和储藏,使这一性状得到强化,因此距今8000—6000年长江下游出土的水稻种群已经被人类栽培,是处于驯化过程中的[192]。随后,傅稻镰等人以同样的方法对田螺山遗址新出土的水稻小穗轴进行研究,研究辨认出该组合中包括三个不同类别:野生型、驯化型、未成熟型,具体鉴定标准与郑、陈等发表于 2007 年的工作略有不同[193]。他们认为先民为提高收获产量而有意收割未完全成熟稻粒的看法颇有新意,但是这一观点似乎暂时还缺乏令人信服的实证支持[194]。

二、长江下游与稻作农业起源地的关系

长江下游是否可被视为稻作农业的起源地,首先取决于"稻作农业"产生的标准是什么。目前学术界对此尚无统一认识,有的主张以水稻驯化性状出现为标准,有的提出以水稻田系统的出现为标志,有的认为这仅与农业耕作模式相关而与植物的驯化进程无关[195]。但是,研究者在实践中都注意到将最初较零星的、小规模的栽培活动阶段与稍后较为强化的、具有一定规模的稻米生产阶段区别开来。郑建明就曾明确提出,水稻栽培的出现与稻作农业产生的社会背景和动力机制完全不同,需要分别讨论[196]。本书不讨论强化形式的稻作农业,因此主要以性状变化为切入点,回顾水稻驯化起源地的确认如何随着考古发现的更新而转移及其相关思考。

20 世纪 70 年代以前,一些国外学者认为主产稻米且保有稻属多样性的南亚或东南亚地区可能是驯化稻的起源地[197][198]。河姆渡古稻的发现公诸于世后,其古老性得到国际学界认可,长江下游开始被看作水稻驯化最初发生地。90 年代,距今 8500—7500 年的河南舞阳贾湖遗址出土驯化的炭化稻遗存后,起源地转向淮河流域[199]。江西万年仙人洞和吊桶环两处距今 12000 年和 10000—9000 年地层中出土的稻属植硅石被证属驯化型后,起源地转向长江中游[200]。此外,湖南玉蟾岩[201]、彭头山和八十垱[202]相继出土距今 9000—8000 年的驯化型炭化稻谷,也支持长江中游干流和支流谷地为起源地,长江下游早期稻作遗存遂被视作接受来自中游传播的结果。2001 年,萧山跨湖桥遗址距今 8000—7000 年驯化古稻的发现打破了长江中游起源说的格局。2005 年,距今 10000—8000 年的浦阳江流域上山和小黄山遗址出土的水稻植硅石被鉴定为热带粳稻型,长江下游才再次被列入驯化稻起源地的候选名单。而后,稻属扇形和双峰形植硅石用于鉴定水稻驯野属性的方法在考古学中得到了进一步的发展和广泛应用,吴妍、杨晓燕、吕厚远等通过仔细分析来自上山、跨湖桥、河姆渡文化的两类稻属植硅石形态,展现了水稻在长江下游被人类最初栽培的 4000 年间的变化过程[203][204]。纵观这场起源地之争,笔者认为没有必要刻意地将长江中游与下游分割开来,将孰先孰后对立起来。目前国际上一般笼统地认为长江中下游为水稻的独立驯化起源地,具体地说,距今 12000—10000 年,人类生活已经与水稻有了密切的关联,距今 8000 年,人类已经从事水稻栽培,而且拥有处于驯化过程中的品种。这个框架不仅是对现有材料客观合理的认知与表述,也为未来真正推进研讨留出了很大的空间。同时,我们还可以发现,仅仅依靠考古发现更古老的炭化稻谷或植硅石来推进农业起源研究是远远不够的,这些只提供了文化演变的基本信息,不能不证自明地告诉我们物种早期驯化背后更加复杂和重要的过程与原因问题,也完全显示不出作为主体的人类活动的详细内容。

三、水稻在长江下游生计经济中的地位

水稻在长江下游生计中的地位问题一直围绕着狩猎采集与稻作农业

的相对比例展开。从河姆渡遗址的发现开始,驯化水稻被习惯性地作为经济形态是否属农业的指标,特别是以驯化稻与其他采集野生物种的相对多少来判断农业生产的比重。学界一般将河姆渡文化的经济性质视作以耜耕为代表的原始稻作农业,在此基础上家畜饲养得到发展,但渔猎和采集仍是经济生活中的一个重要组成部分[205]。同时,考古报告与许多学者[206][207][208]也都指出,河姆渡的农业形态已经比较成熟,水稻栽培的历史应该还可以向前追溯。此后,跨湖桥、小黄山以及上山驯化稻遗存的发现可为佐证。与河姆渡同时的马家浜文化经济形态也被认为拥有稻作农业,稻作与渔猎并重且互相补充[209],特别是草鞋山、绰墩两处古水稻田的揭露证明稻作农业在向强化的方向发展。

然而,秦岭和傅稻镰等针对河姆渡遗址提出不同观点,他们认为动植物遗存中大量野生物种在过去的研究中被忽略了,同时由于河姆渡稻群中明显存在野生型个体,报告中"以种植水稻为标志的原始稻作农业"的提法略有夸张,他们认为很可能狩猎采集才是当时生计模式的主导,水稻栽培只是一种补充性的成分[190]。随后,根据田螺山出土植物遗存的统计结果,傅稻镰等调整了他们的推测,提出在该地点被人类居住的 300 年中,很可能稻属资源在食谱中的比例逐步增多,橡子这类野生坚果则相应地从主食资源退化为备用资源[210]。对早于河姆渡的上山文化,刘莉特别提出不能忽视其中广谱型经济的成分,尽管存在稻属植物被利用的证据,但这些遗址出土大量磨石、磨棒,表明野生坚果在狩猎采集向农业的经济转型过程中扮演了非常重要的角色[211]。小黄山和上山碾磨石器上的淀粉颗粒分析表明橡子、薏苡、菱角、稗属及某些根茎类植物曾被食用[212][213],跨湖桥陶片黏结淀粉颗粒分析也表明,除了水稻以外,薏米、小豆、栎果等均被人类加工食用[214]。

综上所述,传统研究思路的转变说明学界已经意识到过去的研究过于强调甚至夸大了水稻在长江下游全新世早期生计模式中的地位,关注水稻在经济结构中的变迁、关注稻作农业的形成过程正在成为新的研究方向。

四、水稻驯化的动力机制

与国际上农业起源动力机制的探讨类似,学界也从气候、人口、社会结构等方面尝试解读长江下游水稻驯化为何起源。吕烈丹是首位在博士论文中明确提出这个问题的研究者,她认为冰期末气候与环境的变化引发了自然资源的变迁,促使原先的采集者开始利用野生草籽,在长江流域,稻米具有便于储存和富含营养这两点优势,使当地先民选择其进行栽培[215]。与吕烈丹思路相同,大卫·科恩(David Cohen)也从气候变迁上找原因,他借鉴近东农业起源研究中流行的学说,提出更新世末全球气温骤降的"新仙女木事件"可能也同样促成了长江流域的农业起源[216]。赵志军则通过地质钻孔分析[217][218]提出新仙女木事件在长江中下游地区不是表现为单纯变冷,而是年均降水量的增加和季节性的加强,这为稻属植物的演化和人类选择行为之间的互动创造了优越条件[219]。但是,最新经树轮校正的碳14年表显示新仙女木事件实际发生年代比原先认为的要早2000年左右,即在距今12900—11500年,因此这个解释框架可能需要重新考虑。另一位从外部环境角度考虑的是陈胜前,他利用宾福德以大量民族学资料为基础的数据库,输入气象与资源变量,模拟预测了中国境内史前可能发生食物生产的地图。他的结论之一是认为全新世之初的过渡性生境为农业最初发生创造了合适的前提条件,但是模拟结果却不包括长江下游早期农业的发生[220]。问题在于该预测系统完全建立在环境变量之上,这一模型把食物生产者过于简单地看作是对环境的被动适应,很大程度上忽略了人类行为的主动性。

郑建明分析长江下游人工制品组合与聚落分布后,提出环太湖平原与宁绍平原早期水稻栽培的动力不应从资源或人口压力来寻找,而应从富裕环境中社会结构趋向复杂从而产生"竞争宴享"的需要来考虑[196]。虽然这一思路充分考虑到该区域生态可持续性较强、资源不易耗竭与导致社会结构突变的可能关系,避免了环境决定论的窠臼,但是过于强调社会的能动性因素,忽略了全新世最早期人类已经与水稻开始密切接触和互动以及利用其他植食的材料。黄海的博士论文第一次根据林多斯提出的驯化进化三阶段模式重新梳理中国史前出土的水稻资料，这一工作的贡献在于较为系统全面地勾勒了水稻从早期零星栽培到大规模生产的强化过程[221]，但是对一手材料的分析处理略为少了一些。

注释

[1]   Smith, B. D. *The Emergence of Agriculture* [M]. New York: Scientific American Library, 1995: 1-14.

[2]   Price, T. D. Ancient farming in Eastern North America [J]. *Proceedings of the National Academy of Sciences of the United States of America*, 2009, 106 (16): 6427-6428.

[3]   Braidwood, L., Braidwood, R., Howe, B, Reed, C. & Watson, P. J. (Eds.) *Prehistoric Archaeology along the Zagros Flanks* [M]. Chicago: The University of Chicago Oriental Institue Publications Volume 105, 1983.

[4]   Byers, D. S. (Ed.) *The Prehistory of the Tehuacan Valley. Volume 1: Environment and Subsistence* [M]. Austin: University of Texas Press, 1967.

[5]   Flannery, K. V. (Ed.) *Quilá Naquitz: Archaic Foraging and Early Agriculture in Oaxaca, Mexico* [M]. Orlando: Academic Press, 1986.

[6]   Bar-Yosef, O. & Gopher, A. (Eds.) *An Early Neolithic Village in the Jordan Valley Part I: The Archaeology of Netiv Hagdud* [M]. Peabody Museum of Archaeology and Ethnology, Harvard University, Cambridge, MA, 1997.

[7]   Moore, A. M. T., Hillman, G. C. & Legge, A. L. *Village on the Euphrates* [M]. Oxford: Oxford University Press, 2000.

[8]   Alizadeh, A. (Ed.) *Excavations at the Prehistoric Mound of Chogha Bonut, Khuzestan, Iran: Seasons 1976/77, 1977/78, and 1996* [M]. Chicago: The Oriental Institute of the University of Chicago, The University of Chicago, 2003.

[9]   Nadel, D. (Ed.) *Ohalo II: A 23,000-Year-Old Fisher-Hunter-Gatherers' Camp on the Shore of the Sea of Galilee* [M]. Reuben and Edith Hecth Museum, University of Haifa, 2002.

[10]   Marquardt, W. H. & Watson, P. J. (Eds.) *Archaeology of the Middle Green River Region, Kentucky* [M]. Gainesville: University Press of Florida, 2005.

[11]   Flannery, K. V. The origins of agriculture [J]. *Annual Review of Anthropology*, 1973, 2: 271-310.

[12]   Smith, B. D. The transition to food production [A]. In Feinman, G. M. & Price, T. D. (Eds.) *Archaeology at the Millennium: A Sourcebook* [M]. New York: Kluwer/Plenum, 2001: 199-229.

[13]   MacNeish, R. S., Nelken-Turner, A., & García Cook, A. *Second Annual*

Report of the Ayacucho Archaeological Botanical Project [M]. Andover: Peabody Found, 1970.

[14] Cutler, H. C. & Whitaker, T. W. Cucurbits from the Tehuacan Caves [A]. In Byers, D. S. (Ed.) *The Prehistory of the Tehuacan Valley* [M]. Austin: University of Texas Press, 1967: 212-219.

[15] Mangelsdorf, P. C., MacNeish, R. S., & Galinat, W. C. Domestication of corn [J]. *Science*, 1964, 143: 538-545.

[16] Mangelsdorf, P. C., MacNeish, R. S., & Galinat, W. C. Prehistoric wild and cultivated maize [A]. In Byers, D. S. (Ed.) *The Prehistory of the Tehuacan Valley* [M]. Austin: University of Texas Press, 1967: 178-200.

[17] 陈雪香. 北美植物考古学评述[J]. 南方文物, 2007, (2): 99-104.

[18] Helbaek, H. Plant collecting, dry-farming, and irrigation agriculture in prehistoric Deh Luran [A]. In Hole, F., Flannery, K. V., & Neely, J. A. (Eds.) *Prehistory and human Ecology of the Deh Luran Plain* [M]. Ann Arbor: Museum of Anthropology, 1969: 383-426.

[19] Struever, S. Flotation techniques for the recovery of small-scale archaeological remains [J]. *American Antiquity*, 1968, 33(3): 353-362.

[20] Watson, P. J. (Ed.) *Archeology of the Mammoth Cave Area* [M]. New York: Academic Press, 1974.

[21] Watson, P. J. In pursuit of prehistoric subsistence: a comparative account of some contemporary flotation techniques [J]. *Mid-Continental Journal of Archaeology*, 1976, 1: 77-100.

[22] French, D. H. An experiment in water-sieving [J]. *Anatolian Studies*, 1971, 21: 59-64.

[23] Williams, D. Flotation at Siraf [J]. *Antiquity*, 1973, 47(188): 288-292.

[24] Limp, W. F. Water separation and flotation processes [J]. *Journal of Field Archaeology*, 1974, 1: 337-342.

[25] Jarman, H. N., Legge, A. J., & Charles, J. A. Retrieval of plant remains from archaeological sites by froth flotation [A]. In Higgs, E. S. (Ed.) *Papers in Economic Prehistory* [M]. Cambridge: Cambridge University Press, 1972: 39-48.

[26] 赵志军. 植物考古学的田野工作方法——浮选法[J]. 考古, 2004, (3): 80-87.

[27] D'Andrea, A. C., Crawford, G. W., Yoshizaki, M., & Kudo, T. Late Jomon cultigens in Northeastern Japan [J]. *Antiquity*, 1995, 69: 146-152.

[28] Lee, G.-A. *Changes in Subsistence Systems in Southern Korea from the Chulmun to Mumun Periods: Archaeobotanical Investigation* [D]. Unpublished Ph. D. Dissertation. Toronto: University of Toronto, 2003.

[29] Wagner, G. E. Comparability among recovery techniques [A]. In Hastorf,

C. A. & Popper, V. S. (Eds.) *Current Paleoethnobotany: Analytical Methods and Cultural Interpretations of Archaeological Plant Remains* [M]. Chicago: The University of Chicago Press, 1988: 17-35.

[30]　Wright, P. J. Flotation samples and some paleoethnobotanical implications [J]. *Journal of Archaeological Science*, 2005, 32: 19-26.

[31]　van Zeist, W. The origin and development of plant cultivation in the Near East [J]. *Japan Review*, 1992, 3: 149-165.

[32]　Warnock, P. From plant domestication to phytolith interpretation: the history of paleoethnobotany in the Near East [J]. *Near Eastern Archaeology*, 1998, 61(4): 238-252.

[33]　Nesbitt, M. Plants and people in ancient Anatolia [J]. *The Biblical Archaeologist*, 1995, 58(2): 68-81.

[34]　Weiss, E., Kislev, M., Simchoni, O., Nadel, D., & Tschauner, H. Plant-food preparation area on an Upper Paleolithic brush hut floor at Ohalo II, Israel [J]. *Journal of Archaeological Science*, 2008, 35: 2400-2414.

[35]　Weiss, E., Kislev, M. E., Simchoni, O., & Nadel, D. Small-grained wild grasses as staple food at the 23,000-year-old site of Ohalo II, Israel [J]. *Economic Botany*, 2005, 58 (Supplement): S125-S134.

[36]　Weiss, E., Kislev, M. E., & Hartmann, A. Autonomous cultivation before domestication [J]. *Science*, 2006, 312: 1608-1610.

[37]　Asch, D. L., & Asch, N. B. The economic potential of *Iva annua* and its prehistoric importance in the Lower Illinois Valley [A]. In: Ford, R. I. (Ed.) *The Nature and Status of Ethnobotany* [M]. Ann Arbor: University of Michigan, 1978: 301-341.

[38]　Yarnell, R. A. Domestication of sunflower and sumpweed in Eastern North America [A]. In Ford, R. I. (Ed.) *The Nature and Status of Ethnobotany* [M]. Ann Arbor: University of Michigan, 1978: 289-300.

[39]　Smith, B. D. Hopewellian farmers of Eastern North America [A]. In Smith, B. D. *Rivers of Change: Essays on Early Agriculture in Eastern North America* [M]. Tuscaloosa: The University of Alabama Press, 2007: 201-248.

[40]　Crawford, G. W., Hurley, W. M., & Yoshizaki, M. Implications of plant remains from the Early Jomon, Hamanasuno Site [J]. *Asian Perspectives*, 1976, 19(1): 145-155.

[41]　Crawford, G. W. & Yoshizaki, M. Ainu ancestors and prehistoric Asian agriculture [J]. *Journal of Archaeological Science*, 1987, 14: 201-213.

[42]　郑云飞,蒋乐平,郑建明.浙江跨湖桥遗址的古稻遗存研究[J].中国水稻科学, 2004,18(2): 119-124.

[43]　湖南省文物考古研究所(编).彭头山与八十垱[M].北京: 科学出版社,2006.

[44]　河南省文物考古研究所(编).舞阳贾湖[M].北京:科学出版社,1999.

[45]　Crawford, G. W.,陈雪香,王建华.山东济南长清区月庄遗址发现后李文化时期的炭化稻[A].见:山东大学东方考古研究中心(编).东方考古(第3集)[M].北京:科学出版社,2006:247-251.

[46]　Jin, G., W. Wu, K. Zhang, Z. Wang, & X. Wu. 8000-year old rice remains from the north edge of the Shandong Highlands, East China [J]. *Journal of Archaeological Science*, 2014, 51: 34-42.

[47]　赵志军.小米起源的研究——植物考古学新资料和生态学分析[A].见:中国社会科学院考古研究所,瑞典国家遗产委员会考古研究所(编).中国考古学与瑞典考古学[M].北京:科学出版社,2006:98-104.

[48]　刘长江,孔昭宸,朗树德.大地湾遗址农业植物遗存与人类生存的环境探讨[J].中原文物,2004,(4):26-30.

[49]　Crawford, G.W. & Lee, G.-A. Agricultural origins in the Korean Peninsula [J]. *Antiquity*, 2003, 77(295): 87-95.

[50]　Ford, R. Paleoethnobotany in American archaeology [A]. In Schiffer, M. (Ed.) *Advances in Archaeological Method and Theory* [M]. Vol. 2. New York: Academic Press, 1979: 285-336.

[51]　van Zeist, W. Prehistoric and early historic food plants in the Netherlands [J]. *Palaeohistoria*, 1968, 14: 41-173.

[52]　Pearsall, D. M. *Paleoethnobotany: A Handbook of Procedures* [M]. San Diego: Academic Press, 2000.

[53]　Gowlett, John A.J. The archaeology of radiocarbon accelerator dating [J]. *Journal of World Prehistory*, 1987, 2: 127-170.

[54]　Smith, B.D. SEM and the identification of micro-morphological indicators of domestication in seed plants [A]. In Olsen, S. (Ed.) *Scanning Electron Microscopy in Archaeology* [M]. Oxford: British Archaeological Reports International Series, 1988: 203-213.

[55]　Long, A., Benz, B.F., Donahue, D.J., Jull, A.J.T., & Toolin, L.J. First direct AMS dates on early maize from Tehuacan, Mexico [J]. *Radiocarbon*, 1989, 31(3): 1035-1040.

[56]　Smith, B. D. The initial domestication of Cucurbita pepo in the Americas 10,000 years ago [J]. *Science*, 1997, 276: 932-934.

[57]　Kaplan, L. & Lynch, T. F. *Phaseolus* (*Fabaceae*) in archaeology: AMS radiocarbon dates and their significance for Pre-Colombian agriculture [J]. *Economic Botany*, 1999, 53(3): 261-272.

[58]　Piperno, D. R. Phytolith radiocarbon dating in archaeological and paleoecological research: a case study of phytoliths from modern Neotropical plants and a review of the previous dating evidence [J]. *Journal of*

Archaeological Science, 2016, 68: 54-61.

[59] 金和天,潘岩,杨颖亮,秦岭,孙国平,郑云飞,吴小红.浙江余姚田螺山遗址土壤植硅体 AMS¹⁴ C 测年初步研究[J].第四纪研究,2014,(1): 1-7.

[60] Smith, B.D. The role of *Chenopodium* as a domesticate in premaize garden systems of the Eastern United States [J]. *Southeastern Archaeology*, 1985, 4: 51-72.

[61] Smith, B. D. *Chenopodium berlandieri* ssp. *jonesianum* : evidence for a Hopewellian domesticate from Ash Cave, Ohio [J]. *Southeastern Archaeology*, 1985, 4: 107-133.

[62] Bruno, M. C. A morphological approach to documenting the domestication of *Chenopodium* in the Andes [A]. In Zeder, M. A., Bradley, D. G., Emshwiller, E., & Smith, B. D. (Eds.) *Documenting Domestication: New Genetic and Archaeological Paradigms* [M]. Berkeley and Los Angeles: University of California Press, 2008: 32-45.

[63] Kislev, M. E., Hartmann, A., & Bar-Yosef, O. Early domesticated fig in the Jordan Valley [J]. *Science*, 2006, 312: 1372-1374.

[64] Lev-Yadun, S., Ne'eman, G., Abbo, S., Flaishman, M. A. Comment on "Early domesticated fig in the Jordan Valley" [J]. *Science*, 2006, 314: 1683a.

[65] Kislev, M. E., Hartmann, A., & Bar-Yosef, O. Response to comment on "Early domesticated fig in the Jordan Valley" [J]. *Science*, 2006, 314: 1683b.

[66] Hather, J. G. Morphological classification of roots and tubers and its bearing on the origins of agriculture in Southeast Asia and Europe [J]. *Journal Archaeological Science*, 1994, 21: 719-724.

[67] Leroi-Gourhan, A. Pollen grains of *Gramineae* and *Cerealia* from Shanidar and Zawi Chemi [A]. In Ucko, P. J. & Dimbleby, G. W. (Eds.) *The Domestication and Exploitation of Plants and Animals* [M]. Chicago: Aldine Publishing Company, 1969: 143-148.

[68] Delcourt, P. A., Delcourt, H., Cridlebaugh, P. A., & Chapman, J. Holocene ethnobotanical and paleoecological record of human impact on vegetation in the Little Tennessee River Valley, Tennessee [J]. *Quaternary Research*, 1986, 25: 330-349.

[69] Fujiwara, H. Research into the history of rice cultivation using plant opal phytoliths [A]. In Pearsall, D. & Piperno, D. (Eds.) *Current Research in Phytolith Analysis: Applications in Archaeology and Paleoecology* [M]. MASCA Research Papers in Science and Archaeology, Vol. 10. Philadelphia: University of Pennsylvania, 1993: 147-159.

[70]　宇田津彻朗,汤陵华,王才林,郑云飞,柳泽一男,佐佐木章,藤原宏志.中国的水田遗构探查[J].农业考古,1998,(1): 138-155.

[71]　Cao, Z. H. , Ding, J. L. , Hu, Z. Y. , Knicker, H. , Kogel-Knabner, I. , Yang, L. Z. , Yin, R. , Lin, X. G. , & Dong, Y. H. Ancient paddy soils from the Neolithic age in China's Yangtze River Delta [J]. *Naturwissenschaften*, 2006, 93: 232-236.

[72]　Pearsall, D. M. , Piperno, D. R. , Dinan, E. H. , Umlauf, M. , Zhao, Z. , & Benfer, R. A. Jr. Distinguishing rice (*Oryza sativa Poaceae*) from wild *Oryza* species through phytolith analysis: results of preliminary research [J]. *Economic Botany*, 1995, 49(2): 183-196.

[73]　Zhao, Z. , Pearsall, D. M. , Benfer, R. A. Jr. , & Dolores R. Piperno, D. R. Distinguishing rice (*Oryza sativa Poaceae*) from wild Oryza species through phytolith analysis, II: finalized method [J]. *Economic Botany*, 1998, 52 (2): 134-145.

[74]　Zhao, Z. The Middle Yangtze region in China is one place where rice was domesticated: phytolith evidence from the Diaotonghuan Cave, Northern Jiangxi [J]. *Antiquity*, 1998, 72: 885-897.

[75]　Lu, H. , Zhang, J. , Liu, K, Wu, N, Li, Y. , Zhou, K. , Ye, M. , Zhang, T. , Zhang, H. , Yang, X. , Shen, L. , Xu, D. , & Li, Q. Earliest domestication of common millet (*Panicum miliaceum*) in East Asia extended to 10,000 years ago [J]. *Proceedings of the National Academy of Sciences of the United States of America*, 2009, 106(18): 7367-7372.

[76]　Lu, H, Zhang, J. , Wu, N. , Liu, K. , Xu, D. , & Li, Q. Phytoliths analysis for the discrimination of foxtail millet (*Setaria italica*) and common millet (*Panicum miliaceum*) [J]. *PlosOne*, 2009, 4(2): e4448.

[77]　Torrence, R. , & Barton, H. (Eds.) *Ancient Starch Research* [M]. Walnut Creek: Left Coast Press, 2006.

[78]　Piperno, D. R. , Ranere, A. J. , Holst, I. , Iriarte, J. , & Dickau, R. Starch grain and phytolith evidence for early ninth millennium B. P. maize from the Central Balsas River Valley, Mexico [J]. *Proceedings of the National Academy of Sciences of the United States of America*, 2009, 106(13): 5019-5024.

[79]　Ugent, D. , Pozorski, S. , & Pozorski, T. Archaeological potato tuber remains from the Casma Valley of Peru [J]. *Economic Botany*, 1982, 36(2): 182-192.

[80]　Piperno, D. Paleoethnobotany in the Neotropics from microfossils: new insights into ancient plant use and agricultural origins in the Tropical forest [J]. *Journal of World Prehistory*, 1998, 12: 393-450.

[81]　Piperno, D. & Pearsall, D. *The Origins of Agriculture in the Lowland*

Neotropics [M]. San Diego: Academic Press, 1998.

[82] Childe, V. G. *Progress and Archaeology* [M]. London: Watts and Co., 1944.

[83] Childe, V. G. *Man Makes Himself* [M]. London: Watts, 1936.

[84] Boserup, E. *The Conditions of Agricultural Growth: The Economics of Agrarian Change under Population Pressure* [M]. Chicago: Aldine, 1965.

[85] Binford, L. R. Post-Pleistocene adaptations [A]. In Binford, S. R. & Binford, L. R. (Eds.) *New Perspectives in Archaeology* [M]. Chicago: Aldine Publishing Company, 1968: 313-341.

[86] Flannery, K. V. Origins and ecological effects of early domestication in Iran and the Near East. In Ucko, P. J. & Dimbleby, G. W. (Eds.) *The Domestication and Exploitation of Plants and Animals* [M]. Chicago: Aldine Publishing Company, 1969: 73-100.

[87] Stiner, M. C. Paleolithic population growth pulses evidenced by small animal exploitation [J]. *Science*, 1999, 283: 190-194.

[88] Stiner, M. C. Thirty years on the "Broad Spectrum Revolution" and Paleolithic demography [J]. *Proceedings of the National Academy of Sciences of the United States of America*, 2001, 98: 6993-6996.

[89] Stiner, M. C. & Munro, N. D. Approaches to prehistoric diet breadth, demography, and prey ranking systems in time and space [J]. *Journal of Archaeological Method and Theory*, 2002, 9: 181-214.

[90] Cohen, M. N. *The Food Crisis in Prehistory: Overpopulation and the Origins of Agriculture* [M]. New Haven: Yale University Press, 1977.

[91] Cohen, M. N. Introduction: rethinking the origins of agriculture [J]. *Current Anthropology*, 2009, 50(5): 591-595.

[92] Richerson, P. J., Boyd, R., & Bettinger, R. Was agriculture impossible during the Pleistocene but mandatory during the Holocene? A climate change hypothesis [J]. *American Antiquity*, 2001, 66(3): 387-411.

[93] Piperno, D. R., Holst, I., Winter, K., McMillan, O. Teosinte before domestication: Experimental study of growth and phenotypic variability in Late Pleistocene and early Holocene environments [J]. *Quaternary International*, 2015, 363: 65-77.

[94] Wright, H. E., Jr. Environmental changes and the origin of agriculture in the Near East [J]. *BioScience*, 1970, 20(4): 210-212, 217.

[95] Wright, H. E., Jr. The environmental setting for plant domestication in the Near East [J]. *Science*, 1976, 194(4263): 385-389.

[96] Wright, H. E., Jr. Environmental determinism in Near Eastern prehistory [J]. *Current Anthropology*, 1993, 34(4): 458-469.

[97] Bar-Yosef, O., & Belfer-Cohen, A. Facing environmental crisis: societal and cultural changes at the transition from the Younger Dryas to the Holocene in the Levant [A]. In Capper, R. T. J. & Bottema, S. (Eds.) *The Dawn of Farming in the Near East* [M]. Berlin: *ex oriente*, 2002: 55-66.

[98] Bar-Yosef, O. The role of the Younger Dryas in the origin of agriculture in West Asia [A]. In Yasuda, Y. (Ed.) *The Origins of Pottery and Agriculture* [M]. New Delhi: Roli Books, 2002: 39-54.

[99] Moore, A. M. & Hillman, G. C. The Pleistocene to Holocene transition and human economy in Southwest Asia: the impact of the Younger Dryas [J]. *American Antiquity*, 1992, 57(3): 482-494.

[100] McCoriston, J. & Hole, F. The ecology of seasonal stress and the origins of agriculture in the Near East [J]. *American Anthropologist*, 1991, 93(1): 46-69.

[101] Maher, L. A., Banning, E. B., & Chazan, M. Oasis or mirage? Assessing the role of abrupt climate change in the prehistory of the Southern Levant [J]. *Cambridge Archaeological Journal*, 2011, 21: 1-29.

[102] Hayden, B. Research and development in the Stone Age: technological transitions among hunter-gatherers [J]. *Current Anthropology*, 1981, 22: 519-531.

[103] Munro, N. D. Zooarchaeological measures of hunting pressure and occupation intensity in the Natufian: implications for agricultural origins [J]. *Current Anthropology*, 2004, 45 (Supplement): S5-S22.

[104] Flannery, K. V. The ecology of early food production in Mesopotamia [J]. *Science*, 1965, 147(3663): 1247-1256.

[105] 肯特·V·弗兰纳利(著).潘艳(译).美索不达米亚早期食物生产的生态学[J].南方文物,2008,(4): 135-141.

[106] Bender, B. *Farming in Prehistory: From Hunter-Gatherer to Food Producer* [M]. New York: St. Martin's Press, 1975.

[107] Bender, B. Gatherer-Hunter to Farmer: A Social Perspective [J]. *World Archaeology*, 1978, 10(2): 204-222.

[108] Hayden, B. Nimrods, piscators, pluckers, and planters: the emergence of food production [J]. *Journal of Anthropological Archaeology*, 1990, 9: 31-69.

[109] Hayden, B. Models of domestication [A]. In Gebauer, A. B. & Price, T. D. (Eds.) *Transitions to Agriculture in Prehistory* [M]. Madison: Prehistory Press, 1992: 11-19.

[110] 布赖恩·海登(著).陈淳(译).驯化的模式[J].农业考古,1994,(1): 25-

30,40.

[111]   Kuijt, I. What do we really know about food storage, surplus, and feasting in preagricultural communities? [J]. *Current Anthropology*, 2009, 50(5): 641-644.

[112]   Mithen, S. J., Finlayson, B., Smith, S., Jenkins, E., Najjar, M. & Maricevic, D. An 11600 year-old communal structure from the Neolithic of southern Jordan [J]. *Antiquity*, 2011, 85: 350-364.

[113]   Dietrich, O., Heun, M., Notroff, J., Schmidt, K. & Zarnkow, M. The role of cult and feasting in the emergence of Neolithic communities: New evidence from Gobekli Tepe, south-eastern Turkey [J]. *Antiquity*, 2012, 86: 674-695.

[114]   伊恩·霍德,司格特·哈特森(著).徐坚(译).阅读过去[M].长沙:岳麓书社,2005.

[115]   Renfrew, C. Symbol before concept. Material engagement and the early development of society [A]. In Hodder, I. (Ed.) *Archaeological Theory Today* [M]. Cambridge: Polity Press, 2001: 122-140.

[116]   Hodder, I. Çatalhöyük in the context of the Middle Eastern Neolithic [J]. *Annual Review of Anthropology*, 2007, 36: 105-120.

[117]   Hodder, I. *The Leopard's Tale: Revealing the Mysteries of Çatalhöyük* [M]. London & New York: Thames & Hudson, 2006.

[118]   Cauvin, J. *The Birth of the Gods and the Origins of Agriculture* [M]. Cambridge: Cambridge University Press, 2000.

[119]   Hodder, I. Symbolism and the origins of agriculture in the Near East [J]. *Cambridge Archaeological Journal*, 2001, 11(1): 107-112.

[120]   Watson, P. J. & Kennedy, M. C. The development of horticulture in the Eastern Woodlands of North America: women's role [A]. In Gero, J. M. & Conkey, M. W. (Eds.) *Engendering Archaeology: Women and Prehistory* [M]. Cambridge: Basil Blackwell, 1991: 255-275.

[121]   Hastorf, C. A. The cultural life of early domestic plant use [J]. *Antiquity*, 1998, 72: 773-782.

[122]   Fritz, G. J. Gender and the early cultivation of gourds in Eastern North America [J]. *American Antiquity*, 1999, 64(3): 417-429.

[123]   尼古拉伊·瓦维洛夫(著).董玉琛(译).许运天(校).主要栽培植物的世界起源中心[M].北京:农业出版社,1982.

[124]   Vavilov, N. I. *Origin and Geography of Cultivated Plants* [M]. Cambridge: Cambridge University Press, 1992.

[125]   Harlan, J. R. Agricultural origins: centers and noncenters [J]. *Science*, 1971, 174(4008): 468-474.

[126]　Harlan, J. R., deWet, J. M. J., & Price, E. G. Comparative evolution of cereals [J]. *Evolution*, 1973, 27(2): 311-325.

[127]　deWet, J. M. J. & Harlan, J. R. Weeds and domesticates: evolution in the man-made habitat [J]. *Economic Botany*, 1975, 29: 99-107.

[128]　Harlan, J. R. *Crops and Man* [M]. Madison: American Society of Agronomy, Crop Science Society of America, 1992.

[129]　Smith, B. D. The floodplain weed theory of plant domestication in Eastern North America [A]. In Smith, B. D. *Rivers of Change: Essays on Early Agriculture in Eastern North America* [M]. Tuscaloosa: The University of Alabama Press, 2007: 19-33.

[130]　Iltis, H. H. From teosinte to maize: the catastrophic sexual transmutation [J]. *Science*, 1983, 222: 886-894.

[131]　Eubanks, M. A cross between two maize relatives: *Tripsacum dactyloides* and *Zea doploperennis* (*Poaceae*) [J]. *Economic Botany*, 1995, 49(2): 172-182.

[132]　Eubanks, M. W. The mysterious origin of maize [J]. *Economic Botany*, 2001, 55(4): 492-514.

[133]　Eubanks, M. W. The origin of maize: evidence for Tripsacum ancestry [J]. *Plant Breeding Reviews*, 2001, 20: 15-66.

[134]　Brown, T. A., Harris, D. R., Rollo, F., & Evershed, R. P. How ancient DNA may help in understanding the origin and spread of agriculture [J]. *Philosophical Transactions: Biological Sciences*, 1999, 354(1379): 89-98.

[135]　Jones, M. & Brown, T. Agricultural origins: the evidence of modern and ancient DNA [J]. *The Holocene*, 2000, 10(6): 769-776.

[136]　Doebley, J. Molecular evidence and the evolution of maize [J]. *Economic Botany*, 1990, 44 (3 supplement): 6-27.

[137]　Heun, M., Schafer-Pregl, R., Klawan, D., Castagna, R., Accerbi, M., Borghi, B., & Salamini, F. Site of einkorn wheat domestication identified by DNA fingerprinting [J]. *Science*, 1997, 278(5341): 1312-1314.

[138]　Vaughan, D. A., Lu, B.-R., & Tomooka, N. Was Asian rice (*Oryza sativa*) domesticated more than once? [J]. *Rice*, 2008, 1: 16-24.

[139]　Vaughan, D. A., Lu, B.-R., Tomooka, N. The evolving story of rice evolution [J]. *Plant Science*, 2008, 174: 394-408.

[140]　Sato, Y.-I., Yamanaka, S., Takahashi, M. Evidence for Jomon plant cultivation based on DNA analysis of chestnut remains [A]. In Habu, J., Savelle, J. M., Koyama, S., & Hongo, H. (Eds.) *Hunter-Gatherers of the North Pacific Rim* [M]. University of Hawaii Press. 2003: 187-197.

[141]　Erickson, D. L., Smith, B. D., Clarke, A. C., Sandweiss, D. H., &

Tuross, N. An Asian origin for a 10,000-year-old domesticated plant in the Americas [J]. *Proceedings of the National Academy of Sciences of the United States of America*, 2005, 102(51): 18315-18320.

[142] Smith, B. D. Eastern North America as an independent center of plant domestication [J]. *Proceedings of the National Academy of Sciences of the United States of America*, 2006, 103(33): 12223-12228.

[143] Pyke, G. H., Pulliam, H. R., Charnov, E. L. Optimal foraging: a selective review of theory and tests [J]. *The Quarterly Review of Biology*, 1977, 52: 137-154.

[144] Pyke, G. H. Optimal foraging theory: a critical review [J]. *Annual Review of Ecology and Systematics*, 1984, 15: 523-575.

[145] Smith E. A. Anthropological applications of optimal foraging theory: a critical review [J]. *Current Anthropology*, 1983, 24: 625-640.

[146] Winterhalder, B. Optimal foraging strategies and hunter-gatherer research in anthropology: theory and models [A]. In Winterhalder, B. & Smith, E. A. (Eds.) *Hunter-Gatherer Foraging Strategies* [M]. Chicago: University of Chicago Press, 1977: 13-35.

[147] Bettinger, R. L. Explanatory/predictive models of hunter-gatherer adaptation [J]. *Adavances in Archaeological Method and Theory*, 1980, 3: 189-255.

[148] Hawkes, K. and O'Connell, J. On optimal foraging models and subsistence transition [J]. *Current Anthropology*, 1992, 33: 63-66.

[149] Winterhalder, B. & Kennett, D. J. (Eds.) *Behavioral Ecology and The Transition to Agriculture* [M]. Berkeley & Los Angeles: University of California Press, 2006.

[150] Cowan, C. W. and Watson, P. J. Some concluding remarks [A]. In Watson, P. J. and Cowan, C. W. (Eds.) *The Origins of Agriculture: An International Perspective* [M]. Washington: Smithsonian Institution, 1992: 207-212.

[151] Madella, M., Jones, M. K., Goldberg, P., Hovers, E. The exploitation of plant resources by Neanderthals in Amud Cave (Israel): the evidence from phytolith studies [J]. *Journal of Archaeological Science*, 2002, 29: 703-719.

[152] Lev, E., Kislev, M. E., Bar-Yosef, O. Mousterian vegetal food in Kebara Cave, Mt. Carmel [J]. *Journal of Archaeological Science*, 2005, 32: 475-484.

[153] Anderson, E. *Plants, Man and Life* [M]. Berkeley & Los Angeles: University of California Press, 1967.

[154]　Coppinger, R. & Schneider, R. Evolution of working dogs [A]. In Serpell, J. (Ed.) *The Domestic Dog: Its Evolution, Behavior and Interactions with People* [M]. Cambridge: Cambridge University Press, 1995: 22-44.

[155]　"anthropogenesis"多见于生态学术语,指由人的因素所造成的效应,多家的中文译法不一,本书的中文译法依 Chapin, F. S. III, Matson, P. A., Mooney, H. A. (著). 李博,赵斌,彭容豪等(译). 陆地生态系统生态学原理 [M].北京: 高等教育出版社,2005.

[156]　Crawford, G. Anthropogenesis in prehistoric Northeastern Japan [A]. In Gremillion, K. J. (Ed.) *People, Plants and Landscapes: Studies in Paleoethnobotany* [M]. Tuscaloosa and London: The University of Alabama Press, 1997: 86-106.

[157]　D'Andrea, A. C. Later Jomon subsistence in Northeastern Japan: new evidence from palaeoethnobotanical studies [J]. *Asian Perspectives*, 1995, 34(2): 195-227.

[158]　Rindos, D. *The Origins of Agriculture: An Evolutionary Perspective* [M]. California: Academic Press, 1984.

[159]　Pearsall, D. M. Domestication and agriculture in the new world tropics [A]. In Price, T. D. & Gebauer, A. B. (Eds.) *Last Hunters-First Farmers: New Perspectives on the Prehistoric Transition to Agriculture* [M]. Sante Fe: School of American Research Press, 1995: 157-192.

[160]　Nelson, S. M. The question on agricultural impact on sociopolitical development in prehistoric Korea [A]. In Aikens, M. C. & Rhee, S.-N. (Eds.) *Pacific Northeast Asia in Prehistory: Hunter-Fisher-Gatherers, Farmers and Sociopolitical Elites* [M]. Pullaman: Washington State University Press, 1992: 170-184.

[161]　Chapin, F. S., Matson, P. A., Mooney, H. A. (著). 李博,赵斌,彭容豪等 (译). 陆地生态系统生态学原理[M].北京: 高等教育出版社,2005.

[162]　Harris, D. R. Paradigms and transitions: reflections on the study of the origins and spread of agriculture [A]. In Ammerman, A. J. & Biagi, P. (Eds.) *The Widening Harvest: The Neolithic Transition in Europe: Looking Back, Looking Forward* [M]. Boston: Archaeological Institute of America, 2003: 43-58.

[163]　Odum, E. P. *Fundamentals of Ecology* [M]. Philadelphia: W. B. Saunders, 1953.

[164]　Craige, B. J. *Eugene Odum: Ecosystem Ecologist and Environmentalist* [M]. Athens: University of Georgia Press, 2002.

[165]　Hardesty, D. L. *Ecological Anthropology* [M]. New York: John Willey and Sons, 1977.

[166] Butzer, K. W. *Archaeology as Human Ecology: Method and Theory for a Contextual Approach* [M]. Cambridge: Cambridge University Press, 1982.

[167] Lewis, H. *Patterns of Indian Burning in California: Ecology and Ethnohistory* [M]. Ramona: Ballena Press, 1973.

[168] Delcourt, P. A. & Delcourt, H. R. *Prehistoric Native Americans and Ecological Change: Human Ecosystems in Eastern North America since the Pleistocene* [M]. Cambridge: Cambridge University Press, 2004.

[169] Steward, J. H. *Theory of Culture Change: The Methodology of Multilinear Evolution* [M]. Urbana & Chicago: University of Illinois Press, 1955.

[170] Thomas, W. L. (Ed.) *Man's Role in Changing the Face of the Earth* [M]. Chicago: The University of Chicago press, 1956.

[171] Smith, E. A. & Wishnie, M. Conservation and subsistence in small-scale societies [J]. *Annual Review of Anthropology*, 2000, 29: 493-524.

[172] Smith, B. D. Niche construction and the behavioral context of plant and animal domestication [J]. *Evolutionary Anthropology*, 2007, 16: 188-199.

[173] Odling-Smee, F. J., Laland, K. N., Feldman, M. W. *Niche Construction: The Neglected Process in Evolution* [M]. Princeton & Oxford: Princeton University Press, 2003.

[174] 游修龄.对河姆渡遗址第4层出土稻谷和骨耜的几点看法[A].见:浙江省文考古研究所.河姆渡——新石器时代遗址考古发掘报告[M].北京:文物出版社,2003: 424-428.

[175] 周季维.浙江余姚河姆渡新石器时代遗址出土稻粒形态分析鉴定[A].见:浙江省文考古研究所.河姆渡——新石器时代遗址考古发掘报告[M].北京:文物出版社,2003: 429-430.

[176] 汤圣祥,张文绪,刘军.河姆渡·罗家角出土稻谷外稃双峰乳突的扫描电镜观察研究[A].见:浙江省文考古研究所.河姆渡——新石器时代遗址考古发掘报告[M].北京:文物出版社,2003: 431-439.

[177] 张文绪,王海明.鲻山遗址古栽培稻研究[A].史前稻作研究文集[M].北京:科学出版社,2009: 129-135.

[178] 张文绪,林留根.长江下游地区骆驼墩、龙虬庄遗址古稻的研究[A].史前稻作研究文集[M].北京:科学出版社,2009: 140-152.

[179] 张文绪.中国古栽培稻的研究[A].史前稻作研究文集[M].北京:科学出版社,2009: 205-215.

[180] 郑云飞,游修龄,徐建民,边其均,俞为洁.河姆渡遗址稻的硅酸体分析[J].浙江农业大学学报,1994,20(1): 81-85.

[181] 郑云飞,俞为洁,芮国耀,宇田津彻朗,藤原宏志,游修龄.河姆渡、罗家角两遗址水稻硅酸体形状特征之比较[J].株洲工学院学报,2000,14(4): 4-17.

[182] 郑云飞,芮国耀,松井章,宇田津彻朗,藤原宏志.罗家角遗址水稻硅酸体形状

特征及其在水稻进化上的意义[J].浙江大学学报(农业与生命科学版),2001,27(6):691-696.

[183]　郑云飞,蒋乐平.上山遗址出土的古稻遗存及其意义[J].考古,2007,(9):19-25.

[184]　郑云飞,蒋乐平,松井章,宇田津彻朗,藤原宏志.从楼家桥遗址的硅酸体看新石器时代水稻的系统演化[J].农业考古,2002,(1):104-114.

[185]　郑云飞,刘斌,松井章,宇田津彻朗,藤原宏志.从南庄桥遗址的稻硅酸体看早期水稻的系统演变[J].浙江大学学报(农业与生命科学版),2002,28(3):340-346.

[186]　曹志洪,杨林章,林先贵,胡正义,董元华,章钢娅,陆彦椿,尹睿,吴艳宏,丁金龙,郑云飞.绰墩遗址新石器时期水稻田、古水稻土剖面、植硅体和炭化稻形态特征的研究[J].土壤学报,2007,44(5):838-847.

[187]　诸鉴定报告中一致使用"栽培稻"这个术语,这是与拉丁学名 *Oryza sativa* 对应的中文学名,指的就是经人工驯化的水稻。但本书第一章术语解释部分已明确区别了"驯化"与"栽培"两个词的内涵,此处为了避免前后用词不一可能引起的误解,直接表述为人工驯化种。

[188]　Sato, Y. I., Tang, S. X., Yang, L. J. & Tang, L. H. Wild-rice seeds found in an oldest rice remain [J]. *Rice Genetic Newsletter*, 1991, 8: 75-78.

[189]　汤圣祥,佐藤洋一郎,俞为洁.河姆渡炭化稻中普通野生稻谷粒的发现[A].见:王象坤,孙传清(主编).中国栽培稻起源与演化研究专集[M].北京:中国农业大学出版社,1996:81-84.

[190]　Fuller, D. Q., Harvey, E., & Qin, L. Presumed domestication? Evidence from wild rice cultivation and domestication in the Fifth Millennium BC of the Lower Yangtze Region [J]. *Antiquity*, 2007, 81: 316-331.

[191]　秦岭,傅稻镰,Harvey, E.河姆渡遗址的生计模式——兼谈稻作农业研究中的若干问题[A].见:山东大学东方考古研究中心.东方考古(第3集)[M].北京:科学出版社,2006:307-350.

[192]　郑云飞,孙国平,陈旭高.7000年前考古遗址出土稻谷的小穗轴特征[J].科学通报,2007,52(9):1037-1041.

[193]　Fuller, D. Q., Qin, L., Zheng, Y., Zhao, Z., Chen, X., Hosoya, L. A., & Sun, G. The domestication process and domestication rate in rice: spikelet bases from the Lower Yangtze [J]. *Science*, 2009, 323: 1607-1610.

[194]　Pan, Y. Immature wild rice harvesting at Kuahuqiao, China?. *Antiquity*, 2008, 82(316): Project Gallery. Article number: AN20080070.

[195]　赵志军,赵原,刘昶,吴传仁.江西万年"栽培稻与稻作农业的起源"国际学术研讨会纪实[N].中国文物报,2008,12(12).

[196]　郑建明.环境、适应与社会复杂化:环太湖与宁绍地区史前文化演变[M].上海:上海人民出版社,2008.

[197]　匡达人.亚洲稻作多中心起源论[A].见：香港树仁学院(编著).农业的起源
　　　　　和发展[M].南京：南京大学出版社,1996：205-221.

[198]　Chang, T.-T. The rice culture [J]. *Philosophical Transactions of the Royal
　　　　　Society of London. Series B, Biological Sciences*, 1976, 275(936)：143-157.

[199]　陈报章,王象坤,张居中.舞阳贾湖新石器时代遗址炭化稻米的发现、形态学
　　　　　研究及意义[J].中国水稻科学,1995,9(3)：129-134.

[200]　严文明,彭适凡.仙人洞与吊桶环——华南史前考古的重大突破[N].中国文
　　　　　物报,2000,7(5)：3.

[201]　张文绪,袁家荣.湖南道县玉蟾岩古栽培稻的初步研究[J].作物学报,1998,
　　　　　24(4)：416-420.但玉蟾岩所出古稻经 AMS 断代被证为混入古地层的现代样
　　　　　品,因此不可视作最古老的炭化稻谷,见 Boaretto, E., Wu, X., Yuan, J.,
　　　　　Bar-Yosef, O., Chu, V., Pan, Y., Liu, K., Cohen, D., Jiao, T., Li,
　　　　　S., Gu, H., Goldberg, P., & Weiner, S. Radiocarbon dating of charcoal
　　　　　and bone collagen associated with early pottery at Yuchanyan Cave, Hunan
　　　　　Province, China [J]. *Proceedings of the National Academy of Sciences of the
　　　　　United States of America*, 2009.

[202]　裴安平.彭头山文化的稻作遗存与中国史前稻作农业再论[J].农业考古,
　　　　　1989,2：193-203.

[203]　Wu, Y., Jiang, L., Zheng, Y., Wang, C., Zhao, Z. Morphological
　　　　　trend analysis of rice phytolith during the early Neolithic in the Lower
　　　　　Yangtze [J]. *Journal of Archaeological Science*, 2014, 49：326-331.

[204]　Ma, Y., Yang, X., Huan, X., Wang, W., Ma, Z., Li, Z., Sun, G.,
　　　　　Jiang, L., Zhuang, Y., & Lu, H. Rice bulliform phytoliths reveal the
　　　　　process of rice domestication in the Neolithic Lower Yangtze River region
　　　　　[J]. *Quaternary International*, 2016, 426：126-132.

[205]　浙江省文考古研究所.河姆渡——新石器时代遗址考古发掘报告[M].北京：
　　　　　文物出版社,2003.

[206]　童恩正.中国南方农业的起源及其特征[J].农业考古,1989,(2)：57-71.

[207]　严文明.略论中国栽培稻的起源和传播[J].北京大学学报(哲学社会科学
　　　　　版),1989,(2)：51-54.

[208]　游修龄.中国稻作史[M].北京：中国农业出版社,1995：36-39.

[209]　郑建明,陈淳.马家浜文化研究的回顾与展望[J].东南文化,2005,186(4)：
　　　　　16-25.

[210]　傅稻镰,秦岭,赵志军,郑云飞,细谷葵,陈旭高,孙国平.田螺山遗址的植物考
　　　　　古学分析：野生植物资源采集、水稻栽培和水稻驯化的形态学观察[A].见：
　　　　　北京大学中国考古学研究中心,浙江省文物考古研究所(编).田螺山遗址自
　　　　　然遗存综合研究[M].北京：文物出版社,2011.

[211]　刘莉.中国史前的碾磨石器、坚果采集、定居及农业起源[A].见：庆祝何炳棣

先生九十华诞论文集编辑委员会.庆祝何炳棣先生九十华诞论文集[M].西安:三秦出版社,2008:105-132.

[212] Liu, L, Field, J., Weisskopf, A., Webb, J., Jiang, L., Wang, H., & Chen, X. The exploitation of acorn and rice in Early Holocene Lower Yangzi River, China [J]. *Acta Anthropologica Sinica*, 2010, 29 (3): 317-333.

[213] Yang, X., Fuller, D.Q., Huan, X., Perry, L., Li, Q., Li, Z., Zhang, J., Ma, Z., Zhuang, Y., Jiang, L., Ge, Y. & Lu, H. Barnyard grasses were processed with rice around 10000 years ago [J]. *Scientific Reports*, 2015, 5: 16251; doi: 10.1038/srep16251.

[214] 杨晓燕,蒋乐平.淀粉粒分析揭示浙江跨湖桥遗址人类的食物构成[J].科学通报,2010,55(7):596-602.

[215] Lu, T. L. D. *The Transition from Foraging to Farming and the Origin of Agriculture in China* [M]. BAR International Series 774. Oxford: John and Erica Hedges, 1999.

[216] Cohen, D. J. New perspectives on the transition to agriculture in China [A]. In Yasuda, Y. (Ed.) *The Origins of Pottery and Agriculture* [M]. New Delhi: Roli Books, 2002: 217-230.

[217] Zhao, Z. & Piperno, D. R. Late Pleistocene/Holocene environments in the Middle Yangtze River Valley, China and rice (*Oryza sativa* L.) domestication [J]. *Geoarchaeology*, 2000, 15(2): 203-222.

[218] 赵志军.运用植硅石分析方法复原长江中下游地区古代环境[A].见:周昆叔,莫多闻,佟佩华,袁靖,张松林(主编).环境考古研究(第三辑)[M].北京:北京大学出版社,2006:238-250.

[219] 赵志军.季节性的增强与栽培稻的起源[A].见:中国社会科学院考古研究所(编).21世纪中国考古学与世纪考古学[M].北京:中国社会科学出版社,2001:569-575.

[220] 陈胜前.史前的现代化——中国农业起源过程的文化生态考察[M].北京:科学出版社,2013.

[221] Huang, H. *A Three-Stage Model for the Domestication of Oryza Sativa and the Emergence of Rice Agriculture in China 12, 000-7, 000 BP* [D]. Unpublished Ph.D. dissertation. Lawrence: University of Kansas, 2008.

第三章　方法论与研究设计

从农业起源研究重心的转换来看，无论以何种机制来探讨农业的最初发生，实际上都离不开对人类行为方式详细演变过程的挖掘与辨析。同时，该领域考古信息量的急速增加使研究者愈加认识到我们对农业如何发生的认知还存在大幅空白，而且这种空白已经阻碍到探寻动力机制和总结文化演变规律的努力。但是，仅凭材料在数量上的积累和罗列，无法切中要害地回答"如何"（即"how"）的问题，因此如何从纷繁的信息中提炼出主要矛盾就需要理论的指导（图 3.1）。自新考古学兴起以来，人类生态学的思想就影响着考古学对人与环境之间关系的讨论。林多斯强调农业起源研究的重点是要发现和解释"农业生态"（agroecology）中人与植物之间共生关系的形成与发展。布鲁斯·史密斯一直以来主张，人与动植物关系的改变是导致农业起源最核心的因素，而生态位构建

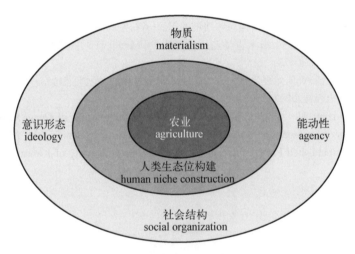

图 3.1　农业起源问题的结构示意图

(niche construction)这一概念则为理解由实证材料构成的农业发生的事实与农业发生机制的理论演绎提供了逻辑上的联系[1]。它强调人与其他有机因素(如动植物物种)和无机因素(如气候、地质的变化)在生态学意义上的相互作用,尤其是人类对资源物种广泛的管理以及对它们环境的改变。它使考古学透过物质材料看到其背后更加广阔的、动态的人类生态系统(human ecosystem)的运作成为可能。

第一节　人类生态系统、生态位构建与农业生态

一、考古学对人类生态系统的认识

人类生态系统(human ecosystem)因其包含独特的社会文化要素而与其他类型的生态系统有着根本的区别。在考古学的传统视野中,资源与环境相对于人类社会的关系被视作是外在的、设定的,人类通过生计方式、聚落形态、技术装备和社会制度等文化手段适应这种外部环境[2],或者说人类以较为被动而机械的方式应对自然环境。但是,随着人类生态学的兴起和生态学家介入民族学和考古学的研究,考古材料中表现人为主动改造和控制环境的证据日趋显著,而且这些具有生态后果的人类行为系统相当普遍,不仅见于人类社会文明达到相当程度的历史时期,在史前期也相当常见[3][4][5][6]。

贝内特(J. Bennett)归纳了人类生态系统与其他生态系统在类型与程度上的差异[7]。在人类生态系统中,信息、技术和社会结构发挥着至关重要的作用,人类个体与群体都能够有目的地去完成一些行为,它们包括:(1)将资源与目标匹配起来;(2)为了达到某些目的而改变自然因素;(3)能够在实际并未实施某些行为的情况下客观地思考这些行为的过程。其中,人的认知能力是关键要素,它表现在两个方面:一是文化具有价值体系和目标取向,二是复杂社会中有群体意见和决策团队,这些不是简单生态系统所具有的特征。

生态学家德尔考特夫妇基于大量民族学研究,进一步完善了对人类生态系统特征的描述。他们认为其独特之处在于人类行为的前瞻性与刻

意性、思想和经验的交流,以及技术的创新,因此人类生态系统的发展和演变应当综合生态系统理论和社会学理论来解释[8]。

二、农业生态与生态位构建理论

"生态位构建"(niche construction)是进化生物学领域的一个新兴的概念,最初由牛津大学的生物人类学家奥德林-斯密(F. Odling-Smee)提出[9]。这个理论受益于多学科的相互借鉴与渗透,在最近 10 年内得到了长足发展,它与考古学的结合,尤其是在农业起源研究中的应用,提供了一个能够更好地将生物性与社会性两个方面相结合的理论基础。

生态位(ecological niche)指的是一个物种在群落中所占有的生境以及它在该生境中生存所需要的环境要素[10]。每个物种都占有独特的生态位,构成要素包括生存的自然环境、获得能量与物质来源的方式、与其他物种的关系(如捕食、被捕食、竞争、共生等)及其行为特征[11]。生物体的进化包括共时的两种过程:一种是它的生存与繁殖被动地受到自然选择,这已经在过去的大量研究中被广泛探讨;另一种是它对环境的主动改造。"生态位构建"指的就是后一种过程,它的定义是:生物体通过主动改变其环境中的一个或多个因素而改变它自身与环境之间的关系。这里的"构建"一词特指对自然环境的物理改造或者物理空间内的真实位移,完全不涉及精神和意识层面[12]。生态位构建并不是人类特有的能力,它在生物体中普遍存在。在生态学领域,具有这种能力的生物体被称为"生态系统工程师"(ecosystem engineer),它们通过改变生命或非生命物质的物理形态而直接或间接地控制其他生物体利用资源。它们改造、维护或开辟生境的过程被称为"生态系统工程"(ecosystem engineering),实际上就是"生态位构建"的同义词[13][14]。切叶蚁筑巢、水獭筑坝、杜鹃寄卵、蚯蚓搅土都是动物作为生态系统工程师的典型案例,在更广的范围内,从原生生物、真菌、植物到动物,许多著名的共同进化案例都涉及生态系统工程。人类在自身漫长的历史中,不断影响并大规模地重塑地表形态、水网河道、动植物群落等,建造人工生境,致使人口数量持续增长,向世界各个角落迁移和定居,更是成功的生态系统工程[15][16]。因此，与其他物种相比，人类生态位构建的模式表现出极其复杂与多样化的特点，而且常常依赖于文化过程，而非遗传[1]。

　　那么，生态位构建理论如何将前两章提到的"中间地带"统一到"农业"的概念范畴中？我们需要通过详细阐述农业生态与生态系统演替的关系来说明。林多斯曾经强调，农业生态（agroecology）是人类通过与其他物种之间相互作用而发展出的一种共生关系（symbiotic relationship），它不仅与成熟的农业活动相伴，而且在农业最初发生的过程中就起到重要的作用[17]。史密斯所说的"中间地带"与林多斯所理解的农业生态具有相似的内涵，农业生态的启动和确立是农业系统最终得以发展和强化的前提。

　　人类生态位构建在农业生态系统形成中的重要性，表现在它对自然生态系统演替的改变。生态系统演替包括能量分配、物种功能和群落结构诸方面的历时变化，其最显著的宏观表现是生物群落的发育和更替[18]。在没有外力干扰的情况下，整个演替过程具有方向性，最终会形成与特定气候特征相匹配的稳定群落类型，因此它是可预测的[19]。以陆地植被的演替为例，最初阶段是以一年生植物为代表的草本植被，这些先锋物种生长率高、个体小、生活史短、产生大量易于散播的种子；然后它们将被灌丛所取代；随着物种数量增多，年龄较长的乔木树种在生态系统中占优，种群的更替速度开始减慢；最后达到顶极阶段，以高大的乔木树种为建群种，林下灌木非常少见，一般强度的扰动不会对群落产生影响，这标志着生态系统进入了稳定成熟的阶段[11]。从能量流动的角度来看演替：前20年间的生产量和消耗量同步增长，前者略高，生物量增长迅速，完成了生态系统最初的能量积累；从第二十五年到第三十年是净生产量增长最快的阶段，消耗量基本维持不变；随后生产量和净生产量都开始降低，生物量的增速也开始减缓，但直到第五十年净生产量仍能维持比较高的水平；到第六十年时净生产量已经明显衰退，各项生态指数都趋于稳定[20]。这是一个生态系统由"青年"进入"老年"的完整过程（图3.2）。

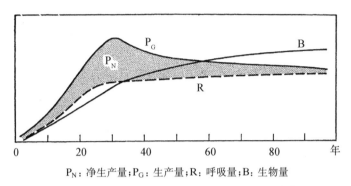

P_N：净生产量；P_G：生产量；R：呼吸量；B：生物量

图 3.2　陆地生态系统演替的能量变化示意[20]

让我们想象人类在这个生态系统中生存的情景，出于对食物和其他资源的需求，人类必然希望将系统维持在相当于第二十到第五十年之间的阶段，因为那时是生产量与净生产量都比较高、生物量快速增长的时期。为了达到这个目的，人类以各种形式的干扰手段改变和控制演替进程，将生态系统维持在一个比较前端的演替阶段——术语亦称"亚顶极"[11]。农业生态系统正是这种依靠人工维护和精心选择的亚顶极状态，它与生态系统演替前端有一些共同的特征：（1）生产力较高；（2）生物量较低，但增长速度快；（3）多短生物种，如一年生和多年生草本。这表明人类在生态系统演替的早期阶段能够更加成功地生存，在这个意义上，农业生态是一类典型的人类生态位构建，所以农业起源需要被放到这个理论框架中来理解。

亨利·刘易斯对加利福尼亚土著火生态的先驱性研究展现了人类通过生态位构建将当地生态系统维持在亚顶极状态的典型过程。当地生境由草地林缘带、查帕拉尔混交灌木林、针叶树林三种植被构成，提供了主要的植食与猎物，印第安土著在不同地带有不同的烧除模式。夏季烧荒适合草地林缘带，并要在收获种实以后才开始。查帕拉尔混交灌木林的构成是以蔷薇属为主的宽叶灌木，春秋两季是烧荒的主要时节，而且土著能很好地掌控烧除的时间频率，以配合适于草类生长和枝条萌芽的时机，他们还掌握片区烧除（spot burning）技术，这表明对火的使用已达到非常精确娴熟的程度。对针叶林的烧除只集中在春季，而且远远不如其他地带频繁。这些有计划的周期性烧除活动除去了一些竞争性的树种和土壤中的次生性毒素，有效促进了草类、坚果和嫩枝叶的产量增加。在烧除后不久，当地鹿的数量和质量都大幅增长，健康状况亦有改善，小型动物如鹌鹑、鸽子、兔的数量也成倍增加[21][22]。这些表明印第安土著通过规律性的干扰有效地调节生境中的植被结构与资源分布，总体上提升了土地的承载力和开拓潜力。从物质与能量流动的角度来看，这些活动反复地打断生态系统向顶极群落的演进，重新安置各组分的能量分配，不断把已固定到成熟植株中的物质和营养还原到土壤中，为喜光耐火的物种开辟生长空间，促进生长期短的草本植物和灌木的生产，整体上刺激了系统的能量循环，从而维持了生产力可持续的增长和生态系统的亚顶极状态。在这个生态系统中，人类不是在被动地适应环境，而是根据自身的需要主动地操纵和塑造环境。因此，尽管加利福尼亚土著一直被称作狩猎采集者，但是研究者与评论者都指出他们具备许多原始农业社会的特征[23][24]。时至今日，这个认识已经得到越来越多同类研究的支持，刘易斯的观察和结论并非个案，创造农业生态不一定与拥有驯化物种紧密相关，它其实是人类生态位构建(或生态系统工程)中最基本、最普遍的过程之一。

通过以上分析可见，史密斯将生态位构建概念引入考古学的农业起源研究，意义不仅在于一个用词的更新，更重要的是将这个过程中人类活动与环境的相互作用、人类行为对物种的主动干预放到更加广阔的生态学框架中来检验。对于全球范围内任何一个物种驯化的起源中心而言，无论促使驯化发生的原因是什么，人类社会的回应方式都是以具有广泛共性的行为策略去管理和改善环境，以使资源更丰富、更可靠。因此，虽然生态位构建的阐释不能直接回答农业"为何"起源的问题，但是它能帮助考古学家从探究农业生态入手，厘清农业"如何"起源的过程，更加贴合基于人类行为而不是驯化物种来理解农业起源的理论追求。

第二节　中　程　理　论

既然有关农业起源的人类行为需要从人类生态位构建的线索来寻找

和确认,考古学家就需要了解人类生态位构建的各种模式与物质表现。大致来说,人类生态位构建的线索可以分为两类,一类是可以从实物证据上观察到的物种驯化性状,另一类是无法直接显形于实物的、人类对某些目标物种生命周期的长期干预行为。第一类就是驯化的目标物种对人类长期干预行为的适应结果,显然反映了人类生态位构建。第二类是人类对没有表现出驯化性状的物种的管理,尽管在许多情况下它们仍被称为"野生",但是考古学家正在越来越谨慎地使用这个词。史密斯为"野生"一词加了引号,并指出它们只是"非驯化"(non-domesticated),有别于真正的野生,因为人类对这些物种的管理和操纵往往模仿它们在自然状态下生长的环境和过程,所以寻找这类生态位构建证据要比前一类困难得多[25]。克劳福德也多次明确表达不情愿用"野生"一词指称"来自受人类影响的或被扰动的开阔生境中的植物"[26][27],特纳(N. Turner)和德厄(D. Deur)把北美西部海岸印第安人栽培的物种称为"传统资源"[28],日本学者则创造了"半栽培"一词指绳纹先民管理的栎树林[29][30]。类似的例子还有很多,学者们都刻意将此与野生进行区分,这表明了以"非驯化"物种为对象的人类生态位构建对农业起源的重要意义。

因此,本书对长江下游全新世早中期的资源生产情况进行研究,其实质是在探究该地区农业最初发生的线索与过程,尤其需要集中关注研究区域内农业生态的形成和发展情况,并需要检验是否有如下情形:人类对环境与资源有目的的持续干涉行为把生态系统中满足人类需要的物质资料的生产力和可靠性维持在一种比较高的水平。

一、谁是"生态位构建者"?

无法从表型性状的改变来判断其是否受到人类干预的情况有两种。一种情况是在人类对物种干预或保护的初期,人为影响程度还不是很强,物种表型性状也尚未对人类行为作出回应。一个著名的案例是苏联遗传学家别利亚耶夫(D. Belyaev)从20世纪50年代开始驯化狐狸的实验。在野生狐狸被人类饲养而且种群中温顺的个体受到人类选择的最初几年,它们的外形并没有发生明显的变化。直到10多年后,它们某些部位的毛色才出现改变[31]。另一种情况是,物种对人类干预最初的回应方式不体现在表型性状变化上,而是体现在其他方面[32]。比如,齐德(M. Zeder)指出,以往用于判定山羊与绵羊被驯化的生物性状特征——比如体形尺寸缩小——实际上很晚才发生,在此之前人类对山羊的管理行为已经在其种群的性别结构统计中表现出来[33]。美洲驼也有类似的情况,它很早就是安第斯山区土著用于载重跋涉的动物,但是考古遗存中的材料没有显示出表型性状的改变。最终,唯一的线索是其种群年龄结构的年轻化,它表明距今7000—3000年间当地的美洲驼已经有被圈养的迹象[34][35]。

实际上,一旦物种与人之间建立了互动关系,无论是否能观察到其表型性状,它们都不能再被视作"野生"的了。因此,在分析动物或植物遗存与人类的关系时,仅仅从表型性状是否发生改变来判定驯化的开始并以此作为农业最初发生的标志,远远不能如实反映人类最初对该物种施加影响的行为模式和时空特征。史密斯在最近几年发表的文章中致力于从全球的考古学与民族学资料中总结并描述这些人类行为的普遍模式,他将其归为六大类[25]:

(1)改造植被种群,造成不同植被的镶嵌分布与林带边缘,重组演替序列;

(2)播撒野生一年生植物的种子,使高水位退却的河岸湖畔生长新的植被;

(3)移植产水果的多年生植物,在居址近旁培育果园和浆果灌丛;

(4)鼓励产水果和坚果的植物在原生地生长;

(5)移植多年生根茎类作物或鼓励它们在原生地生长,开辟这类作物的种植园,并拓展野生植株的生境;

(6)改造地表形态以增加某地的猎物数量,提高鲑鱼的流量,开辟贝类养殖园,建鱼堰和驱赶鱼群的设施。

尽管生态位构建的对象多种多样,管理调控手段也相应有所差异,但人类行为的原则都是除去生态系统中对目标物种的生长具有竞争性的因素,维护有利于它们的生境,通过人工模拟各种生态系统,演替前端的环境特征,增加可收获的生物量。

　　如何以考古出土的实物材料来印证上述人类生态位构建模式,是对考古学家的挑战。史密斯认为要注意用多种方法相结合提取材料,使各部分信息能够有逻辑地拼合和相互印证[36]。真正的焦点应当是通过了解物种的生长习性、生活史、原产地、种群特征等多方面的信息后,从考古遗迹中分辨出是否存在人类对物种有意的长期操纵、保护或干预的迹象。当然,这个过程还离不开研究者非常仔细严谨的分辨。本书以大植物遗存为例,参考大卫·阿什(David Asch)和南希·阿什(Nancy Asch)对伊利诺伊中西部史前植物栽培的研究[37],提出几项可能指示人类生态位构建的线索:

　　(1)某一种类大量出现,达到仅靠采集野生种群无法维持的丰富程度;

　　(2)某一种类在较大时间和空间范围内以稳定的量反复出现并广泛分布;

　　(3)某一种类的出土地点不属于或明显远离其野生种的分布范围;

　　(4)某一种类具有显著的经济价值;

　　(5)民族志记录显示某一种类在当地生态史中长期占有重要的地位;

　　(6)与某物种在同一生境中共生的其他物种表现出明确的驯化特征;

　　(7)有证据表明某些种类的生境得到人类长期的管理维护。

　　特别需要说明的是,这些线索中任何一项都无法单独用来确认人类生态位构建行为的存在,它们还需要与古环境、现代生态学、体质人类学及同一出土背景的其他各类证据进行多方比较与检验后,才能得出令人信服的结论。然而,它们的宝贵价值在于极大地解放了研究者的思路,提示了除驯化物种以外的更多可能性,使不同类型的出土物在统一的人类行为背景下真正融合为一幅完整的图景。

　　从以上分析来看,相当一部分过去被打上"狩猎采集"标签,被认为仅以野生资源为生的社群生计方式需要重新审视。最典型的就是长期以来被称为"富裕狩猎采集者"的北美西北海岸土著人群。20世纪初博厄斯学派试图以民族志案例来否定环境以及与其相关的经济基础决定社会发展程度的普遍性,而北美西北海岸土著社群成为有力的反例。但是持这种观点的研究者恐怕只看到了该人群最表层的"采办"(procurement)行为,没有注意到这种环境的丰富性其实是因土著的传统资源管理策略而得以维持的,只是这些策略与我们今天所理解的农业生产要素不同[38][39][40]。

与此同时,另外一批以古人类生态学家为代表的研究者正在揭示北美西部土著的"传统资源管理系统"(traditional resource management)。朱丽亚·哈米特(Julia Hammett)于1991年完成的博士论文更加详尽地表明该地区土著的食物增殖很大程度上仰赖由周期性烧除所调节的环境生产力[41]。随后由德厄和特纳编辑的一系列出版物相继报道了北美西北海岸土著的各种本地植物栽培,他们从事的活动同样包括挖地、耕地、田间管理、除草、播种、移栽、修枝、有选择的收获以及烧除。超过300种植物被用于食用、原料、医药和精神信仰等方面,其中包括50种浆果、25种块根类蔬菜、20种绿叶蔬菜、7种树皮、6种海生水藻、2种烟草、8种用于印染、10种用作黏胶和防水材料、25种用于燃料、15种左右的纤维等[28]。还比如,一些撒利希(Salish)印第安家庭拥有自留地种植百合科的球茎、"野胡萝卜"、慈姑,还有专门地块采收蔓越莓、养殖蚌类等[42]。生活在哥伦比亚河下游的切奴克人(Chinookan)有着一整套管理慈姑的方法,并因此发展出以慈姑进行交换的贸易网络[43]。特里吉特人(Tlingit)拥有自己土生土长的烟草和土豆栽培技术[44]。这些生计方式虽然被作者们含蓄地称为"园艺",但它们显然属于资源生产的范畴。因此,我们有理由相信,北美西部土著人群居住的土地因其多样的资源管理活动而呈现农业生态,它不再应该被视作毫无农业实践的荒野。

西部土著的农业生态不是绝无仅有的特例,北美东部土墩建造者可与之相类比[45]。从公元前3500年至公元1500年,密西西比河下游是中美洲和北美东部物资交换的要冲地带,居住在这里的土著人群一直保持着较高的人口密度,过着定居生活,社会等级分化明显,这些要素支持了大型土墩及纪念性设施的建造,但这些社会的资源基础却不包括驯化物种。在学者们看来,达到这种发展水平的社会系统如果没有农业支持是不可能成功运转的,因此寻找土墩工程与农业有关的证据成为该地区考古中的一个重要问题。起初,这个问题通过"富裕渔猎采集者"理论予以解决。但植物考古学的研究揭示,当地至少有两种葫芦科植物到公元前800年已经有了相当长的与人类共生的历史,栎实、山核桃和美洲山核桃一直是人类重要的食物,柿子、棕榈、葡萄、悬钩子、藜、蓼、藕草在不同遗址中以不同组合反复出现。这些物种都属于林缘物种或者杂草种,即能够在人类干扰的环境中成功增殖。尽管没有明确的驯化物种,但是研究者们相信出土植物遗存足以表明早期的土墩建造者很可能像管理果园一样管理壳斗科和山核桃科树林,他们通过移植多年生的果树、播撒一年生的种子植物、管理并扩张坚果树林获取多种重要的食物资源,这些行为重新安排了当地的植被,为草类和其他种子植物的生长清除地盘[46]。以肯塔基州格林河(Green River)流域的发掘结果为例[47],出土的植物遗存包括橡子、榛、山核桃、胡桃、黑莓、葡萄、朴树籽、山楂、皂荚、柿子、梅、草莓、藜、小大麦、狗尾草、蓼、豆类、菰米、苋等,明确的驯化物种只有葫芦。发掘者指出,人类的活动在这一组合的形成以及当地植被历史的演进中起到了至关重要的作用,虽然这种生计形态被归入农业的范畴有些牵强,但是这个社群绝不能被视作狩猎采集者。

众多民族学和考古学案例证明,人类改造当地生物群落和其他环境要素的行为在世界各地非常普遍。在澳大利亚北部和新几内亚,香蕉、山药和芋头很可能在距今8000年前就已经以试验性的园艺的形式被人类种植[48][49][50]。在埃塞俄比亚,山药和芭蕉科中的两属植物一直是土著人群的食物,但对它们收获需要赶在块茎开花、结果和授粉以前,因此妨碍了物种本身的生命周期[51]。在夏威夷地区有历史记录以前,芋头已经被当地土著广泛栽培和食用,在此过程中,大量湿地被人为开辟出来并被长期利用和维护[52]。墨西哥中部特瓦坎河谷中的6个土著社群和梅斯蒂索(Mestizo)族人以播种、移植的方式栽培400种当地植物,并有意清除某些树种,还通过改造植物的生境促进或抑制某些种类的生长,有部分植物不同程度地受到人工选择,可见其植物管理体系的多样和复杂[53]。此外,有些物种即使被人类管理也不会在形态上表现出明显的变化,而且它对人类的依赖也不会因此得到明显的强化,离开人的照管依然能够正常地生存。一个很好的例子是仙人掌,仙人掌在墨西哥被保留在林业生产系统中,也是家庭园艺通常的栽培种类,但是它的存活与繁殖不需要依赖人类[54]。

二、植物驯化的标志与人类行为

布鲁斯·史密斯指出,驯化物种的出现提供了观察人类生态位构建的直观证据。尽管人类拥有一整套资源管理行为,在某一生境内,它们可能同时作用于数百个物种,但是对于每一个驯化物种而言,它与人类之间长期共生、共同进化的关系必定是由一些特定的人类行为来维系的。驯化物种的性状变化反映了人类对它的保护、管理和选择。

具体地讲,考古材料中可观察的植物驯化症状一般包括种子变大、种皮/果皮变薄、果实聚生、分蘖减少、种子落粒性减弱等。驯化后种子尺寸增大的物种以北美东部的几种驯化植物为代表,包括假苍耳[55]、伯兰德氏藜[56]、向日葵[57][58]和西葫芦[59],这反映了人类收获时倾向选择粒型饱满的个体,而将它们再次播种后,就会增加其后代饱满种实的比例。驯化后种皮或果皮变薄的物种以伯兰德氏藜为代表,这可能不是由人类的选择直接导致的,但与人类栽种它关系密切[25]。这类物种的野生种群会在气候适宜的时机萌发,但是当人类播种的特定日程改变了原先其自然萌发的外部条件和时间表时,种皮薄的个体更容易及时发芽生长,从而留下后代。这种特征在玉米及其野生种的差异上表现得尤为突出,野生墨西哥类蜀黍颖果具有坚硬的外壳,而驯化的玉米颖果却完全裸露在穗轴上[60]。果实聚生在奎努亚藜的驯化种上表现得尤为典型[61],分蘖减少表现在向日葵的驯化种上[62],野生种群当中具有这两种特质的个体更容易吸引收获者的注意,从而被人类收获和再次播种。种子落粒性减弱的驯化特征为许多禾本科作物所具有,小麦、大麦[63]、水稻都是如此。以水稻为例,野生稻籽粒成熟时,小穗与枝梗之间会有离层发育,使稻粒自然脱落扩散,从而保证种群的繁殖。但这种易于落粒的特性对人类有效收获其籽粒造成了困难。然而,水稻野生种群中仍然会有少量落粒性较差的变异个体,当人类无意识地将这些个体一起收获、保存并且再次播种时,这些不易自然脱落的个体基因就被保留下来并得以遗传给后代,并再次被人类收获。这样的过程反复多次后,不易落粒的个体在整个种群中的比例就会得到提高,最后被驯化的种群就变得不易落粒,人类能够尽可能多地收获产量。日本学者对多年生野生水稻进行栽培的实验表明,仅经过 5 年的选择,就可见其成熟稻粒的落粒性明显减弱[64][65]。

第三节　材料鉴定分析技术

本书的主要材料来自各类植物遗存和一些古体微生物,它们涉及大型植物遗存、植硅石、孢粉、淀粉颗粒、硅藻和有孔虫。以下对这几种遗存的提取分析方法及它们的优势与不足进行简单的介绍。

一、大型植物遗存的提取与分析

植物有很多机会进入考古学背景,它们被人类取食,就会出现在火塘、灰坑、容器、古人的粪便化石和木乃伊的胃包容物中。它们被用来制造房屋、工具、日用品,尤其频见于陶器羼合料中,有些种类还被用作燃料。此外,还有许多偶然因素使之与人工遗物共同在古地层中沉积下来。大型植物遗存包括植物体残留的种子、果实、茎、叶、根等,一般用肉眼或显微镜低倍放大就能观察到其清晰的形态,并进行鉴定。在这些遗存中,种子和果实经常是最大量出土的类型。在本研究中,大型植物遗存主要以两种形式保存下来,一种是经过火烤后被炭化的状态,另一种是在饱水遗址的厌氧环境中未炭化和炭化的有机质都能有效地保留下来。

大型植物遗存的提取主要依靠两种方法——浮选和水筛[66]。浮选是利用炭化植物种实和泥土颗粒相对水的比重差异,用浮力将土壤中包含的植物颗粒分离出来,具体的操作方法在第二章中已有介绍。水筛是将盛在筛子里的土样放在水里,利用水的力量冲击和分解土颗粒,使之滤出筛孔,筛内只留下植物遗存。浮选法几乎适用于所有类型的土样,特别是对于北方黄土区的埋藏条件而言,炭化种子能够高效地以这种方法提取出来。而从南方的饱水遗址中收集植物遗存特别需要将水筛结合到浮选中一起进行，因为会有相当一部分植物颗粒与泥土黏结在一起，甚至为黏土所包裹而无法浮起来，而且有些未炭化的植物残体比重大于水，本身就无法浮起。

　　浮选土样的采集方法最常见的为剖面采样法、针对性采样法和网格式采样法，使用哪一种方法要综合研究目的、埋藏背景、发掘时间与经费、浮选实施条件等许多因素来确定。本研究涉及的遗址中，跨湖桥浮选研究采用剖面采样法，田螺山浮选针对不同文化堆积情况，在水田区采用剖面采样法，在村落区则将针对性采样法和网格式采样法结合起来，获得了比较好的效果。浮选后所获得的植物遗存被带回实验室进行种类鉴定和统计分析。

　　二、微型植物遗存的提取与分析

　　微型植物遗存包括孢粉、植硅石和淀粉颗粒。孢粉是被子植物的花粉与裸子植物的孢子，由于其有着化学结构稳定的花粉壁，从而能够在地层中历经千万年保留下来。依据孢粉的不同形态特点，其所代表的古地理要素能够被复原出来。考古地层中保留的孢粉还有可能揭示某些人类特殊的文化活动。植硅石是高等植物在吸收地下水时吸取了可溶性二氧化硅，经植物的输导组织输送到茎、叶、花、果实的过程中在植物细胞间和细胞内沉淀下来的固体非晶质二氧化硅颗粒，直径在 2—100 微米之间。植硅石的形态有特征可循，一部分植硅石可被准确地鉴定到科、属甚至种。目前在中国的考古学实践中，对稻属植硅石的研究已经积累了许多成果，达到了比较高的水平。它的另一项重要应用是与孢粉一起作为陆相环境的指示物，显示植被、气候、地形等地理要素的演变以及古人对环境的改造和影响。淀粉颗粒也能被保留在考古背景中，而且数量比较丰富。特别是加工过淀粉类食物的人工制品会包含大量淀粉颗粒，通过对来自考古地层与器物中的淀粉颗粒进行分析，可以了解古人利用植物资源和器物功能方面的信息。

　　微型植物遗存的优点是，它们受保存环境的制约比较小，出土概率比大型植物遗存更大，尤其是在酸性土质和热带环境中，大型有机质几乎不可能保留，但仍有可能提取到植硅石和淀粉颗粒。这类遗存的缺点是，即使能够从淀粉颗粒或植硅石形态比对出某一物种的驯化性状，如果测年材料不是其本身，而是其出土的相关地层中的炭粒年代，尤其是当该地层又有相当厚度的话，测年数据的可靠性就无法保证。

三、实验考古与植物鉴定参照系的建立

实验考古是用实践、尝试或试验来判断一种有关古代人类行为解释的理论或想法，它并不仅止于复原古物的状态，而是旨在深入了解人类的行为方式，以检验一些复杂的或不确定的阐释模式。实验的意义在于，当研究者试图以古人所具有的技术水平复制材料时，一定会遇到他们曾经经历过的困难，因此在解决这些困难的过程中，研究者能够通过亲身体验来摸索古人的思路和技巧，理解并归纳出特定人类行为模式[67]。在植物考古领域，已经有很多以实验复原物种驯化过程[64][65][68]和了解植物收获[69][70][71]与加工方式[72][73][74]的案例，为了解人类早期的植物资源开发提供了大量有用的参考数据。本研究对水稻脱粒后小穗基盘形态特征与其驯化演进之间的关系进行实验分析，目的在于了解如何从小穗轴形态的统计数据来判断稻群的驯化程度，同时实验的过程将显示各种变量和人类行为如何互相影响。

四、研究步骤

在材料收集与处理阶段，浮选、实验和民族学资料采集是获得植物利用信息的主要手段。利用浮选法从土样中提取大植物遗存，通过肉眼与显微镜下手工拣选进行分类，整理出初步的统计结果。古环境、古地质以及聚落方面的信息主要通过查找文献来完成。

在材料整理与分析阶段，首先要逐一总结考古出土植物物种的生物特征及驯化性状，统计分析其形态测量数据，归纳其时空分布，表示在数字地图上。注意是否存在被以往研究忽略的可能的驯化物种，如葫芦、菱角、芡实等。其次，根据孢粉、植硅石与其他地质记录报告，复原长江下游距今 10000—6000 年地质、地形、海平面、气候等变迁，作为社会经济变化的主要背景，作者将特别注意分辨生态物（ecofact）所反映的区域范围

（本地的/地区性的/气候区的/全球性的）。此外，聚落分布与演变也表示在数字地图上，以便于观察其模式。这些信息的汇总将作为阐释与讨论的基本数据库。

阐释与讨论分为两种尺度展开，遗址尺度与区域尺度。在遗址尺度内，依托植物物种和聚落形态的数据复原人类在微生境中的行为，要特别注意植物物种的组合模式（plant/animal assemblage），如"水稻—芡实—菱角"，这些共生现象可能提示重要的生态信息。以跨湖桥、田螺山两处遗址为个案进行分析，着意于发现与农业发生密切相关的人类对环境适度干扰的证据，以及与生境多样性一致的人类行为多样性。在了解人类行为的基础上，结合地质与气候资料，归纳出该遗址的资源利用模式。

在对遗址尺度问题具备一定认识的前提下，对区域尺度问题作一些初步探讨。通过地理信息系统，观察区域内资源利用模式和强度的变化，来确定人源影响所致的生态效应。这一分析能够证明，长江下游距今10000—6000年间人类生计方式的改变其实质是生态系统的改变，是物种生态位的改变，是人与其环境和资源关系的根本改变。这一初步结论对检验人口压力、资源失衡、社会结构变迁、竞争宴享等农业起源假说有启示作用（图3.3）。

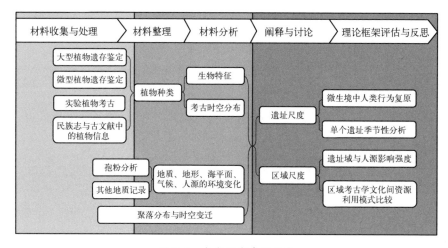

图 3.3　本书研究步骤示意

需要说明的是，本研究旨在建立一个开放的阐释系统，为全新世早期人类资源生产和农业起源的研究推介一种具有启发性和延展性的思考方式和探索途径。其开放性表现在：（1）书中所作的结论并不强调命题的必然性，而是一种可能性较大的或然性，它们是在现有材料条件下从多种解释中选取的比较合理的认知；（2）结论可以通过更多例证给予证实或证否；（3）在寻找民族学或文献参考时，如果缺失与早期材料同时代的证据，那么文中会采纳较晚的证据，以此作为一种具有启发性的处理方式，这种论证也是可以被重新验证的。

注释

[1] Smith, B. D. Niche construction and the behavioral context of plant and animal domestication [J]. *Evolutionary Anthropology*, 2007, 16: 188-199.

[2] Steward, J. H. *Theory of Culture Change: The Methodology of Multilinear Evolution* [M]. Urbana: University of Illinois Press, 1955.

[3] Thomas, W. L. (Ed.) *Man's Role in Changing the Face of the Earth* [M]. Chicago: The University of Chicago Press, 1956.

[4] Redman, C. L. *Human Impact on Ancient Environments* [M]. Tucson: University of Arizona, 1999.

[5] Nicholson, R. A. & O'Connor, T. P. (Eds.) *People as an Agent of Environmental Change: Symposia of the Association for Environmental Archaeology No. 16* [M]. Oxford: Oxbow Books, 2000.

[6] Redman, C. L., James, S. R., Fish, P. R., & Rogers, J. D. (Eds.) *The Archaeology of Global Change: The Impact of Humans on Their Environment* [M]. Washington: Smithsonian Books, 2004.

[7] Bennett, J. W. *The Ecological Transition: Cultural Anthropology and Human Adaptation* [M]. New York: Pergamon, 1976.

[8] Delcourt, P. A. & Delcourt, H. R. *Prehistoric Native Americans and Ecological Change* [M]. Cambridge: Cambridge University Press, 2004.

[9] Odling-Smee, F. J., Niche-constructing phenotypes [A]. In Plotkin, H. C. (Ed.) *The Role of Behavior in Evolution* [M]. MIT Press, 1988: 73-132.

[10] Schoener, T., The ecological niche [A]. In Cherrett, J. M. (Ed.) *Ecological Concepts: The Contribution of Ecology to an Understanding of the Natural World* [M]. Oxford: Blackwell, 1989.

[11] Audesirk, G., Audesirk, T., & Byers, B. E. *Biology: Life on Earth (9th Edition)* [M]. California: Benjamin Cummings, 2010.

[12] Odling-Smee, F. J., Laland, K. N., & Feldman, M. W. *Niche Construction: The Neglected Process in Evolution* [M]. Princeton: Princeton University Press, 2003: 1.

[13] Jones, C. G., Lawton, J. H., & Shachak, M. Positive and negative effects of organisms as physical ecosystem engineers [J]. *Ecology*, 1997, 78(7): 1946-1957.

[14] Wright, J. P., & Jones, C. G. The concept of organisms as ecosystem engineers ten years on: progress, limitations, and challenges [J]. *BioScience*, 2006, 56(3): 203-209.

[15] Smith, E. A., & Wishnie, M. Conservation and subsistence in small-scale societies [J]. *Annual Review of Anthropology*, 2000, 29: 493-524.

[16] Smith, B. D., The ultimate ecosystem engineers [J]. *Science*, 2007, 315: 1797-1798.

[17] Rindos, D., *The Origins of Agriculture: An Evolutionary Perspective* [M]. California: Academic Press, 1984: 139.

[18] Odum, E. P., & Barrett, G. W. (著). 陆健健, 王伟, 王天慧, 何文珊, 李秀珍 (译). 生态学基础[M]. 北京: 高等教育出版社, 2009.

[19] Chapin III, F. S., Matson, P. A., & Mooney, H. A. (著). 李博, 赵斌, 彭容豪 等(译). 陆地生态系统生态学原理[M]. 北京: 高等教育出版社, 2002: 7-9.

[20] Odum, E. P. The strategy of ecosystem development [J]. *Science*, New Series, 1969, 164(3877): 262-270.

[21] Lewis, H., *Patterns of Indian Burning in California: Ecology and Ethnohistory* [M]. Ramona: Ballena Press, 1973.

[22] Lewis, H., Fire technology and resource management in Aboriginal North America and Australia [A]. In Williams, N. M. & Hunn, E. S. (Eds.) *Resource Managers: North American and Australian Hunter-Gatherers* [M]. Washington, D. C.: Westview Press, 1982: 45-67.

[23] Bean, L. J., & Lawton, H. W. Some explanations for the rise of cultural complexity in native California with comments on proto-agriculture and agriculture [A]. In Lewis, H. *Patterns of Indian Burning in California: Ecology and Ethnohistory* [M]. Ramona: Ballena Press, 1973: v-xlvii.

[24] Ziegler, A. C., Quasi-agriculture in North-Central California and its effect on aboriginal social structure [J]. *Kroeber Anthropological Society Papers*, 1968, 38: 52-67.

[25] Smith, B. D., General patterns of niche construction and the management of "wild" plant and animal resources by small-scale pre-industrial societies [J]. *Philosophical Transactions of the Royal Society B*, 2011, 366: 836-848.

[26] Crawford, G. W., Early rice exploitation in the lower Yangzi valley: What

are we missing? [J]. *The Holocene*, 2011, 22(6): 613-621.

[27]　Crawford, G. W. ,赵志军,李炅娥(著).潘艳(译).第十章"植物遗存研究"第一节"炭化植物种子和果实研究".栾丰实等(编).两城镇: 1998—2001 年发掘报告[M].北京: 文物出版社,2016: 1072-1124.

[28]　Deur, D. , & Turner, N. J. *Keeping It Living: Traditions of Plant Use and Cultivation on the Northwest Coast of North America* [M]. Vancouver: UBC Press, 2005.

[29]　Kitagawa, J. , & Yasuda, Y. The influence of climatic change on chestnut and horse chestnut preservation around Jomon sites in Northeastern Japan with special reference to the Sannai-Maruyama and Kamegaoka sites [J]. *Quaternary International*, 2004, 123-125: 89-103.

[30]　Kitagawa, J. , & Yasuda, Y. Development and distribution of *Castanea* and *Aesculus* culture during the Jomon Period in Japan [J]. *Quaternary International*, 2008, 184: 41-55.

[31]　Trut, L. N. Early Canid domestication: the farm-fox experiment [J]. *American Scientist*, 1999, 87: 160-169.

[32]　Zeder, M. A. , Bradley, D. G. , Emshwiller, E. , Smith, B. D. Documenting domestication: bringing together plants, animals, archaeology, and genetics [A]. In Zeder, M. A. , Bradley, D. G. , Emshwiller, E. , & Smith, B. D. (Eds.) *Documenting Domestication: New Genetic and Archaeological Paradigms* [M]. Berkeley and Los Angeles: University of California Press, 2008: 1-12.

[33]　Zeder, M. A. A critical assessment of markers of initial domestication in goats (*Capra hircus*) [A]. In Zeder, M. A. , Bradley, D. G. , Emshwiller, E. , & Smith, B. D. (Eds.) *Documenting Domestication: New Genetic and Archaeological Paradigms* [M]. Berkeley and Los Angeles: University of California Press, 2008: 181-208.

[34]　Wheeler, J. On the origin and early development of Camelid pastoralism in the Andes [A]. In Clutton-Brock, J. , & Grigson, C. (Eds.) *Animals and Archaeology: Early Herders and Their Flocks* [M]. London: British Archaeological Reports International Series, 1984: 395-410.

[35]　Wing, E. Domestication of Andean mammals [A]. In Vuilleumier, F. , & Monasterio, M. (Eds.) *High Altitude Tropical Biogeography*. Oxford: Oxford University Press, 1986: 246-264.

[36]　Smith, B. D. , Documenting domesticated plants in the archaeological record [A]. In Zeder, M. A. Bradley, D. G. Emshwiller, E. , & Smith, B. D. (Eds.) *Documenting Domestication: New Genetic and Archaeological Paradigms* [M]. Berkeley: University of California Press, 2006: 15-24.

[37] Asch, N. B. , & Asch, D. L. Prehistoric plant cultivation in West-Central Illinois [A]. In Ford, R. I. (Ed.) *Prehistoric Food Production in North America* [M]. University of Michigan Press, 1985: 149-203.

[38] Sayre, M. P. Chronicling indigenous accounts of the 'rise of agriculture' in the Americas [A]. In Denham, T. , Iriarte, J. , & Vrydaghs, L. (Eds.) *Rethinking Agriculture: Archaeological and Ethnoarchaeological Perspectives* [M]. California: Left Coast Press, 2007: 231-240.

[39] Deur, D. , & Turner, N.J. (Eds.) *Keeping It Living: Traditions of Plant Use and Cultivation on the Northwest Coast of North America* [M]. Vancouver and Toronto: UBC Press, 2005.

[40] Turner, N. J. *The Earth's Blanket: Traditional Teachings for Sustainable Living* [M]. Vancouver: Douglas & McIntyre Ltd. , 2005.

[41] Hammett, J. E. *Ecology of Sedentary Societies without Agriculture: Paleoethnobotanical Indicators from Native California* [D]. Unpublished Ph. D. Dissertation. Chapel Hill: University of North Carolina at Chapel Hill, 1991.

[42] Turner, N.J. , & Peacock, S. Solving the perennial paradox: ethnobotanical evidence for plant resource management on the Northwest Coast [A]. In Deur, D. , & Turner, N.J. (Eds.) *Keeping It Living: Traditions of Plant Use and Cultivation on the Northwest Coast of North America* [M]. Vancouver and Toronto: UBC Press, 2005: 101-150.

[43] Darby, M. The intensification of wapato (*Sagittaria latifolia*) by the Chinookan people of the Lower Columbia River [A]. In Deur, D. , & Turner, N. J. (Eds.) *Keeping It Living: Traditions of Plant Use and Cultivation on the Northwest Coast of North America* [M]. Vancouver and Toronto: UBC Press, 2005: 194-217.

[44] Moss, M. L. Tlingit horticulture: an indigenous or introduced development? [A]. In Deur, D. , & Turner, N.J. (Eds.) *Keeping It Living: Traditions of Plant Use and Cultivation on the Northwest Coast of North America* [M]. Vancouver and Toronto: UBC Press, 2005: 274-295.

[45] Fritz, G. J. Keepers of Louisiana's levees: early mound builders and forest managers [A]. In Denham, T. , Iriarte, J. , & Vrydaghs, L. (Eds.) *Rethinking Agriculture: Archaeological and Ethnoarchaeological Perspectives* [M]. California: Left Coast Press, 2007: 189-209.

[46] Smith, B. D. , Resource resilience, human niche construction, and the long-term sustainability of Pre-Columbian subsistence economies in the Mississippi River Valley Corridor [J]. *Journal of Ethnobiology*, 2009, 29(2): 167-183.

[47] Crawford, G. Plant remains from Carlston Annis (1972, 1974), Bowles, and Peter Cave [A]. In Marquardt, W. H., & Watson, P. J. (Eds.) *Archaeology of the Middle Green River Region, Kentucky* [M]. Gainesville: Institute of Archaeology and Paleoenvironmental Studies, University of Florida, 2005: 181-212.

[48] Denham, T., Donohue, M., & Booth, S. Horticultural experimentation in northern Australia reconsidered [J]. *Antiquity*, 2009, 83: 634-648.

[49] Denham, T. P. Traditional forms of plant exploitation in Australia and New Guinea: the search for common ground [J]. *Vegetation History and Archaeoboany*, 2008, 17: 245-248.

[50] Dehnam, T. Early agriculture and plant domestication in New Guinea and island Southeast Asia [J]. *Current Anthropology*, 2011, 52(S4): S379-S395.

[51] Hildebrand, E. A. A tale of two tuber crops: how attributes of enset and yams may have shaped prehistoric human-plant interactions in southwest Ethiopia [A]. In Denham, T., Iriarte, J., & Vrydaghs, L. (Eds.) *Rethinking Agriculture: Archaeological and Ethnoarchaeological Perspectives* [M]. California: Left Coast Press, 2007: 271-298.

[52] Müller, J. G., Ogneva-Himmelberger, Y., Lloyd, S., Reed, J. M. Predicting prehistoric taro (*Colocasia esculenta* var. *antiquorum*) Lo'i distribution in Hawaii [J]. *Economic Botany*, 2010, 64(1): 22-33.

[53] Blancas, J., Casas, A., Rangel-Landa, S., Moreno-Calles, A., Torres, I, Pérez-Negrón, E., Solís, L., Delgado-Lemus, A., Parra, F., Arellanes, Y., Caballero, J., Cortés, L., Lira, R., & Dávila, P. Plant management in the Tehuacán-Cicatlán Valley, Mexico [J]. *Economic Botany*, 2010: preprint.

[54] Blancas, J., Casas, A., Lira, R., & Caballero, J. Traditional management and morphological patterns of Myrtillocactus schenckii (Cactaceae) in the Tehuacán Valley, Central Mexico [J]. *Economic Botany*, 2009, 63(4): 375-387.

[55] Asch, D. L. & Asch, N. B. The economic potential of Iva Annua and its prehistoric importance in the Lower Illinois Valley [A]. In Ford, R. I. (Ed.) *The Nature and Status of Ethnobotany* [M]. Ann Arbor: University of Michigan, 1978: 300-341.

[56] Smith, B. D. The role of *Chenopodium* as a domesticate in premaize garden systems of the Eastern United States [J]. *Southeastern Archaeology*, 1985, 4: 51-72.

[57] Yarnell, R. A. Domestication of sunflower and sumpweed in Eastern North America [A]. In Ford, R. I. (Ed.) *The Nature and Status of Ethnobotany*

[M]. Ann Arbor: University of Michigan, 1978: 289-300.

[58] Smith, B. D. The domestication of *Helianthus annuus* L. (sunflower) [J]. *Vegetation History and Archaeobotany*, 2014, 23: 57-74.

[59] Smith, B. D. The independent domestication of indigenous seed-bearing plants in Eastern North America [A]. In Keegan, W. (Ed.) *Emergent Horticultural Economies of the Eastern Woodlands* [M]. Southern Illinois University at Carbondale, Occasional Paper, 1987, 7: 3-47.

[60] Beadle, G. W. The ancestry of corn [J]. *Scientific American*, 1980, 242(1): 112-119.

[61] Wilson, H. D. Quinua biosystematics I: domesticated population [J]. *Economic Botany*, 1988, 42: 461-477.

[62] Smith, B. D. *The Emergence of Agriculture* [M]. New York: Scientific American Library, 1995: 190.

[63] Tanno, K. & Willcox, G. Distinguishing wild and domestic wheat and barley spikelets from early Holocene sites in the Near East [J]. *Vegetation History and Archaeobotany*, 2012, 21: 107-115.

[64] Morishima, H., Oka, H.-I., & Chang, W.-T., Directions of differentiation in populations of wild rice, *Oryza perennis* and *O. sativa* f. *spontanea* [J]. *Evolution*, 1961, 15: 326-339.

[65] Oka, H.-I., & Morishima, H. The dynamics of plant domestication: cultivation experiments with *Oryza perennis* and its hybrid with *O. sativa* [J]. *Evolution*, 1971, 25: 356-364.

[66] 赵志军.植物考古学的田野工作方法——浮选法[J].考古,2004,(3): 80-87.

[67] 陈淳.考古学理论[M].上海:复旦大学出版社,2004: 207-221.

[68] Hillman, G. C., & Davies, M. S. Measured domestication rates in wild wheats and barley under primitive cultivation, and their archaeological implications [J]. *Journal of World Prehistory*, 1990, 4(2): 157-222.

[69] Lu, T. L.-D., A green foxtail (*Setaria viridis*) cultivation experiment in the Middle Yellow River Valley and some related issues [J]. *Asian Perspectives*, 2002, 41(1): 1-14.

[70] Kislev, M. E., Weiss, E., & Hartmann, A. Impetus for sowing and the beginning of agriculture: ground collecting of wild cereals [J]. *Proceedings of the National Academy of Sciences of the United States of America*, 2004, 101 (9): 2692-2695.

[71] Harlan, J. A wild wheat harvest in Turkey [J]. *Archaeology*, 1967, 20: 197-201.

[72] Song, J., Zhao, Z., & Fuller, D. Q. The archaeobotanical significance of immature millet grains: an experimental case study of Chinese millet crop

processing [J]. *Vegetation History and Archaeobotany*, 2013, 22 (2): 141-152.

[73]   Russell, K. *After Eden: Behavioral Ecology of Early Food Production in the Near East and North Africa* [M]. BAR International Series 391. Oxford: British Archaeological Reports, 1988.

[74]   葛威,刘莉,陈星灿,金正耀.小米能否制作面条的实验研究:兼论喇家面条的成分[J].南方文物,2010,(4): 26-32.

第四章　地质、环境与测年

第一节　长江下游现代地理概况

本书研究区域内有环太湖与宁绍两大平原,以自西南向东入海的钱塘江为界,钱塘江在入海口形成喇叭口形的杭州湾。环太湖平原是长江三角洲的主体,以太湖为中心,西面与西北为茅山山脉,西南依托天目山余脉,南临杭州湾和钱塘江,北面长江,东望东海。整个平原面积 30340 平方公里,地势自西向东微微倾斜,形如一只大盘碟,中间低洼四周略高,湖荡众多,浦塘纵横。西部低山丘陵区海拔多在 20—25 米之间,东部的水网平原海拔在 10 米以下。

环太湖地区现代气候属北亚热带季风区,光照充足,雨量丰沛,四季分明。由于坦荡的平原地形,各地气候同步性显著。以昆山为代表,年平均气温为 15.3℃,1 月平均气温 2.9℃,极端最低气温 –11.7℃,7 月平均气温 27.7℃,极端最高气温 37.9℃。冬夏两季较长,在 100 天以上,春秋两季在 65 天左右。年平均终霜日为 3 月 29 日,但有时早春有倒春寒天气出现,终霜日可迟至 4 月中。年平均无霜期 229 天,年平均初霜期为 11 月 14 日。年降水量 1063.5 毫米,以 6 月和 9 月降水最多,可达133.3—154.8 毫米,12 月和 1 月降水量最少,在 40 毫米以下。冬季和初春有降雪和积雪天气,平均积雪日数 5 天。年蒸发量 1342 毫米,大于年降水量,因此逢蒸发量多的月份常有伏旱。灾害天气中最严重的是雨涝,由于该区呈碟状下洼的地形特点,上有长江和太湖上游来的洪水,下有海潮倒灌,春秋季连遇阴雨,夏秋季节又常遭台风暴雨袭击,洪涝灾害十分频繁。其他还包括干旱、冰雹、龙卷风、低温冻害以及高温伏旱[1]。

宁绍平原是钱塘江南岸一块东西向的狭窄沿海平原,西起萧山,南部与一系列山脉相接,东至海滨,中段向北突出伸入杭州湾。南部山脉自西向东有龙门山、会稽山、四明山、天台山,均为东北—西南走向,河流也与之平行,有钱塘江、浦阳江、平水江、曹娥江、姚江、奉化江,基本自南向北流经平原注入杭州湾和东海。与环太湖平原相比,宁绍平原面积要小得多,东西长约 130 公里,南北宽 35 公里,面积约 4000 平方公里,海拔在 10 米以下。

宁绍地区现代气候属北亚热带季风气候区,冬季受冷高压控制,盛行

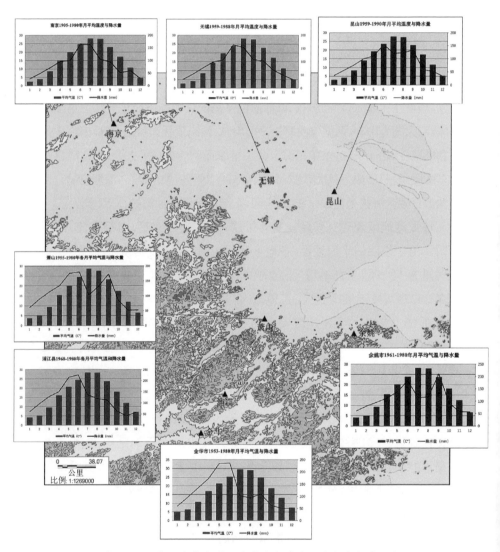

图 4.1   研究区域内主要现代城市年平均温度与降水量示意

偏北风,以晴冷干燥天气为主。夏季受副热带高压控制,盛行东南风,多
晴热天气。春秋两季为过渡性季节,冷暖空气交替影响,云雨阴晴变化复
杂。多年年均气温 16.5℃,1 月平均气温 4.4℃,极端最低气温 − 9.8℃,
7 月平均气温 28.3℃,极端最高气温 39.5℃。全年无霜期约 228 天。年
降雨量为 1987—1263 毫米,降雨集中于 4—6 月的梅雨季节和 7—9 月的
台风季节,易发洪涝。多年平均年蒸发量约 900—950 毫米。常有春秋季
低温阴雨,梅汛期暴雨洪涝,夏秋干旱、台风、冰雹、大风和冬季霜冻、寒
潮、大雪等灾害性天气出现(图 4.1)。

第二节　长江下游距今 10000—6000 年的宏观地质记录

　　长江下游从更新世末到全新世中期地形地貌、水热条件、区域植被的变迁不仅受到同期全球气候变化趋势的宏观影响,也在一定程度上受到人类活动的改变和塑造。本章先对距今 10000—6000 年全球气候变化在该区的表现作一宏观介绍,在此基础上,再就各考古学文化的亚区域特征和遗址微环境进行描述。

　　格陵兰冰芯和中国古里雅冰芯资料都表明,距今 15000—10000 年北半球太阳辐射渐次增加,大陆冰流迅速消融,全球洋面快速上升[2](图 4.2)。新仙女木事件发生于距今 12900 年左右,这是一次全球性的气温骤降事件,它持续了近 1400 年,结束于距今 11500 年,尔后转暖[3][4]。进入全新世

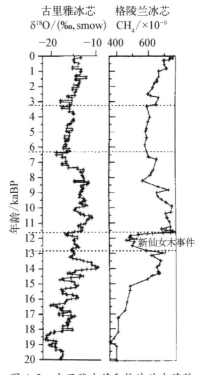

图 4.2　古里雅冰芯和格陵兰冰芯所反映的全新世气候变化[18]

以后最严重的一次降温事件发生于距今 8200 年[5][6]，被称为中全新世冷事件。根据冰芯[7][8][9]、石笋沉积[10]及其他地质[11]记录，这次气温波动始于距今约8400年，持续时间 400 年左右，降温幅度达到 7.4℃[12][13]。虽然该事件在全球波及范围广、效应明显，改变了许多人类古文明的面貌，但在我国南方洱海的湖泊沉积中却没有发现相应的表现[14]，而上海西部同期的陆相孢粉沉积则显示为一种高温的气候适宜期[15]，这种差异是需要在区域性的个案分析中格外注意的。这次小冰期过后，全球进入了一段历时比较长的大暖期，大约延续到距今3000年[16][17]。

　　更新世末到全新世中期的地质演变塑造了长江下游及钱塘江两岸的地形地貌，这个过程正是先民最初从事农作活动、进行各种资源生产的舞台。晚更新世晚期发生了大规模海退，最盛期约在距今 15000 年，当时海岸线比今天的海平面低 150 米，现今的大陆架在当时为滨海平原。裸露在地表的是一层硬质黄土层，它是末次盛冰期时干冷气候条件下的沉积物，分布于西部低山、丘陵地带及东部平原地区，呈波状起伏由西向东缓慢倾斜。由于长期受到长江、钱塘江古河道以及大小支流的刻蚀，该硬土台地形成指状展布的格局，在上海地区则呈分散的岛状分布[19][20]。随着全新世之际全球气候变暖湿，海面上升，陆地遭受海侵，黄土堆积停止，硬土层经长时间的风化淋滤等作用，加之此后海面继续上升和地下水位抬高，促使棕黄色的硬土层顶部变成暗绿色或黄绿色的黏土。这种气候变化在地质上的表现一直延伸到现今的东海大陆架[21]。气温继续升高，距今 12000 年时，海面达到 -60 米，距今 10000 年时达到 -40 米，这时长江和钱塘江谷地被浸淹成为早期溺谷，上海地区低谷内也受到浸进。距今 9000 年，海面达到 -25 米左右，上海东部地区成为滨岸浅海。距今 8000—7500 年，海面约为 -7 米，环太湖地区古地面低于这一高度的河口湾和较大的河谷都被浸淹[22]。距今 7000—6500 年，海侵达到最高峰，接近现代海面[19]。

　　海平面的长程变化对该区地形造成了两方面的重大影响，其一是塑造了海岸线。长江三角洲的滨海平原发育自潮上带逐渐过渡为潮间带和潮下带的完整潮滩沉积，据此，8000—7500 年前，古岸线从长江滨岸江阴、黄山起，经沙洲县至福山东南，经梅李、蓬朗，自安亭附近南转，经重固以西、佘山、小昆山、石湖荡、兴塔等地,再沿杭嘉湖丘状台地边缘,绕转至太湖西南。湖州至杭州一线此前已遭海侵成为河口湾。钱塘江以南,岸线位于宁绍平原南缘近山麓地带,并深进一些河流谷地内[19]。距今7000年最大海侵时,海岸线自江阴、常熟一带孤山,向东南延伸经太仓、嘉定、奉贤、金山等地,在吴淞江以南,经过马桥、邬桥至漕泾附近截止于杭州湾北岸[23][24]。最西部海水到达茅山东麓前沿,沿珥陵西向至朱林、唐王、社头、指前、别桥、溧阳一线呈不规则锯齿状分布,由珥陵东向至皇塘、五叶、儒林、后六北转向东穿过滆湖至前黄,向北到常州郑陆北、申港至长江边一线,为港湾状岸线。岸线在溧阳以南沿宜溧山地北麓前至徐舍南、宜兴北转而向南至太湖西岸丁蜀[25][26][27]。钱塘江以南则以四明山、会稽山一线为海陆分界。距今7000年以后,长江三角洲经历了一次大的海退[28],宁绍平原也进入一个低海面的时期[29][30]。到距今6000年,上海西部岸线从青龙镇、刘辰至漕泾一线的沙冈向东推进到诸翟、七宝、闵行一线的竹冈。整个全新世晚期,上海滨海平原随着陆淤海退的过程节节东进[31]。

　　海侵的另一大影响是晚更新世硬土层上的全新世沉积改变了本区的宏观地貌。距今9000—6500年间,长江三角洲处于快速堆积阶段,岗身以西地区原来更新世末波状起伏的地面基本上被海侵层填平[23]。根据第一硬土层顶板埋深可知,这层海相堆积层在三角洲东部的上海地区厚达25—30米,向西面的环太湖地区渐趋变浅,为5—10米[19]。在古地形低洼处海侵层较厚,古地形较高处海侵层随之变薄、尖灭以至缺失[25]。这段时期,宁绍平原同样经历了全新世以来前所未有的快速沉积过程。同济大学的河姆渡钻孔[32]($29°59.064'$N,$121°21.754'$E)显示,海拔−35米到−31米经过12000年以上的堆积,而从海拔−30.5米堆积至−19米仅用了3000多年,也就是距今9000—6000年。这一快速沉积趋势一直延续到全新世晚期,海拔−19米至−2米沉积经过2000年(距今6000—4000年,图4.3)。

　　海侵全盛之际,钱塘江以北海侵层在茅山东麓与平原交接处呈一南北向长条形分布,至溧阳附近转而向东沿宜溧山地北麓前沿分布至太湖西北岸,常州以东,北至江阴附近,南至太湖岸边,除部分低山丘陵处海侵

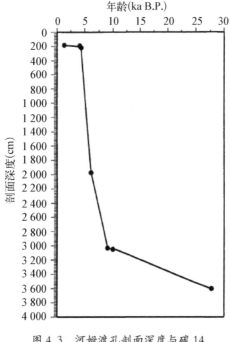

图 4.3　河姆渡孔剖面深度与碳 14
年龄的相关性图解[32]

层,基本成片分布[25]。杭嘉湖平原大片台地被浅水浸淹,处于潮坪及浅水泻湖环境,但南部与西南为低盐沼泽和小块稍高起的平原,西侧为河口湾,再向杭州至澉浦间的南缘地带为海湾[20]。钱塘江以南,海水影响深至宁绍平原南部,会稽山、四明山山麓以北成为一片浅海。在此过程中,钱塘江水系发育,形成了典型的羽状水系。由于内陆成为浅海,河流就容易受到海水侵扰,潮流漫溢,在滨海和微高地之间形成海潮内侵和山水出没的网状汊道,汊道在海潮和山水的相互作用下又冲淤多变,迁徙无常。同时,舟山丘陵与大陆分离,沿河谷地十分狭窄,只有丘陵山地能出露在水面之上。

距今 7000 年以后,太湖流域被海水浸没的丘状台地经过加积填高,原先地势稍高处的低盐沼泽和潮坪区在距今 6000 年左右转变为潮上带,虽然仍会受特大高潮侵袭,但经人工填土加高就具备可以栖息的条件,环太湖的新石器文化正是在这个背景下出现的[20]。此时宁绍平原也开始了海退成陆的过程,但经历了多次停顿以及平原上水域扩张收缩的变化[30][33]。

第三节　长江下游距今 10000—6000 年的考古地质记录

一、上山文化

上山文化是位于浙江省西南丘陵地带钱塘江上游的早期新石器时代

文化。它自 2005 年得到正式确认以来，是目前仍然处于探索中、有待拓展的一片新领域。根据考古发掘和地面调查，目前确认 18 处遗址属于上山文化，年代为距今 10000—8500 年[34]。遗址发掘者将其分为早、中、晚三期，早期为距今 10000—9500 年，以上山遗址为代表；中期为距今 9200—8600 年，以荷花山遗址为代表；晚期约当距今 8500 年，以湖西遗址为代表[35]。

　　与本研究中其他较晚的考古学文化相比，上山文化诸遗址海拔位置较高，距当时的海岸线比今天要远得多。它们都位于钱塘江支流上游的河谷盆地中，反映了当时先民选择居址的特点（图 4.4）。这些盆地的基底形成于晚白垩纪晚期，尔后经河流的侵蚀和堆积作用生成了河谷盆地，这类地形在本区主要受到江山—绍兴断裂带等东北—西南向地质构造带的控制[36][37]（图 4.5）。

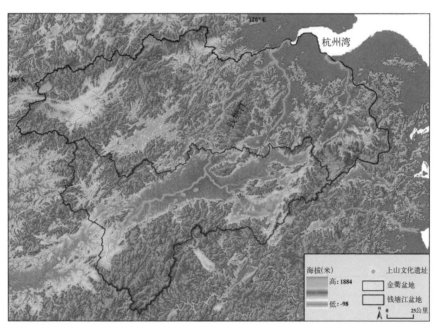

图 4.4　上山文化遗址所在区域地形图[37]

　　上山遗址剖面可能显示了浙西南山区早期新石器遗址所经历过的相似的地质过程（图 4.6）。中更新世末至晚更新世早期的末次间冰期，气候相对暖湿，当时气温比现在高 2—3℃，是一个强烈的成壤期，全球发生

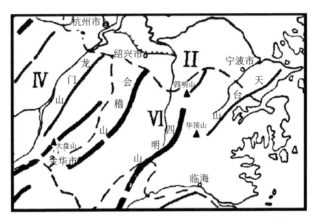

图 4.5　宁绍平原东北—西南向地质构造示意图[38]

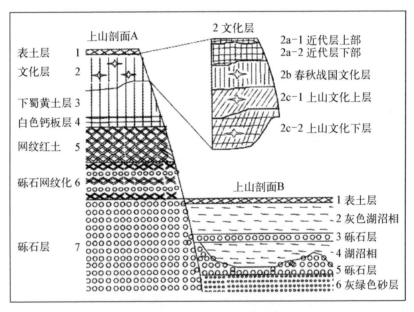

图 4.6　上山遗址剖面图[40]

了一次大规模海侵,但上山地区因远高于海平面而未受影响。晚更新世的末次冰期,上山台地堆积了厚约 1—1.5 米的下蜀黄土层,土壤粒度和磁化率分析表明当时气候总体上寒冷干旱,降水较少。距今 11500 年后,气候渐趋转暖,粉尘搬运与堆积速率迅速减慢。遗址土样中正构烷烃分析结果表明,先民迁居此地前夕,植被中木本植物比例高于现代植被,而且其中常绿树占有相当比重,因此推测此时的气候至少不会比现在寒冷[39]。同时,文化层的环境物质磁性特征具有明显的人类活动印迹,出现磁化率峰值,同时粒度分析表明含砂量较高,与人类扰动有密切联系[40]。采自遗址 T0710 南壁土样中的植硅石组合反映当时植被中含有相当数量的禾本科植硅石,其中含少量稻亚科的叶片细胞,其他如虎尾草亚科、早熟禾亚科、黍亚科的植硅石都比较丰富,这指示了一种比较温和的气候,且附近有比较充裕的淡水资源[41]。上山地质剖面 B 下部的砂砾石层是典型的河流沉积特征,叠压在它上部的两个淤泥层可能属于湖沼相沉积,形成时间大致为距今 16800 年和 15800 年,两个淤泥层之间夹砾石层,因此上山台地西侧洼地经历了河流相—湖沼相—河流相—湖沼相的演变,这处水源直到 1000 余年前才干涸。此外,还有蜈蚣溪从台地东侧汇入浦阳江[40]。

二、跨湖桥文化

跨湖桥文化位于杭州萧山区,杭州湾南岸湘湖谷地,以跨湖桥与下孙两个遗址为代表,其年代经 AMS 碳 14 测年为距今 8200—7000 年[42]。

采自湘湖剖面的孢粉表明,在整个全新世中,跨湖桥地区总体来说属亚热带气候,以温暖湿润为特征。植被以栎、栗、栲等壳斗科以及槭、枫香等亚热带常见的木本植物占优,松属保持在 20% 以下,杉属等喜冷树种更加次要。草本中常见禾本科、莎草科、香蒲、藜科等,蕨类孢子常见水龙骨科、卷柏、紫萁等[43](图 4.7)。

来自跨湖桥遗址剖面的微体古生物与孢粉分析结果使我们能够对人类栖息前后的当地环境、植被、水文和人文活动进行高分辨率的释读(图 4.8)。全新世之初,华东海平面快速上升,杭州湾地区沦为潮间带或浅海,同时季风气候加强,气候愈加暖湿,这种环境一直持续到距今 9000 年。距今 9000—8000 年间人类尚未到此栖居,气候较前段变得凉爽,温带落叶树——尤其是栎属成为植被中的主要树种,喜凉的松属也比较重要。虽然距今 8200 年之际的降温事件属于这个阶段,但是沉积物中除了新月藻以外没有确切证据表明当时跨湖桥地区经历过比较严重的寒冷期[44]。遗址附近的植被以淡水群落为主,微化石中大量出现代表沼泽与

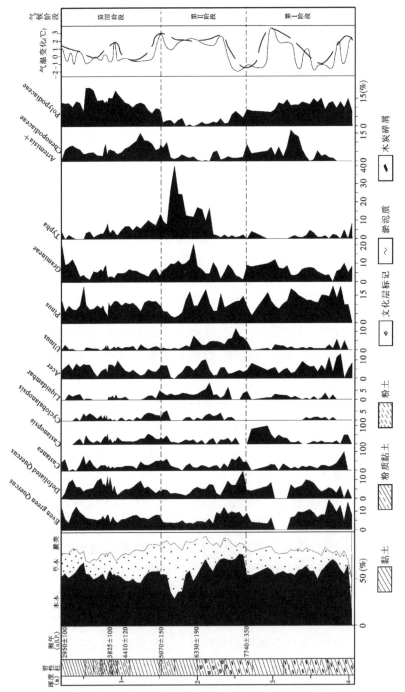

图 4.7　湘湖剖面孢粉组合图式[43]

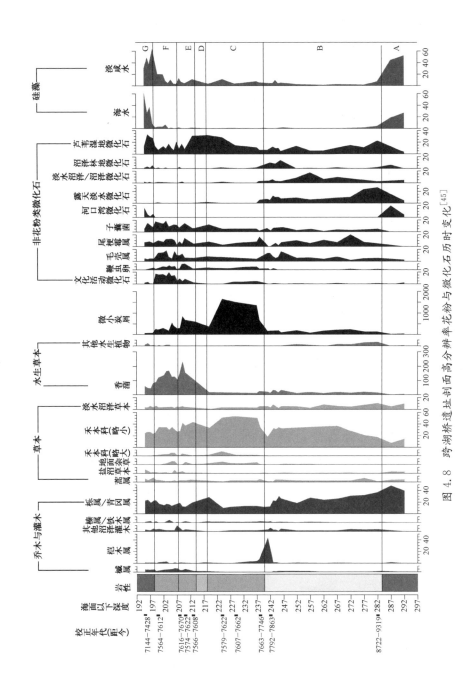

图 4.8 跨湖桥遗址剖面高分辨率花粉与微化石历时变化[45]

芦苇湿地的种类,极少含指示海洋或咸水环境的硅藻和有孔虫。随着海平面上升速度减慢,低洼处形成了大片开阔的淡水湖面并逐步扩大,伴随着多种水生植物的滋长繁茂。相应的孢粉组合体现了一种亚顶极的淡水群落,包括香蒲、芦苇等挺水植物及其他近岸的喜湿禾本科。较细的土壤粒度表明没有人类扰动且水动力作用较弱。但在距今 8000 年后,以草本为主的沼泽被湿地灌丛取代,柳树、桦树先后繁盛起来,同时硅藻组合表明时有微量的海水渗入。这些迹象都暗示当时跨湖桥是一处港湾而非开阔的滨海环境[45][46]。

距今 8000—7500 年,海平面升高速度持续减慢,而淤积物的沉积速度很快,先前的港湾环境成为淡水沼泽和潟湖,水域面积随着有机质的累积和地下水位上升进一步扩展。人类开始到此居住,文化层孢粉组合表明当时的本地植被呈三层结构。高大木本植物以亚热带和温带树种为主,如榆、榛、松等,阔叶树主要是壳斗科,其中以落叶种为主,如栎属,常绿种相对较少,如青冈属。林下灌层主要是杜鹃,地面覆盖蕨类植物。杂草种群很大程度受到人类活动影响,以蒿、藜、芦苇、香蒲与禾本科为主。根据地球化学指标推算得当时的年平均气温约为 20.7℃,比现在要高 3℃ 以上,可以说是相当暖热[47]。同时,该时期土壤粒度在整个剖面中比较粗糙,而且尺度极为不均,佐证了人类扰动的活跃与持续[48](图 4.9)。在人类栖居的中期,大约距今 7500 年,居址很可能受到一次较大的洪水冲击,沉积物显示该事件伴随一定程度的林地复苏和指示文化的微化石减少[44][45]。

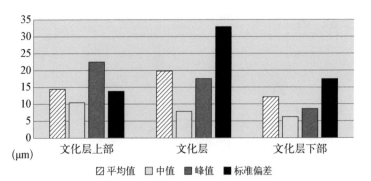

图 4.9 跨湖桥遗址土壤粒度数据示意[48]

除花粉以外,一系列指示文化干扰的微化石显示了人类活动强化的过程。灌木略有减少,而以挺水植物为代表的芦苇湿地则得到扩张,禾本科继续繁盛。这些都表明人类很可能为了从湿地中获得重要的食物与原材料而干扰和维护这种环境,用某些手段将其从湿地灌丛改造回到芦苇湿地的状态,刻意减缓湿地填淤的演替进程。湘湖剖面和遗址剖面同时记录下了距今 7700 年左右的一次炭屑暴增,与之相伴的是壳斗科孢粉明显减少[43][44][45][46],表明人类通过烧荒对树林进行管理。本段孢粉中出现直径大于 40 微米的禾本科花粉,很可能暗示了存在某种驯化的禾本科植物[45][46]。此外,还普遍发现一种人猪共患的寄生虫——鞭虫(*Trichuris*)卵,表明人类有可能以某种形式与猪产生了比较长期的近距离接触[44][45]。由此可见,除了自然动力以外,人为影响在跨湖桥的景观与环境变迁中也很重要。

由于跨湖桥处于钱塘江过渡到海湾的要冲地带,可以肯定的是,海水水文对本地自然、文化景观的变迁具有近乎决定性的作用。跨湖桥和下孙遗址都受到海平面上升的影响。淡咸水硅藻显示,距今 7800 年以前本区受到微弱的海水影响。将近人类居住末期,海面上升再次增速,海水、淡咸水硅藻和有孔虫剧增,淡水沼泽面积缩小,显然是海侵迫使先民放弃这处居址(图 4.10)。对跨湖桥遗址出土独木舟、周围土壤以及其他木构件的含盐量测定也表明,它很可能曾被海水浸没过一段时期[49]。下孙遗址的资料弥补了跨湖桥遗址晚段地质细节的缺失。下孙的文化层上叠压着海生贝类的壳,种类包括中国绿螂、缢蛏、船蛆和薄壳星藤壶。前两种生活在潮间带,多见于淡咸水的港湾环境。船蛆仅见于海水中,而且蛀穿了遗址的木质构件。藤壶以吸食海潮带来的微生物为生,被发现时黏附在陶片和石块的底面。这些现象共同表明,遗址在人类离开后不久就被海水所淹没。此外,王永江等注意到,虽然跨湖桥地区的港湾环境适于人类居住,但并不能抵御大潮的冲击。它与紧邻的杭州湾之间没有任何天然屏障,而当时距离湾口又比今天近得多,天文大潮来袭时,大量水流瞬间涌入下孙与跨湖桥所处的细长狭谷中,很可能对居址构成灾难性的破坏[50]。这种看法不无道理,海洋地质研究发现,长江下游全新世以来的古洪水频发期往往与气候转型同步,气候变化导致的海面上升对下游河段径流的顶托作用导致河流上溯和地面排水不畅,从而洪水频率增加,而且灾害程度也加强,由此造成"小水大灾"的后果可想而知[51]。跨湖桥文化恰处于海面变化与气候转型的耦合期,下孙遗址 T1003 北壁和西壁剖面呈卷花状的强水流扰动纹理或许可以佐证跨湖桥地区曾经发生过这类潮水事件。总而言之,海侵是一个缓慢而长期的过程,而潮水则是短期且突发的,这两种相互差异但又有关联的水动力因素对跨湖桥文化先民生息的影响很可能比我们目前所知的更加复杂。

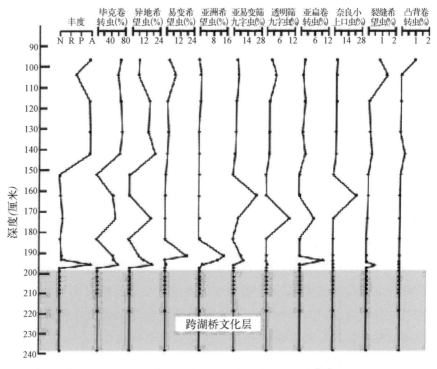

图 4.10   跨湖桥遗址地层中的有孔虫分布[48]

三、河姆渡文化

河姆渡文化遗址主要密集分布于宁绍平原北部的姚江河谷,奉化江

流域和舟山群岛也有晚期遗存分布。常规碳 14 测年与 AMS 碳 14 测年
表明该文化年代为距今 7000—4800 年，本书只讨论介于距今 7000—
6000 年之间的河姆渡第一、二期文化，因此所涉遗址仅限于姚江流域。
最近田螺山遗址有若干木炭样品测年可达距今 7500 年以上，但木炭仅代
表树木被取样部位的存活年代，并不能直接反映人类居住时的确切年
代，因而有可能偏早。同时，遗址出土的其他一年生禾本科、杂草类种
子及橡实的测年都没有早于 7000 年[52]，但这类材料用来代表遗址被人
类居住年代的可靠性较大。因此，虽然有研究提出河姆渡早期应与跨
湖桥文化平行发展[53]，但本书仍然将距今 7000 年视作河姆渡文化的年
代上限。

　　对孢粉、植硅石、硅藻、寄生虫、古盐度等多种环境指示物的分析表
明，海平面升降、气候与植被演替、人类活动是强烈影响河姆渡文化沉积
面貌的三大因子。距今 12000—9700 年，河姆渡地区处于冰期后回暖的
阶段，植被是亚热带常绿落叶针阔叶混交林，以松、柏、栎、栲和青冈为建
群树种。距今 9700 年后，喜冷种类比例下降，气候更加温暖。虽然目前
姚江地区尚未发现早至该时期的明确的人类活动遗迹，但孢粉组合中可
见直径大于 35 微米的禾本科花粉，伴随炭屑含量较高，有可能与人类活
动有关[54]。此外，田螺山遗址距地表 5 米多深的淤泥层下发现过微粒木
炭，10 米深处亦发现过少许木炭和可能是小陶块的颗粒，暗示在河姆渡
文化之前，当地很可能已有人类活动[52]。然而，当时该区水环境仍然以
咸水为主，人类定居前的硅藻组合中绝大多数是中性喜盐和喜盐的种
类[56]。距今 7800 年后，植被稳定为亚热带常绿落叶阔叶林，以芦苇、香
蒲、莎草这类喜湿草本为主的湖沼发育起来，为人类的定居提供了良好的
淡水环境。

　　距今 7000—6000 年是河姆渡文化兴盛发展的时期。随着海水退出
本区，淡水或泻湖环境慢慢形成，文化层中盾型的芦苇植硅石和竹节型植
硅体含量减少，伴随低浓度的硅藻与海绵骨针，这表明水域面积较前段有
所缩小，陆地大范围出露[57]。鲻山遗址的孢粉—气候对应分析表明当时
年均温度可达 20—21℃，年降水量达 1000—1250 毫米[58]，暖湿程度与跨

湖桥时期相当。田螺山黏土矿物中高岭石和蒙脱石含量在距今6500—6000年达到峰值,同样指示了当时是气候最暖湿的时期[59]。以河姆渡遗址为例,在人类栖居期间,附近丘陵地带的乔木有青冈、蕈、钩栲、紫楠、樟树、苦楝等亚热带阔叶树种,林下以蕨类为主,常见攀援型的海金沙。山坡上散生桃、南酸枣、忍冬等小乔木或灌本,草本植被以蒿、蓼、茜草和伞形花科为主。淡水湿地中植物种类尤其丰富,包括香蒲、眼子菜、黑三稜、菱、莲、芡实等[60]。

　　一系列环境指标清晰地表明河姆渡先民进行的稻作农耕活动,无论是采自河姆渡遗址周边的岩芯(图4.11)还是田螺山遗址内探方壁(图4.12、4.13)的孢粉序列都显示,人类栖居时期,禾本科和炭屑浓度都大幅增长,尤其是直径大于35微米的驯化型禾本科[55][61]所占比例相当引人注目。禾本科与炭屑的消长趋向同步,表明稻作农耕活动很可能与烧荒有密切的关系。炭屑一般以类似花粉雨的"炭屑雨"形式降落并分布到地层中,颗粒小的很可能来源距遗址较远,颗粒大的来源较近。河姆渡孔的10—70微米之间各级大小的炭屑在整个剖面上分布比例较为均匀,增减趋势基本一致,而大于70微米的炭屑在文化层中略早于其他尺寸表现出明显增长,很可能人类栖居初期烧荒清地的程度就有明显增强。与这些

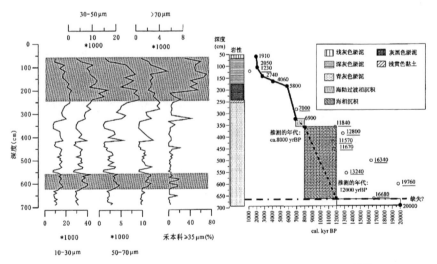

图4.11　河姆渡遗址钻孔炭屑浓度和禾本科含量变化曲线[54]

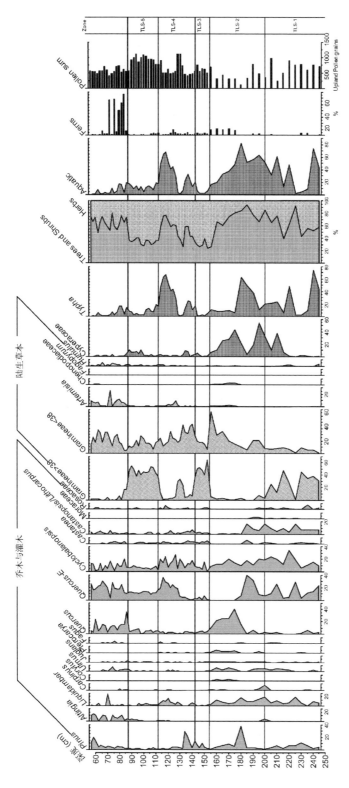

图 4.12 田螺山遗址 T1041 孢粉分析图谱[55]

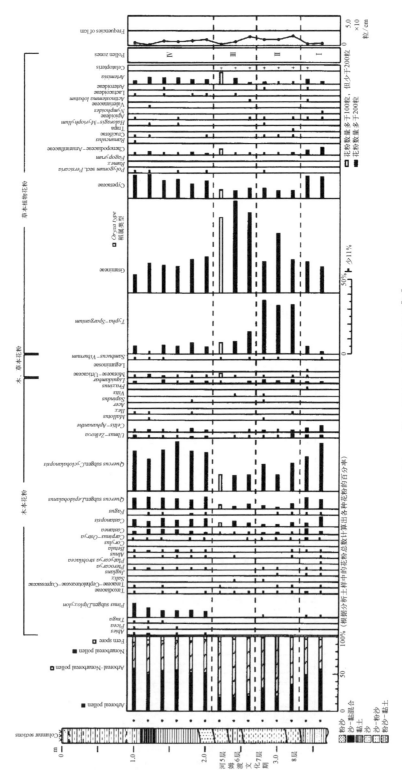

图 4.13　田螺山 T103 西壁花粉图式[56]

伴随的是林地范围缩小,属于壳斗科的青冈、栎、栗等大幅减少,其他树种如榆、榛、朴也比前段减少,桦、桤几乎不见,整个剖面的乔木花粉在文化层中比例最低,未超过40%[55]。在湿地中,香蒲明显增多,但莎草略有减少,藜、蒿也比前段减少,这与淡水环境的日渐形成和发育是一致的[54]。田螺山文化层中还发现鞭虫卵和毛线虫卵,密度在第⑦层达到峰值,推测可能与人口集中和日常起居的污染程度加强有关[56]。

郑云飞等的研究更加详细生动地展示了距今7000—5000年间田螺山先民的农耕活动,农耕分早晚两个时期[62](图4.14)。早期发生于距今7000—6500年,田螺山遗址的古盐度[63]和硅藻[64]分析表明当时人类定居点仍受到海水影响。湿地可能属于由浅滩向淡水过渡的环境,植物种子组合中既有适应咸水环境的藨草,也有适应淡水的飘拂草和荸荠,沉水植物包括金鱼藻和眼子菜。植硅石中存在稻属类型,但为数不多,芦苇和芒属大量存在,炭屑突然增长,并可见直径大于38微米的禾本科花粉浓度远大于小于38微米的花粉浓度[62]。王淑云等发现整个剖面中的稻属植硅石在距今6600年后迅速达到峰值,亦可旁证当时的稻作活动[57](图4.15)。晚期稻作发生于距今6000—4500年,除了禾本科孢粉、植硅石和炭屑都显著增长以外,莎草、金鱼藻、眼子菜、慈姑、蓼等喜湿杂草在种子库中都比早期农耕密度高,据此推测当时的田间管理可能不包括除草[62],而且这些与稻共生的杂草种很可能也是为人类喜爱和利用的资源。河姆渡孔相应年代的孢粉组合也表明距今6000年后稻作农耕强度增加[54]。两次农耕之间可能是被海侵打断,地层中唯独华东藨草密度最高,其他种类几近消失,当时的景观可能与今天崇明岛东端的浅海泥滩十分相似,直到海侵后期淡水湿地植被才渐渐复苏。实质上,古盐度分析显示田螺山遗址在人类居住之前、之中、之后都受到过海水影响[63],在当时海平面尚不稳定、姚江谷地水文环境又相对复杂的情况下,这很可能是河姆渡文化绝大多数遗址所面临的共同问题。

海侵一向被视作姚江谷地先民最终放弃居址的原因,它除了使陆地沦为浅海,变得不宜居住以外,土地因长期受海水侵扰而盐渍化从而不适

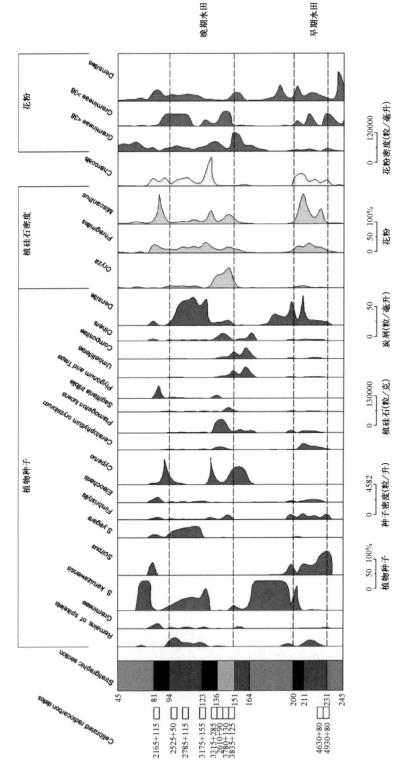

图 4.14 田螺山遗址水田种子、植硅石、炭屑、禾本科花粉图式[62]

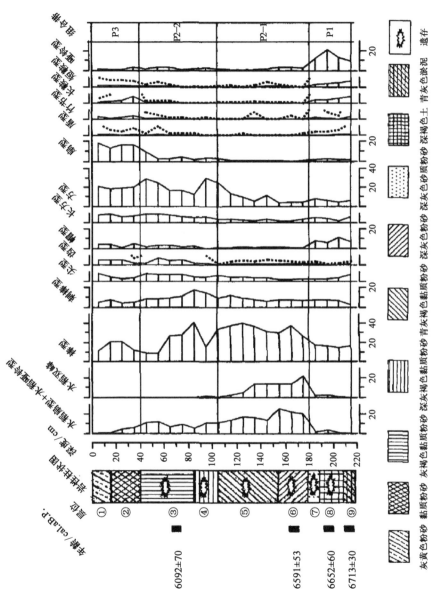

图 4.15 田螺山遗址剖面植硅石分析图式[57]

宜农耕也是一大恶果。覃军干提出,藜科孢粉显示,该区在距今 4872—
4393 年达到全新世盐碱化的顶峰,再加上距今 5000 年左右姚江改道东
流入海,一日两次海潮倒灌,加速了土地盐渍化[32]。同时,文化层以上松
属孢粉的逐渐递增,表明区域性降温的到来[56]。在气候日渐干凉、土地
不敷利用的条件下,先民放弃旧有的生存方式,寻找新的资源开拓方式和
栖居地点就成为合理的选择。

四、马家浜文化

马家浜文化主要分布于太湖地区,南到钱塘江北岸,西北到江苏常
州一带。主要年代数据来自部分遗址的碳 14 测年结果,目前一般认为
时间跨度在距今 7000—5800 年左右[65],存在个别例外情况,东山村遗
址有测年数据早至距今 8000 年左右,还有一些遗址晚于距今 5800 年。
马家浜是太湖地区全新世年代最早的古代文化,对于该区是否存在更
早的新石器遗址,学界普遍抱有期待与质疑交织的复杂心态。刘宝山
根据太湖地区全新世早中期埋藏环境,推测苏南一带可能存在与跨湖
桥年代相当的遗址[66],目前仅东山村有一个数据落在这个范围内,是
否可划归此类还需非常谨慎的考察。还有人曾在太湖姚湾发现可能为
旧石器晚期的打制或压制石器[67],但这些发现和推测尚未得到广泛的
确认。

由于马家浜文化分布地域较广,而且至今为止尚无一处遗址揭示
过足以对千年跨度的人类行为进行详细解读的高分辨率剖面,要厘清
人类栖居的微生境变化就非常困难。本书暂以青浦赵巷地质钻孔资
料[68]为代表来反映马家浜先民居住前后环太湖地区气候与植被变迁的
过程(图 4.16)。人类在本区内高密度定居前的 1000 年,即距今
8000—7000 年间,该区气候在温暖湿润与干凉之间经历了频繁的波
动,低地形成许多沿海沼泽和泻湖,水体受海侵强烈影响。距今 8000—
7700 和 7500—7200 年为两个暖湿的时期,高地被亚热带常绿阔叶
林覆盖,主要树种包括栎、青冈、栲、枫杨、榛等,还有典型的喜暖种类玉
兰,气温可能比今天高 1.3—1.6℃[69]。距今 7700—7500 年和 7200—

7000 年是两个相对干凉的时期,常绿阔叶树种从高地消失,由针叶与落叶阔叶混交林取代,蕨类植物大量生长,可能反映降水减少。喜湿的莎草和水生植物眼子菜减少,表明淡水沼泽面积有可能缩小。将近7000 年前,海水退出本区。距今 7000—6000 年人类栖居时期,气候相对稳定,亚热带常绿落叶阔叶混交林在丘陵山地繁盛起来,树木种类十分多样,包括胡桃、枫杨、榆、桤等。地势低湿的地区可见眼子菜生长,表明湖泊面积有所扩展。本期一直到距今 4000 年总的趋势是温和干燥,但波动仍然存在。距今 6000 年以后的马家浜文化晚期,气候略微转凉,降水大幅减少,表现为藜、蒿和松、柏一类针叶花粉的缓慢增加。这一气候变动的总体趋势在许多马家浜文化遗址[70][71][72][73][74]的孢粉记录中都得到印证(图 4.17)。

而具体到单个遗址,地质沉积剖面又略有差异,很大程度上是由于受到人类活动的影响。草鞋山遗址年代属马家浜文化晚期,植硅石组合表明(图 4.18),在距今 6275 年以前气候温暖,当地生长的禾本科主要为芦竹亚科、竹亚科和水稻,距今 6275—6200 年温凉偏干,黍亚科大量出现,距今 6200—5985 年间,气温又有回归暖湿的趋势,尤其表现在扇形植硅石的显著增长,不过这可能还与人类强化种植水稻有关[75],这可与草鞋山发掘出古水田相互印证[76]。

绰墩遗址马家浜晚期的孢粉组合(图 4.19)中发现了大于 35 微米的禾本科花粉,且伴生大量香蒲,表明先民已利用浅水沼泽或湖滨环境种植水稻。稍晚一点,以青冈、栎、栲为主的常绿阔叶林增多,禾本科不见,可能暗示稻作活动一度中断,但原因不明。到马家浜末期向崧泽过渡的时期,禾本科花粉又回到原来的比例,青冈、栎、栲等含量降低,香蒲、莎草等逐渐增多,反映水面扩大,林地比前期略有后退,水稻种植有所恢复[77]。而李春海等对绰墩孢粉的进一步研究表明,在植硅体浓度较高的土壤中,禾本科花粉比例较高,其他水生植物花粉比例较小,与现代水田土相似,很可能当时水田耕作方式中已包括除草行为[78]。

此外,古土壤化学组分分析也揭示了绰墩先民的一系列环境改造行为。多环芳烃是一种有机污染的标识物,其含量与燃烧产物有关,绰墩遗

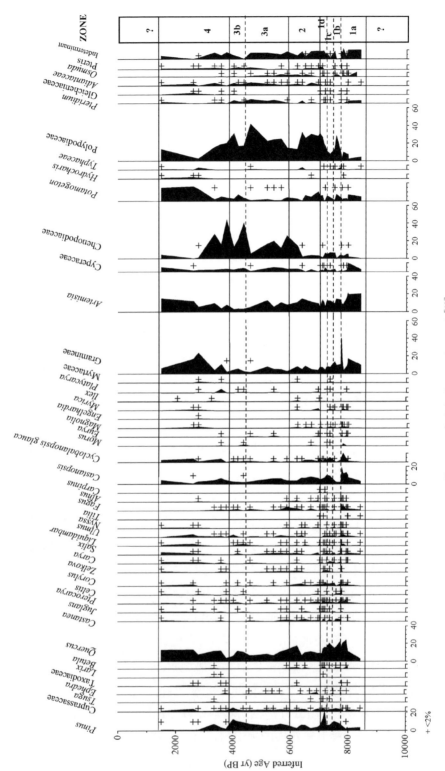

图 4.16 青浦赵巷钻孔孢粉图式[68]

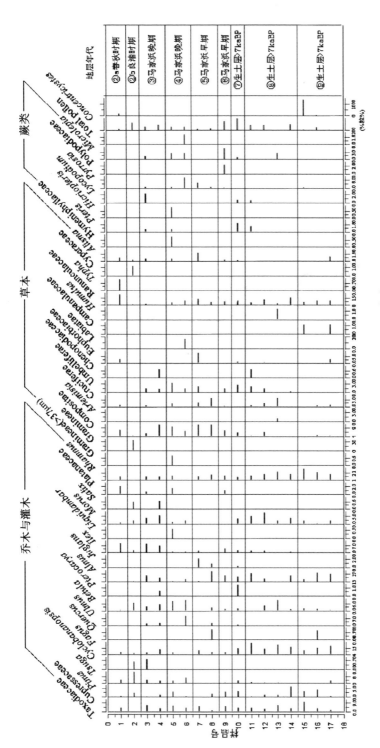

图 4.17 溧阳神墩遗址孢粉图式[72]

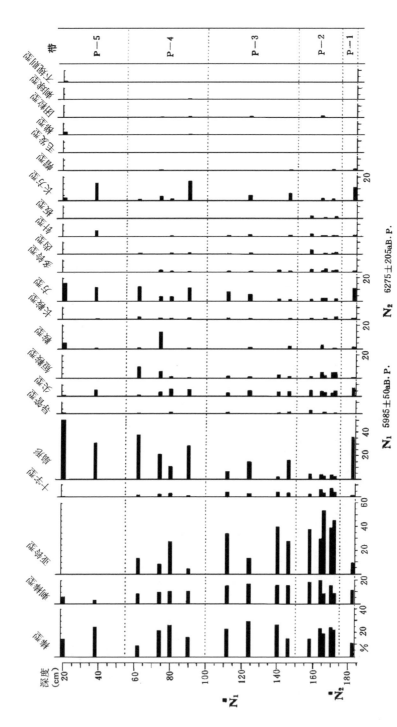

图 4.18　苏州草鞋山遗址新石器时代以来植硅石百分含量图[75]

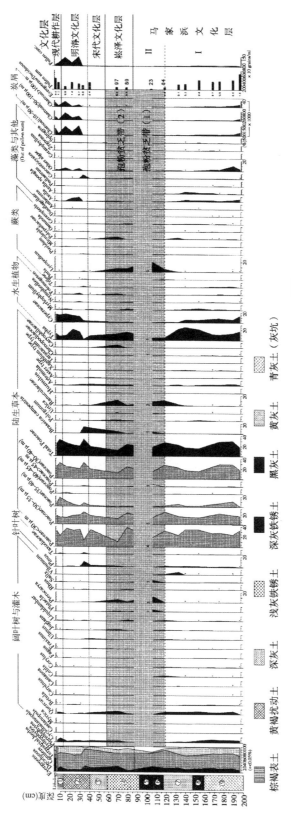

图 4.19 绰墩遗址 T4205 剖面孢粉百分比图示[77]

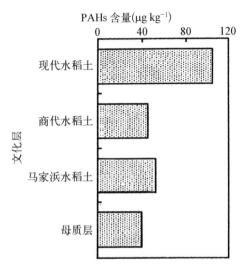

图 4.20 绰墩遗址各文化层多环芳烃的
平均含量[79]

址马家浜地层的多环芳烃含量略高于商代地层和生土层（图4.20），它们可能主要来源于焚烧稻草和厌氧条件下的生物合成，因此人类的焚烧活动应对此略有贡献，可能性之一是由于刀耕火种的耕作方式所致[79]。此外，土壤中正构烷烃和脂肪酸等的含量能标识古代植被，绰墩马家浜时期土壤中的这两类物质主要来自草本植物和藻类等低等生物，表明当时遗址周围主要生长低矮的草本物种，很可能就是水稻和各种禾本科杂草，藻类指示当地经常受到海水影响。正构烷烃和正脂肪酸以低碳链为主则是由于高温火烧后长链烷烃转化成低链烷烃，这表明先民的耕作活动有大量用火的迹象[80]。综合各种分析结果，我们可以合理地推测，除草、经常性地焚烧可以被视作绰墩马家浜先民水稻田耕作方式的基本要素，而海水的频繁干扰可能是造成孢粉记录所显示的稻作活动中断的主要原因之一。

虽然目前仅草鞋山和绰墩两处明确揭示出马家浜时期的水田遗迹，但水稻植硅石分析在长江下游的广泛应用已提示我们，薛城[81]、圩墩[82]、广福村[83]、东山村[84][85]等遗址的马家浜先民很可能同样从事水稻种植，东山村一处或可早至距今 8000 年。

五、小结

长江三角洲与钱塘江流域距今 10000—6000 年间的地质地貌变迁是在全新世全球海平面上升的大背景下发生的，海侵导致了本区海岸线的历时东进与现代海岸线的形成，并促使长江口形成冲积平原。因此，河网密布、水患频繁是本区主要的地理特征。全新世以来，本区的季风气候在全球范围内都是很独特的,它以一年两度的集中降水为特征。从遗址微生境的角度来看,三个特点是普遍的:(1)反复出现集中的持续的炭屑量与人类栖居共生;(2)大型禾本科花粉在孢粉组合中常见;(3)植被演替一直处于一种亚顶极的状态。它们共同表明当地的环境和资源受到人类活动的影响乃至塑造。

综上所述,气候和地形的适宜度固然影响着人类对栖息地和生存方式的选择,但是古文化发展的原因不应从单个因子来评估。各类地质证据表明,在长江三角洲及钱塘江流域,海平面变化、海岸线进退、地貌演变以及人类对环境干预的协同效应才能对文化发展起到推动性的影响。自然因素扰动和人源扰动为该区域崭新的人地关系的建立提供了舞台。

注释

[1] 吴洁人(主编).昆山市农业志[M].上海:上海科学技术文献出版社,1994.

[2] 王淑云,吕厚远,刘嘉麒.我国中低纬度末次冰消期气候转暖与高纬度气候变化的关系[J].第四纪研究,2006,26(2):283-292.

[3] 杨志红,姚檀栋.古里雅冰芯中的新仙女木期事件记录[J].科学通报,1997,42(18):1975-1978.

[4] Alley, R. B., Meese, D. A., Shuman, C. A., Gow, A. J., Taylor, K. C., Grootes, P. M., White, J. W. C., Ram, M., Waddington, E. D., Mayewski, P. A., & Zielinski, G. A. Abrupt increase in Greenland snow accumulation at the end of the Younger Dryas event [J]. *Nature*, 1993, 362: 527-529.

[5] Beget, J. E. Radiocarbon dated evidence of worldwide early Holocene climate change [J]. *Geology*, 1983, 11: 389-393.

[6] 王绍武.8.2 ka BP冷事件[J].气候变化研究进展,2008,4(3):193-194.

[7] Orien, S. M., Mayewski, P. A., Meeker, L. D. Complexity of Holocene climate as reconstructed from a Greenland ice core [J]. *Science*, 1995, 270: 1962-1964.

[8] 王宁练,姚檀栋.全新世早期强降温事件的古里雅冰芯记录证据[J].科学通报,2002,47(11):818-823.

[9] Jung, S. J. A., Davies, G. R., & Ganssen, G. M. Synchronous Holocene sea surface temperature and rainfall variations in the Asian monsoon system [J]. *Quaternary Science Reviews*, 2004, 23: 2207-2218.

[10] Lachniet, M. S., Asmerom, Y., & Burns, S. J. Tropical response to the

8200 yr BP cold event? Speleothem isotopes indicate a weakened early Holocene monsoon in Costa Rica [J]. *Geology*, 2004, 32: 957-960.

[11] 金章东,沈吉,王苏民.早全新世降温事件的湖泊沉积证据[J].高校地质学报, 2003,9(1): 11-18.

[12] Klitgaard-Kristensen, D., Sejrup, H.P., Haflidason, H., et al. A regional 8200 cal. yr BP cooling event in northwest Europe induced by final stages of the Laurentide ice sheet deglaciation [J]. *Journal of Quaternary Science*, 1998, 13 (2): 165-169.

[13] Leuenberger, M.C., Lang, C., & Schwander, J. δ15N measurements as a calibration tool for the paleothermometer and gas-ice age differences: a case study for the 8200 aBP event on GRIP ice [J]. *Journal of Geophysical Research*, 1999, 104D: 22163-22170.

[14] 周静,王苏民,杨桂山,肖海丰.新仙女木事件及全新世早中期降温事件——来自洱海湖泊沉积的记录[J].气候变化研究进展,2006,2(3): 127-130.

[15] 蔡永立,陈中原,章薇,过仲阳,陈宇.孢粉—气候对应分析重建上海西部地区 8.5 ka B.P.以来的气候[J].湖泊科学,2001,13(2): 118-126.

[16] 施雅风,孔昭宸,王苏民.中国全新世大暖期的气候波动与重要事件[J].中国科学B辑,1992,(12): 1300-1308.

[17] Thompson, T.G., Thompson, E.M. Davis, M.E., et al. Glacial stage ice-core records from the subtropical Dunde ice cap, China [J]. *Annals of Glaciology*, 1990, 14: 288-297.

[18] 吕厚远,刘振夏,刘宝柱,Serge Berné,Yoshiki Saito,李铁刚,吴乃琴.2万年来我国东部海陆环境变化的不同步现象[J].海洋地质与第四纪地质,2002,22(1): 17-23.

[19] 严钦尚,洪雪晴.长江三角洲南部平原全新世海侵问题[A].见: 严钦尚,许世远等.长江三角洲现代沉积研究[M].上海: 华东师范大学出版社,1987: 92-102.

[20] 严钦尚,黄山,何越教,郭蓄民,许世远,刘宜栋,邵虚生,洪雪晴,陈学林.杭嘉湖平原全新世沉积环境的演变[J].地理学报,1987,42 (1): 1-15.

[21] 郑祥民,严钦尚,郭蓄民.长江三角洲南部晚更新世晚期风成黄土与地层[A].见: 严钦尚,许世远等.长江三角洲现代沉积研究[M].上海: 华东师范大学出版社,1987: 76-91.

[22] 赵宝成,王张华,李晓.长江三角洲南部平原古河谷充填沉积物特征及古地理意义[J].古地理学报,2007,9(2): 217-226.

[23] 严钦尚,邵虚生.杭州湾北岸全新世海侵后期的岸线变化[A].见: 严钦尚,许世远等.长江三角洲现代沉积研究[M].上海: 华东师范大学出版社,1987: 15-26.

[24] 李金安,严钦尚.上海地区全新世中晚期沉积环境的演变[A].见: 严钦尚,许

世远等.长江三角洲现代沉积研究[M].上海：华东师范大学出版社,1987：126-134.

[25] 陶强,严钦尚.长江三角洲南部洮滆湖地区全新世海侵和沉积环境[A].见：严钦尚,许世远等.长江三角洲现代沉积研究[M].上海：华东师范大学出版社,1987：103-115.

[26] 邵虚生.江苏金坛全新世海侵沉积层的研究[A].见：严钦尚,许世远等.长江三角洲现代沉积研究[M].上海：华东师范大学出版社,1987：116-125.

[27] 蒋梦林,刘志平.太湖平原西北部第四纪海侵[J].江苏地质,2001,25(2)：78-81.

[28] 张强,朱诚,刘春玲,姜彤.长江三角洲7000年来的环境变迁[J].地理学报,2004,59(4)：534-542.

[29] 张树夫.宁绍平原泥炭层及其对海面变化的反映[J].南京师大学报(自然科学版),1991,14(1)：76-84.

[30] 史威,马春梅,焦锋,朱诚,王富葆.宁绍平原史前遗址、埋藏泥炭与中全新世海面变化[J].海洋学报,2008,30(4)：169-175.

[31] 章申民,严钦尚,郭蓄民.上海滨海平原贝壳砂堤[A].见：严钦尚,许世远等.长江三角洲现代沉积研究[M].上海：华东师范大学出版社,1987：37-48.

[32] 覃军干.宁绍平原及邻区晚更新世以来的孢粉学研究及古环境意义[D].上海：同济大学,2006.该孔位于余姚市罗江村,距河姆渡遗址约2.9公里。

[33] 吴维棠.从新石器时代文遗址看杭州湾两岸的古地理[J].地理学报,1983,38(2)：113-126.

[34] 蒋乐平.钱塘江流域的早期新石器时代及文化谱系研究[J].东南文化,2013,(6)：44-53.

[35] 此处承蒙上山文化发掘者蒋乐平先生指教,并参考浦江县上山遗址公园展览文字说明。

[36] 浙江省地质矿产局.浙江省区域地质志[M].北京：地质出版社,1989.

[37] 徐怡婷,林舟,蒋乐平.上山文化遗址分布与地理环境的关系[J].南方文物,2016,(3)：131-138.

[38] 潘一平.浙江分县简志[M].杭州：浙江人民出版社,2007.

[39] 崔品,翁屹,方方,张居中.考古样品烷烃分析方法探讨[J].南方文物,2010,76(4)：149-152.

[40] 毛龙江,莫多闻,蒋乐平,贾耀锋,李明霖,周昆叔,史辰羲.浙江上山遗址剖面记录中更新世以来的环境演变[J].地理学报,2008,63(3)：293-300.

[41] 吕烈丹,蒋乐平.浙江浦江上山遗址植硅石分析初步报告[A].见：莫多闻,曹锦炎,郑文红,袁靖,曹兵武(主编).环境考古研究(第四辑)[M].北京：北京大学出版社,2007：80-83.

[42] 浙江省文物考古研究所,萧山博物馆.跨湖桥[M].北京：文物出版社,2004.

[43] 顾明光,陈忠大,卢成忠,汪庆华,覃兆松,张素君.浙江湘湖地区全新世孢粉记

录及其古气候意义[J].中国地质,2006,33(5):1144-1148.

[44]　Innes, J. B., Zong, Y., Chen, Z., Chen, C., Wang, Z., & Wang, H. Environmental history, palaeoecology and human activity at the early Neolithic forager/cultivator site at Kuahuqiao, Hangzhou, eastern China [J]. *Quaternary Science Reviews*, 2009, 28: 2277-2294.

[45]　Zong, Y., Chen, Z., Innes, J. B., Chen, C., Wang, Z., & Wang, H. Fire and flood management of coastal swamp enabled first rice paddy cultivation in east China [J]. *Nature*, 2007, 449: 459-462.

[46]　Shu, J., Wang, W., Jiang, L., Takahara, H. Early Neolithic vegetation history, fire regime and human activity at Kuahuqiao, Lower Yangtze River, East China: New and improved insight [J]. *Quaternary International*, 2010, 227: 10-21.

[47]　顾明光,陈忠大,汪庆华,覃兆松,张素君,梁河,彭振宇.杭州湘湖剖面全新世沉积物的地球化学记录及其地质意义[J].中国地质,2005,32(1):70-74.

[48]　王慧.杭州湾跨湖桥新石器文化遗址兴衰——全新世海平面波动的响应[D].上海:华东师范大学,2007.

[49]　卢衡,靳海斌.跨湖桥遗址地层性质的盐量法研究[J].东方博物,2006,18:40-45.

[50]　王永江,姜晓玮.卫星遥感探讨杭州湾跨湖桥古文化消失原因[J].国土资源遥感,2005,63(1):66-69.

[51]　张强,姜彤,施雅风,苏布达,刘春玲.长江三角洲地区1万年以来洪水与气候变化的关系[J].海洋地质与第四纪地质,2003,23(3):11-15.

[52]　吴小红,秦岭,孙国平.田螺山遗址的碳十四年代数据[A].见:北京大学中国考古学研究中心,浙江省文物考古研究所(编).田螺山遗址自然遗存综合研究[M].北京:文物出版社,2011.

[53]　浙江省文物考古研究所,余姚市文物保护管理所,河姆渡遗址博物馆.浙江余姚田螺山新石器时代遗址2004年发掘简报[J].文物,2007,618(11):4-24,73.

[54]　李春海,唐领余,万和文,王苏民,姚书春,张殿发.晚更新世以来浙江余姚地区植被变化及人类活动[J].微体古生物学报,2009,26(1):48-56.

[55]　Li, C., Zheng, Y., Y., S., Li, Y. & Shen, H. Understanding the ecological background of rice agriculture on the Ningshao Plain during the Neolithic Age: pollen evidence from a buried paddy field at the Tianluoshan cultural site [J]. *Quaternary Science Reviews*, 2012, 35: 131-138.

[56]　金原正明,郑云飞.田螺山遗址的硅藻、花粉和寄生虫卵分析[A].见:北京大学中国考古学研究中心,浙江省文物考古研究所(编).田螺山遗址自然遗存综合研究[M].北京:文物出版社,2011.

[57]　王淑云,莫多闻,孙国平,史辰羲,李明霖,郑云飞,毛龙江.浙江余姚田螺山遗

址古人类活动的环境背景分析——植硅体、硅藻等化石证据[J].第四纪研究,
2010,30(2):326-334.

[58] 王洪根,张卫东,王海明.浙江鲻山遗址孢粉组合与先人活动的关系[J].上海
地质,2001,78(2):20-24.

[59] 莫多闻,孙国平,史辰羲,李明霖,王淑云,郑云飞,毛龙江.浙江田螺山遗址及
河姆渡文化环境背景探讨[A].见:北京大学中国考古学研究中心,浙江省文
物考古研究所(编).田螺山遗址自然遗存综合研究[M].北京:文物出版
社,2011.

[60] 孙湘君,杜乃秋,陈明洪."河姆渡"先人生活时期的古植被、古气候[J].植物学
报,1981,23(2):146-151.

[61] 不同鉴定者确认禾本科驯化型水稻花粉的尺寸标准不一致,但总的来说都是
在大于35—40微米的范围内。李春海等鉴定田螺山探方剖面花粉取大于38
微米,萧家仪鉴定圩墩花粉时取大于35微米,孙湘君等鉴定河姆渡遗址花粉
报道"一般为45微米左右,最大可达56微米",王洪根等鉴定鲻山遗址花粉取
大于40微米。

[62] Zheng, Y., Sun, G., Qin, L., Li, C., Wu, X., & Chen, X. Rice fields
and modes of rice cultivation between 5000 and 2500 BC in east China [J].
Journal of Archaeological Science, 2009, 36: 2609-2616.

[63] 李明霖,莫多闻,孙国平,周昆叔,毛龙江.浙江田螺山遗址古盐度及其环境背
景同河姆渡文化演化的关系[J].地理学报,2009,64(7):807-816.

[64] Zheng, Y., Sun, G., & Chen, X. Response of rice cultivation to fluctuating
sea level during the Mid-Holocene [J]. *Chinese Science Bulletin*, 2012, 57
(4): 370-378.

[65] 王明达.重读马家浜[A].见:嘉兴市文化局(编).马家浜文化[M].杭州:浙江
摄影出版社,2004:8-13.

[66] 刘宝山.论马家浜文化之前太湖地区的地理埋藏环境[J].华夏考古,2008,
(1):54-59.

[67] 陈万康.江南发现旧石器遗址[J].江南论坛,2007,(7):56-58.

[68] Tao, J., Chen, M.-T., Xu, S. A Holocene environmental record from the
southern Yangtze River delta, eastern China [J]. *Palaeogeography,
Palaeoclimatology, Palaeoecology*, 2006, 230: 204-229.

[69] 唐领余,沈才明,赵希涛,肖家仪,于革,韩辉友.江苏建湖庆丰剖面1万年来的
植被与气候[J].中国科学(B辑),1993,23(6):637-643.

[70] 张强,朱诚,宋友桂.江苏金坛新石器时代环境变迁研究[J].海洋地质与第四
纪地质,2000,20(3):91-99.

[71] 张芸,朱诚,戴东升,宋友桂.全新世气候变化与长江三角洲史前文化兴衰[J].
地质论评,2001,47,(5):556-560.

[72] 马春梅,田名利.江苏溧阳神墩遗址地层的孢粉记录研究[J].微体古生物学

报,2010,27(1):67-76.

[73] 张瑞虎.江苏苏州绰墩遗址孢粉记录与太湖地区的古环境[J].古生物学报,
     2005,44(2):314-321.

[74] 刘会平,王开发.沪杭苏地区若干文化遗址的孢粉——气候对应分析[J].地理
     科学,1998,18(4):368-373.

[75] 黄翡,王伟铭,李民昌.苏州草鞋山遗址新石器时代以来的植硅石研究[J].微
     体古生物学报,1998,15(1):79-84.

[76] 谷建祥,邹厚本,李民昌,汤陵华,丁金龙,姚勤德.对草鞋山遗址马家浜文化时
     期稻作农业的初步认识[J].东南文化,1998,121(3):15-24.

[77] 王伟铭,舒军武,陈炜.绰墩遗址的孢粉植物群与古环境研究[A].见:苏州市
     考古研究所(编).昆山绰墩遗址[M].北京:文物出版社,2011.

[78] 李春海,章钢娅,杨林章,林先贵,胡正义,董元华,曹志洪,郑云飞,丁金龙.绰
     墩遗址古水稻土孢粉学特征初步研究[J].土壤学报,2006,43(3):452-460.

[79] 李久海,董元华,曹志洪,王辉,安琼,胡正义,杨林章,林先贵,尹睿.6000年以
     来水稻土剖面中多环芳烃的分布特征及来源初探[J].土壤学报,2007,44(1):
     41-46.

[80] 李夏,刘本定,代静玉.绰墩遗址古、今水稻土的正构烷烃的正脂肪酸特征分析
     [J].土壤通报,2009,40(5):977-980.

[81] 王才林,周裕兴,王志高,张金喜.江苏高淳县薛城遗址的植物蛋白石分析[J].
     农业考古,2002,(3):55-61.

[82] 萧家仪.圩墩遗址第五次发掘植物孢粉和硅酸体分析[J].东南文化,1996,111
     (1):47-50.

[83] 王才林,丁金龙.吴江广福村遗址的古稻作研究[J].农业考古,2001,(3):
     97-103.

[84] 萧家仪,钱公麟,丁金龙,张照根.江苏张家港东山村遗址中的古水稻植物蛋白
     石[J].农业考古,1994,35:98-100.

[85] 王才林,丁金龙.张家港东山村遗址的古稻作研究[J].农业考古,1999,(3):
     88-97.

第五章　聚落形态

　　为聚落研究首开成功先例的戈登·威利(Gordon Willey)曾论述："聚落形态"一词可解释为人类在所居住的地面上安置自己的方式。它包括房屋的安排以及与群体生活有关的其他建筑物的性质与处理方式。这些聚落反映了自然环境、建造者的技术水平，以及该文化所拥有的各种社会互动与统治制度[1][2]。按照特里格的划分，聚落分析包括三个层次，个别建筑、聚落以及聚落的区域分布，在人地关系方面，它们可以反映社群与自然环境各生态要素的互动状况，在社会结构上，它们反映了社会群体的组织形态和等级状况[3]。这些信息综合地体现出人类社群在生态系统运作中所起到的作用，诸如，他们是被动地适应环境还是主动改造和开发环境？被动与主动的成分达到什么样的强度？以什么形式表现？环境又如何反馈？在这些方面，掌握不同技术水平、开拓不同资源生境、拥有不同组织结构、达到不同发展层次的社群在聚落形态上会表现出鲜明的差异。因此，聚落分析可以揭示某一特定人群在他们所处的生态系统中扮演的角色。

　　约翰逊(A. Johnson)和厄尔(T. Earle)的人类社会演进理论为分析聚落形态和人—环境互动之间的关系提供了一幅理想的蓝图。他们从三种社会政治层次来理解不同的人类生计形态，最简单的是由若干核心家庭构成的季节性聚居群体，其次是过着村落生活的本地自治群体，最复杂的是以地缘关系结合的具有一定规模的政体，如酋邦和民族国家[4]（图5.1、5.2)。季节性聚居群体一般是由多个5—8人的核心家庭构成的游群，总人数在25—50人之间。他们通过狩猎采集获取食物，随野生资源的时空分布变化而迁徙，在秋天因合作捕猎和集中收获坚果的需要而聚集。这类觅食活动对生态的影响比较有限，特别是野生植食和燃火木料

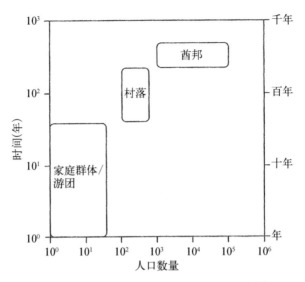

图 5.1　不同发展层次社群的时空分布规模[5]

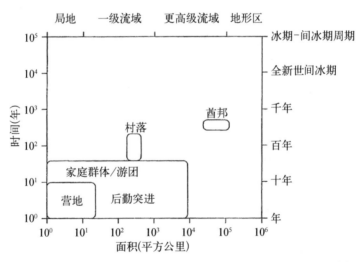

图 5.2　不同发展层次的社群对环境施加影响的时间和空间尺度[5]

的采集范围不超出以营地为中心的 3 公里距离,狩猎和捕鱼的搜寻范围
可能达到数万平方米。第二层级的村落群体一般由数百人组成,影响
30—50 万平方米的地域,在一地定居生活达 50 年至数百年之久。他们
往往以小型的园艺种植来补充狩猎采集的不足,在逐渐有意识的强化选

择过程中培育出驯化物种。为了将食物生产维持在一定的水平,村民开始合作农耕,这类活动包括整地、播种、除草、收获、加工、储藏等,这些为巩固定居生活提供了保障。文化影响的效应同时也使本地生物种群发生变化,比如杂草种入侵原先的生境、废弃的自留地上发生次生演替等。第三层级的复杂社会一般拥有数千至数万的人口,领地可扩大至 10 万平方公里,一个酋邦的兴衰周期可能跨度为 300—600 年。社会的经济基础建立在农业生产之上,一个强有力的精英阶层通过控制和分配以农产品为主的物质财富主持整个社会的运作,剩余产品因贸易、交换、礼仪或军事的需要被生产出来。为此,高密度的农业人口聚居在冲积平原和低台地的肥沃地带,强化的耕作活动已经足以改变当地甚至区域性的生态系统景观。对土地更加广泛的利用伴随着专门化分工,造就了景观的斑块化,表现为林地变得稀疏,耕地形成一定规模,而肥力耗竭的旧耕地则被抛荒[5]。

第一节 聚 落 要 素

世界各地许多处于低水平资源生产阶段的聚落基本可以与上面描述的第二层级情况相对应。比如日本绳文人群、中美洲墨西哥的圭拉那魁兹、近东的阿布-胡赖拉和内提夫-哈格都德(Netiv Hugdud)、北美西海岸土著人群、北美东部史前的土墩建造者。尽管它们在各自区域独特的社会发展历程中展现多种多样的面貌,但在许多方面体现出共同的特点。以下列举主要几点特征,作为考察本书研究区域的参考。

(1)聚落面积。新石器早期的聚落面积普遍偏小。以近东地区为例,在前陶新石器 A 段,有农作活动的聚落面积一般为 2000—3000 平方米,面积较大的达 25000—30000 平方米。到前陶新石器 B 段,小型遗址面积为 10000 平方米以内,中小型遗址面积在 20000—30000 平方米,中型遗址面积为 50000 平方米左右,大型遗址达到 100000—120000 平方米[6](图 5.3)。

(2)聚落位置。聚落位置多介于两至三种不同地形区之间,环境的生态过渡性非常明显,可利用的资源物种丰富多样。比如,北美西部众多

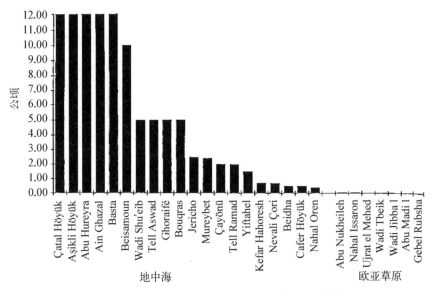

图 5.3　近东地区前陶新石器 B 段各遗址面积[6]

土著人群拥有传统的资源生产活动,整个史前期一直到历史时期,聚落多靠近沼泽、草地、林地这类重要的资源斑块,还经常沿运输或贸易交换的廊道分布,比如水路、陆路,以及中转枢纽。遗址周边环境以整合多种资源域和邻近水体为普遍特征[7]。

(3) 聚落布局。村落本身和周边区域的功能配置呈现以遗址为中心的人工化影响逐渐减弱。西田(M. Nishida)曾结合民族学和考古学资料推测日本绳文聚落的布局(图 5.4)。在村落内,高大乔木几乎被清除,同时去除对人类无用的植物,开阔的空地被开辟出来供人类喜爱的喜光植物大量生长,面朝大片平地的方向是拓展作物栽培的区域,这个范围内的植被完全是人工造就;紧靠村庄的外围地带生长着受人类扰动和管理的次生植被,林木不稠密,常用的小型木材和燃料来自这个地带;最外层是原生植被,树林浓密,几乎不受人类日常活动的频繁干扰[8]。

又如,北美东部伍德兰聚落都由家居活动区和小型园艺地组成,作物耕地紧邻社群的核心区域,与休耕地块相互交错,这些人为开辟和管理的开阔地是多种产出坚果和浆果的一年生或多年生植物所喜爱的生境,更外围的林地是人类捕猎和采伐的场所,这种布局形成了一个资源类型有

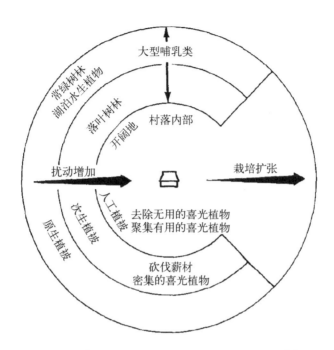

图 5.4　日本传统的村落及周边环境与资源布局[8]

序渐变的生境[7]。

　　（4）房屋。村庄内部遗迹反映了某些范围有限且强化的活动，包括废弃垃圾的灰坑和房屋等。近东阿布-胡赖拉连续的上下地层出土了早期为圆形、晚期为方形的房屋遗迹，这种早晚的变化被认为是社会组织方式和意识形态改变的物化体现[9]。欧洲多瑙河谷地约 8000 年前的勒彭斯基-维尔（Lepenski Vir）村落房屋平面是扇形，一个村庄的所有扇形开口方向一致。这也见于中国北方新石器早期，姜寨、仰韶等遗址房屋开门都有统一的中心朝向。日本绳文时代的聚落也常见全部房屋、墓穴朝向中心的情况[10]（图 5.5a、5.5b）。这些聚落的布局与其社会结构相适应，比如向心布局可能表明社群规模较小，成员间还未出现等级分化，人际交流采取面对面的方式即可。核心家庭仍是基本的居住单位，但有时数个基于血缘的核心家庭会同住一座建筑。这些都反映，从事农作活动的社群对居址布局的规划水平已经达到了相当成熟和精心的程度，这种设计

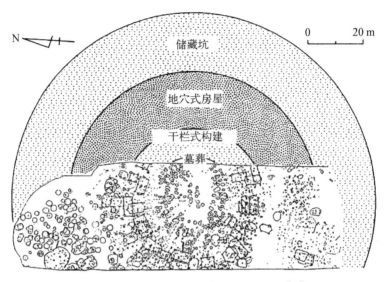

图 5.5a   日本绳文中期向心的聚落布局[10]

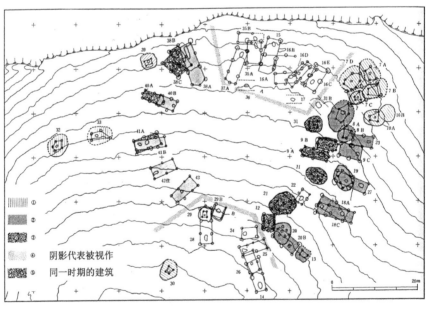

图 5.5b   日本绳文中期向心的聚落布局[10]

与聚落被长期居住有密切关系,并能满足多种日常生计活动的基本需求。因此,资源生产者的聚落与经常需要随资源条件变动而移动的狩猎采集聚落形成鲜明的区别。由此,我们可以假设早期资源生产者已能有计划地构建其村落和房屋,聚落布局虽然有一定的规划性,但相比新石器晚期较复杂的社群,还没有明确的分层迹象,社会结构仍然比较简单。

此外,房屋营建需要消耗来自环境中的建筑材料,常用的植物建材包括树木、草类茎秆。不同结构和材质的房屋对特定建材的消耗量会有差别,从而影响到该物种当地种群的数量和繁殖。比如,日本绳文人群常用栗树木料建造房屋。

(5)储藏坑。储藏行为在史前非常普遍,狩猎采集者、资源生产者、成熟的农人都会为不同目的而储藏,储藏的对象也多种多样,包括食物、工具、原材料等。专门储藏植物或经过处理的动物可能有几方面的含义:① 说明人类刻意地增强获取这种物品的可靠性;② 说明人类具备了该物种生命周期的专门知识,了解何时可收获,何时不适宜收获,收获后也能预期和掌握该物种的生理变化,采取恰当的处理手段来延长其保质期;③ 虽然并不是所有的储藏行为都干预到物种的生命周期,但是储藏某些物种会产生具有生态学意义的后果。比如储藏禾本科种子会使其休眠性减弱,从而产生再次播种后更加易于萌发的个体,这种情况就使储藏有生态位构建的意义了。

(6)沟、井。沟和井都是人工开挖的居住配套设施。沟有多种作用,包括排水、蓄水、废弃、防御等,这些围绕沟所发生的日常活动使之成为一个具有"垃圾堆"意义的生境,为某些物种与人类建立密切关系创造了机会。井的主要功能是保证淡水资源的可获性,井周围的环境与以沟为中心形成的"垃圾堆"异曲同工。井在长江下游史前并不罕见,良渚文化遗址曾多次出土水井,春秋时期也有多处出土[11][12],这一技术在本区很可能早至全新世早期就已出现。

(7)墓葬。持续的埋葬活动也会创造反复受人为干扰和改造的环境。在近东观察到的现象是,新石器早期农人将逝者葬在村落内,而自距今 7000 年以来,墓葬区才与居住区分离开来[6]。

　　基于上述理论模型与实际案例,本章将从以下几个角度分析研究区域内的聚落形态:(1)在区域的层次上,统计遗址所在地形区、面积,了解聚落分布的模式或规律,把握社群处于哪一种发展层级;(2)在单个遗址的层次上,注重辨别和比较遗址内不同功能区域及其分布,判断社群是否出现了结构分层的迹象,同时估测以居址为核心的人类活动范围,估测的准确程度则取决于发表资料所提供信息的详细程度、准确性和有用性;(3)在遗址内部,了解单个遗迹的详细形态特征,包括房屋、居住面处理、灰坑、储藏坑、墓葬、水田、井、沟以及某些用火的迹象等,然后将遗址内的现象延伸到遗址以外资源采办、规划、管理和相应生态过程的相关背景中去,它们明确地反映了人类在安置自身的过程中对原有生境的改造行为,有些直接与其他物种的繁衍生息发生关系。

　　本书的聚落分析期望达到三个目的:(1)了解聚落大概的人口规模和社群结构;(2)从资源开发和生产的角度探究人类在居住选址和营建时的各种考虑;(3)考证有关聚落安置的各种活动在何种程度上影响了原先未被扰动的自然环境,它们体现了自然环境人工化的强化程度和技术水准。总之,通过聚落形态,我们可以看出距今10000—6000年间长江下游的社群如何凭借已有的技术努力维持在某地的长期生活,有的甚至绵延千年以上。如果这些社会的人类活动符合"资源生产"和"生态位构建者"的标准,那么无论是遗址内部的安排,还是遗址的分布模式,都能在生态系统和社会结构的双重意义上显现出其特有的印迹。

第二节　上　山　文　化

　　上山文化包括18处遗址,本书以有发掘简报发表的上山和小黄山为例进行分析。

　　遗址地形　上山遗址位于浦阳江上游,浦阳江是钱塘江的一级支流,它自西南向东北流经龙门山与会稽山之间所夹的谷地。遗址位于龙门山东南缘的小盆地中,盆地面积30多平方公里,浦阳江干流从遗址南侧约2公里处流过,并有一条支流——蜈蚣溪在东侧100米处自北向南汇入。

遗址周围地势平坦,海拔约 50 米左右[13]。小黄山遗址位于四明山、会稽山、大盘山三山的交界地带,是汇入杭州湾的曹娥江上游的河谷平原[14](图 5.6)。遗址的周边地形特征都表明,当时人类刻意选择了位置高爽、就近水源的栖居地点。海拔分布图又清楚地显示,从每个地点出发到邻近更高海拔区的直线距离一般为 10 多公里,上山遗址甚至还不足 10 公里。人类很可能从不同海拔区获得不同种类的动植物资源,上山文化的环境在这方面体现出较明显的过渡性,也表明先民在资源开拓的种类和方式选择上有较大的灵活性和多样性。

遗址面积 上山遗址分布在南北相邻的两个小丘上,遗址总面积达 25000 平方米,发掘面积总共 1800 平方米。小黄山遗址原有面积 10 万多平方米,含上山、良渚、春秋等多个时期的堆积,遗址因砖瓦厂取土而受到部分破坏,实际发掘面积近 1000 平方米。

遗迹 上山遗址揭露了两座房屋遗迹,根据地层判断有早晚之分。出自最下层的早期房屋遗迹 F2 是一个沟状的结构,有一个地基,被一条浅沟从东、北、西三面呈 U 形环绕。沟保存较好的西面部分长 8.5 米,宽 1 米,深 10—26 厘米,沟内填土土色不一。这种房屋结构在该地区很少见[15]。稍晚的房屋 F1 是一个长 14 米、宽 6 米的长方形结构,由三排平行的柱洞组成,方向为西北—东南走向。南列共 10 个,间距 1.6 米;中列有 11 个,与南列相距 3 米;北列也有 11 个柱洞,与中列相距 3 米(图5.7)。柱洞均直壁圜底,洞径 27—50 厘米、深 70—90 厘米,部分柱洞底嵌有小石块[16]。

小黄山遗址的房屋位于一处面积达 1500 平方米的方形台地上,台地正中有南北向长屋一座(F6),由两排柱坑构成,长 33 米,宽 5.5 米,两排柱坑之间夹一列储藏坑。柱坑的结构是先挖出一条长方形坑槽,然后再在坑槽的一端或两端深挖出柱洞,再立柱填土,柱洞直径 0.35 米左右,深约 0.8 米。另一座房屋 F4 位于台地一侧,为坐北朝南的东西向长屋,由三排柱洞构成,排距 1.7—2 米。北排柱洞在浅沟内,东西残长 29.6 米,柱间相距 1.2 米左右(图 5.8)。从两座房屋一正一侧、一高一低的位置关系来看,F4 可能是供日常起居的普通住房,F6 则可能有着某种特殊功能[17]。

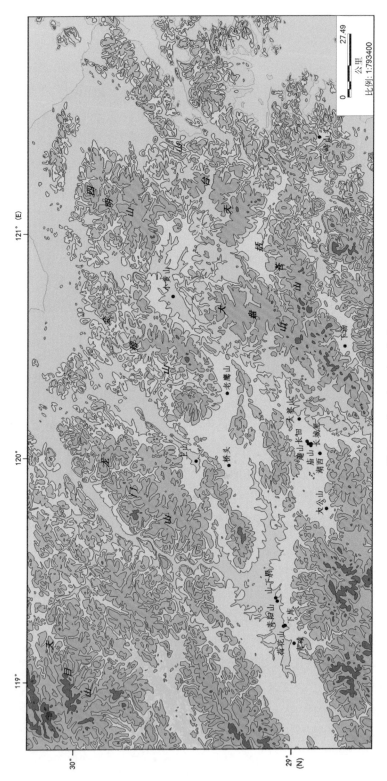

图 5.6 上山文化遗址分布图

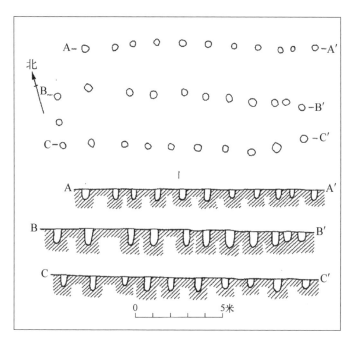

图 5.7　上山遗址房屋遗迹 F1 柱洞分布平剖面图[16]

图 5.8　小黄山遗址房屋遗迹 F6 发掘现场[17]

　　鉴于柱洞的排列方式,这两处遗址的发掘者都将房屋形态与河姆渡遗址的干栏式建筑相对应,这种观点暗示居住面不在地表,而是在被腾空架起的屋面。但笔者有不同考虑,河姆渡所在的沿海低地常受水患,地表不适于长期居住,古人不得不将屋面抬高,而上山文化遗址都在高爽的台地上,没有类似的问题。因此笔者认为上山文化的居住面也有可能就在地表,当然,干栏式房屋的可能性也并不能排除。一个尤其重要的考虑是干栏式建筑可能比直接建于地面的房屋消耗更多木料,这是否会对遗址周围的木本植被产生影响? 希望未来更详细的发掘报告和进一步的田野工作能对此加强关注和报道。然而,无论上山房屋为何种结构,它们的平面形状已经非常规整,且多为长方形,表明很可能是由数个基于血缘关系的核心家庭居住,不见更大型、结构较复杂的房屋,表明社会分层还未出现,社群组织方式比较简单。

　　上山文化另一有特色的遗迹是灰坑。发掘者将上山遗址的灰坑依功能区分为三类,一类是储藏坑,形状比较规则,壁斜直,平底,一般深约 70 厘米,包含物为陶片、石器、骨屑、炭屑。第二类比较特别,形状不一,深度不过 30 厘米,一般放置一件或多件完整陶器,这种安置方式被推测可能与意识形态、宗教行为有关。另一些是一般灰坑,其形状、分布与包含物无规律可循,集中出土古人的废弃物,如陶片、石器等[16]。小黄山遗址的灰坑尺寸略大,多为圆形深土坑,坑壁陡直,坑底平整,直径约 1 米,深 1米,部分圆坑上部还特别构筑斜坡坑道供人上下进出,少数坑底铺垫块石或石磨盘,坑内少见堆积物。对其功能的一种推测是大型储藏设施,另外也可能是诱捕野兽的陷阱[17]。

　　小黄山还出土了大型围沟,呈回字形环绕在房屋坐落的台地四周,南、东、北三侧沟原宽约 12 米,深约 2 米,西侧沟原宽约 14 米,深 2.7 米。其整体结构似对居住区域起到围护作用,无论是规模还是形状都与半坡村落的环壕有相似之处。而小黄山的年代又比半坡早了近 2000 年,社会组织方式也并不复杂,很难将大沟与防御功能联系起来,那么这种需要耗费较多劳力开挖的构造就十分耐人寻味了,一种可能的路径是从生态改造上寻找原因。如果对这条沟中的沉积物详加分析,很可能会发现有价值的线索。

第三节　跨 湖 桥 文 化

跨湖桥文化分布范围非常小,目前仅在钱塘江和浦阳江交汇处发现跨湖桥和下孙两个遗址,两地距离约 2 公里。

遗址地形　跨湖桥和下孙的环境是典型的海陆生态过渡地带。现今它们位于古湘湖葫芦形的最狭处,是一段两岸夹山的河谷低地,呈东北—西南走向。整个河谷包括两侧山丘,占地面积仅为 22 平方公里,在如此有限的范围内,地形却变化多样。两边山丘最高海拔达 100 米以上,遗址生土面在今海平面以下,约为 -1.2— -0.9 米。从遗址到两边山坡的最近距离都仅为 0.5 公里左右,从较大的地域范围来看,向南到龙门山和会稽山余脉的直线距离仅为 10 余公里,即使向西越过钱塘江进入天目山余脉地区的直线距离也只有 13—18 公里。此外,8000 年前此地为开放的港湾环境,距离海岸比今天近得多,处于海水与淡水交汇的水域。总体来看,跨湖桥地区的环境无论是海拔高程的起伏变化还是水陆接交方面都表现出鲜明的过渡性和多样性,人类在生计方式和环境开拓的选择上范围更大(图 5.9)。因此,与上山文化相比,跨湖桥先民选择过渡性生境作为居住地点的刻意性体现得更加明显。

遗址面积　跨湖桥遗址的完整面积估计超过 30000 平方米,1990 年和 2001—2002 年的两次发掘总面积为 1080 平方米。下孙遗址的分布范围根据钻探所见炭屑与陶片,推测为 5000 平方米,实际发掘面积 550 平方米。

遗迹　跨湖桥遗址聚落的核心区域几乎破坏殆尽,未能揭露出完整的房屋遗迹,仅见几处房屋的残余部分[18]。根据地层可知,遗址按年代先后不同出土了三处房屋残迹。最早的 F4 可能建于距今 8200—7800 年,仅存南部一角,呈直角。墙体残高 30—40 厘米,宽约 35 厘米,土色灰白,质地纯净紧密。墙体中每隔约 30 厘米埋设经过加工的木桩,横截面呈规则的半圆形、三角形或长方形,有明显的砍削痕迹,这是典型的木骨泥墙技术。F2 建于距今 7700—7300 年,遗迹表现为成排的木桩和桩坑,推测其平面为长方形。F1 最晚,年代可能接近距今 7200 年,仅余北端一

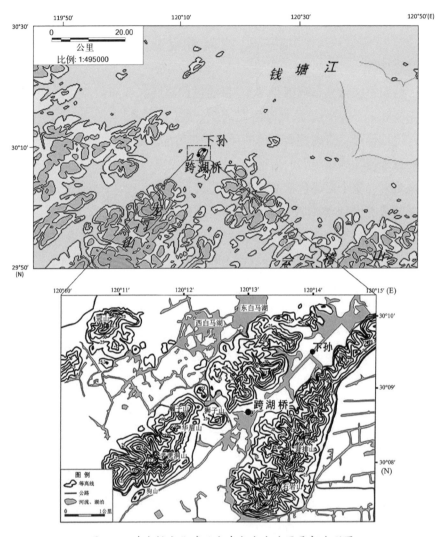

图 5.9　跨湖桥文化遗址分布与湘湖地区局部地形图

残角,以长木板为边界(或是部分墙体)。此外,还出土三座不是房屋的建筑。建筑 A 平面近正方形,长 5.7 米,宽 4.7 米,以黄土、黑灰土和红土层层铺垫而成,含坑、洞等遗迹,另有若干鹅卵石块(图 5.10)。建筑 B 为长宽均 10 米、高 1.6 米的黄土台。此外,有一条宽 0.7—2 米的石子铺路伸向建筑 B[19]。建筑 C 是南北向铺筑的长方形硬土堆积面,分布范围达两个探方,包含 8 个柱坑。各建筑的地面都有烧土面,F2 和建筑 A 都出编织物残片。下孙遗址未出土明确的房屋遗迹,但其一种特别的"坑中套柱"结构可能与某类建筑有关联。该结构柱坑一般呈圆桶状,木柱底面平,立于坑底,其余空间以石块、陶片和泥土填实。

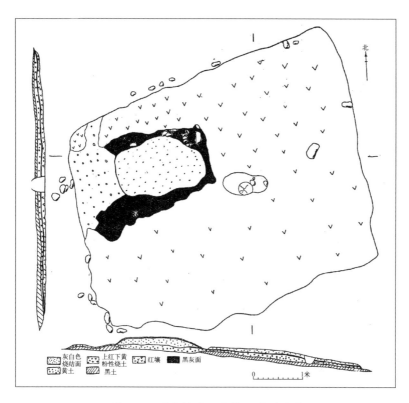

图 5.10　跨湖桥遗址建筑 A 平剖面图

　　跨湖桥建筑遗迹的木桩加工、立柱方式、居住面处理、墙体结构、对不同材质合理的综合应用等多处细节体现出较为成熟的居址规划和营建水平。可以想象,为了达成这种规划设计要求,先民从房屋筹备到建成整个过程在许多方面利用和改造了环境,其实质就是将原先的自然生境改造成为人工主导的生境。

　　跨湖桥遗址出土灰坑 21 个,都位于 1990 年发掘的遗址核心区域。其中有 6 个内含大量橡子,成分比较纯净,显然是食物储藏坑,另有一个虽不见橡子,但坑内木板设施与储藏坑一样,也应是用作储藏的(图

5.11）。这些坑的结构都经过精心制备,以 H17 为例,平面呈正方形,坑口架设"井"字形木构,坑壁垫有木板。有的坑在木框下还以大木板和木条支撑加固,有的坑底还填有一层沙,可以防潮。跨湖桥先民储藏橡子时毫不草率的精心处理表明,橡子是跨湖桥先民的重要食物,为了加强利用橡子的可靠性,先民已经摸索出一套与橡实被采收后生理变化相适应的储藏策略来延长其保质期,这应当是长期观察利用该物种并屡次试错后经验积累的结果。下孙遗址也发现了数量较多、分布密集的灰坑,不见类似跨湖桥的橡子储藏坑,但储藏其他物资,如大批牡蛎壳,很可能是作为某种原料储备。

图 5.11　跨湖桥遗址橡子储藏坑平剖面图

　　跨湖桥遗址发现灰沟一条,宽 2.5 米,深 0.4 米,两侧为黄土堆积,有排桩分布,包含物为木构件、木器、树皮、碎木片和植物果壳。由包含物推测,这条沟并无显著的生态意义,似仅为废弃场所。

　　由于跨湖桥地区古文化地层破坏严重,考古发掘仅记录下一座小孩墓葬,可提取的信息极其有限。

第四节　河姆渡文化

　　目前发现有河姆渡文化遗存的地点已达 30 余处(图 5.12),但碳 14 测年和出土器物表明属于距今 7000—6000 年,即河姆渡文化一、二期的遗址不足 10 处(图 5.13)。

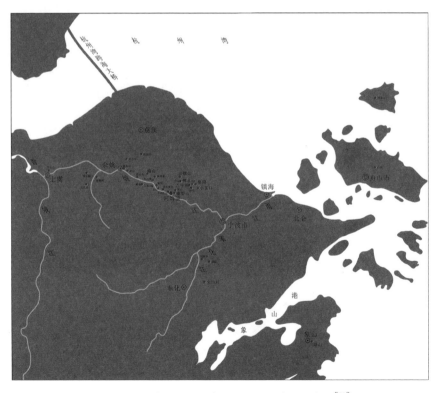

图 5.12　目前发现的所有河姆渡文化遗址分布图[20]

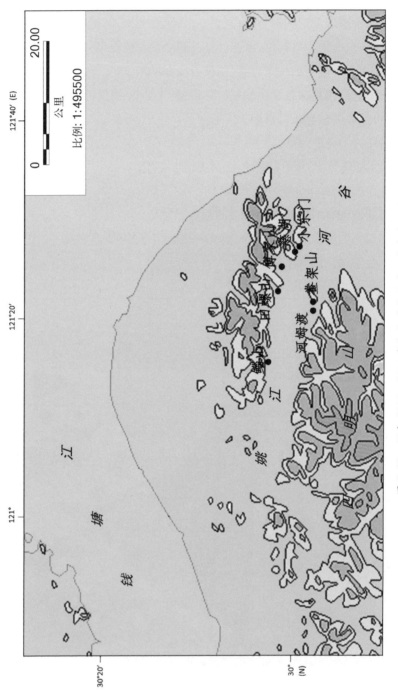

图 5.13　距今 7000—6000 年河姆渡文化遗址分布地形图

遗址地形　河姆渡文化主要遗址分布在姚江谷地中,奉化江流域和东部沿海列岛有少数晚期聚落存在,而距今 7000—6000 年的聚落仅见于河谷区,这表明该文化的发展迁徙是从姚江河谷向外扩散的。本书集中研究的 5 处遗址都位于依靠两侧山脉的山前盆地,北侧山脉为翠屏山,最高峰 446 米,南侧为四明山北麓,山脉整体平均高度在 600 米左右。姚江河谷面积约 350 平方公里,宽约 7.5—10 公里,水路向东可以通往东海。遗址生土面海拔高程普遍低于现代海平面,田螺山、河姆渡、鲻山均在 -1 米左右,傅家山在 -0.1—-0.5 米,仅鲞架山一处在 1 米以上(附录 1)。由此可见,河姆渡文化早期的环境地形很像是跨湖桥的多倍放大,因此它也是典型的介于低地与丘陵、淡水与海水之间、拥有丰富地形地貌变化的过渡性生境(图 5.14)。不同之处在于,地形尺度的增大为人类改造环境和开拓资源提供了更加广阔的空间。

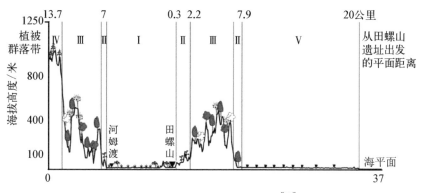

图 5.14　姚江河谷地形剖面图[21]

从今天的地图上看,河姆渡聚落地形还有一个共同特点是,沿遗址周边溪流入山,上游多建水库为低地稻田灌溉之用(图 5.15),这是水田稻作的典型模式之一[22](图 5.16)。这启示我们,有水源的多山或丘陵地区低处具备天然优势成为孕育稻作的温床。山间水流下注,携带着高处的侵蚀物质,在下游淤积成小型冲积平原,多雨季节地表径流量增多或流速加快时还会泛滥成漫滩沼泽。这恰好赋予山前盆地优越的供水和土壤肥力,使之形成一个个独立的小流域,满足水稻生长所需的基本条件。这样,处于姚江谷地的河姆渡先民就可能在地形改造上花费尽量少的劳力

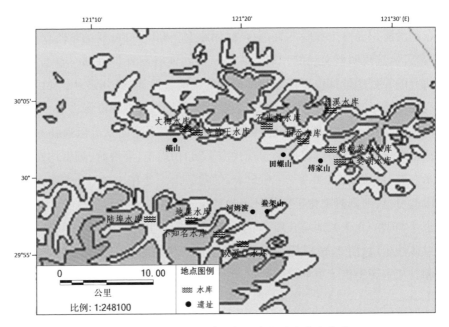

图 5.15 河姆渡文化遗址与现代上游水库分布图

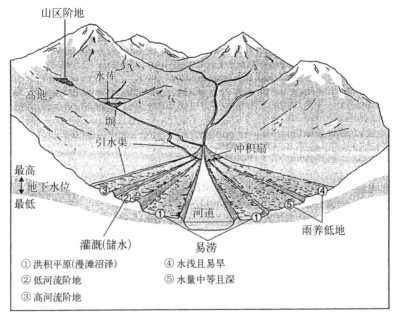

图 5.16 依山冲积平原上现代水稻田环境与地形示意图[22]

和物质投入,营造出可长期持续利用的稻作生产环境。除此以外,长江下游气候特有的降雨模式又为水稻在河谷中的生长发育起到推波助澜的作用。水稻在整个生长过程需要两次大量的集中灌溉,一次是在6、7月间植株长高分蘖时期,另一次是在8月末至9月的孕穗和盛花期(图5.17)。长江下游的周期性集中降水恰恰发生在每年的这两个时间段,6、7月间有连续梅雨,8、9月间有秋季阴雨(参见图4.1),这一得天独厚的因素进一步降低了水稻栽培的人工劳力投入,同时成为稳定产量的保证。

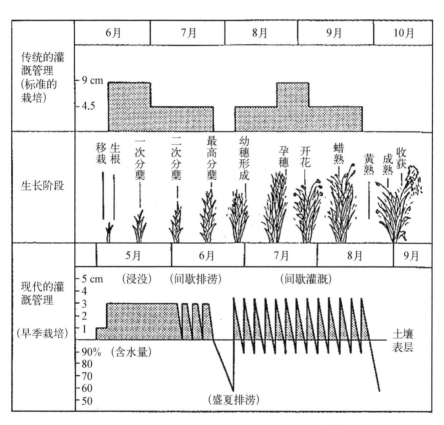

图 5.17　水稻生长各阶段所需的供水示意图[22]

遗址面积　除鲻山遗址以外,其他4处都有比较可靠的遗址面积数据。河姆渡为50000平方米,田螺山为30000平方米,鲞架山为14000平方米,傅家山约20000平方米,它们面积均在10000—50000

平方米的范围内,这个尺度是长江下游全新世早中期农业村落最多见的。

  遗迹 笔者对河姆渡文化早期5处地点的8类遗迹作了出土概率统计,它们是房址、用火痕迹(包括红烧土、灰烬)、水稻田、墓葬、沟、井、储藏坑、一般灰坑(图5.18,附录1),这些迹象都是人类除去地表原有植被后重新构建的结果,是体现自然生境人工化的要素。统计结果显示,房址、用火痕迹、墓葬、灰坑4种遗迹频度都达到80%,而水稻田、井和储藏坑频度都仅为20%和40%,沟更是罕见,不见报道(图5.19)。数据表明,涉及前4类遗迹形成的技术为河姆渡社群所普遍掌握,当然它们是维持基本生存必不可少的活动。相比之下,稻田耕作、掘井蓄水、动植物资源储藏似乎仅为少数人群掌握,这些活动相对前4种遗迹所反映的活动而言,体现了行为者更强的干预环境的自主意识,还要求他们具备更多有关周边自然生态的知识和改变环境的能力,尤其是长期维持这些活动还需要具备复杂而全面的方案来应对各种特殊情况或突发事件。

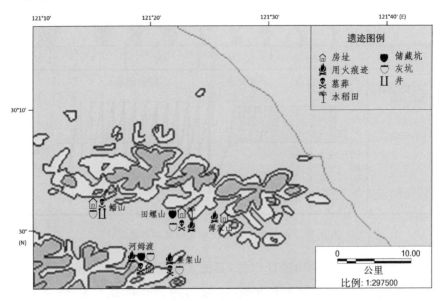

图 5.18 河姆渡文化各遗址遗迹分布示意图

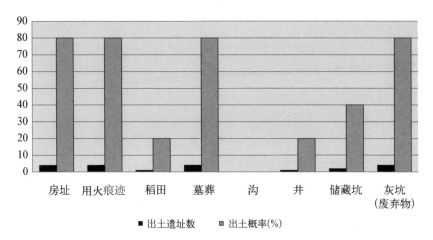

图 5.19　河姆渡文化各类遗迹出土概率柱状图

　　河姆渡和田螺山展现了河姆渡文化早期村落内部及周边外围的完整图景,我们得以在了解各类遗迹现象详细背景的前提下对它们与人类活动的关系以及生态方面的影响和意义略作评估。河姆渡遗址一期文化村落由至少六组干栏式建筑组成,房屋以紧密排列的成排桩木为基础,上铺木板形成居住面,高出地面 0.8—1 米,面阔 23 米以上,进深 7 米,带有前廊,廊宽 1.3 米。屋面可能铺以席箔,用茅茨覆盖,屋内地板也可能铺席。从木构建的排列规律推测,房屋长径大多为南北走向,偏西北—东南向,所以它们的总体朝向比较一致。在建筑区内还散见数个木桩围起的小型栅栏圈,功用尚不明确。建筑区北端有三排直径较小、排列紧密的小桩木,据其紧邻沼泽推测,可能作护岸用,也可能用来标志分隔村落内外的空间[23]。灰坑分布总体比较均匀,其中储藏坑数量不少,但处理手法不及跨湖桥的精心繁复,表明整个社群似乎还没有专设集中储藏的场所和规范约定。第二期遗迹墓葬多位于建筑区的东部和北部,但仍在村落内,葬俗似乎没有把逝者墓地与生者的生活区明确分割开的迹象。

　　田螺山遗址的地形自东向西略有倾斜,东面是以干栏式建筑为主的村庄,西面是一片小型水域,东西两部间有明确的木构寨墙将村庄内外分隔开,自寨墙处出村有独木桥跨过水面伸向外界(图 5.20)。橡子储藏坑集中分布在离独木桥不远的水域岸边。房屋具体形态和朝向尚不明确,

但从柱坑来看建屋技术已相当成熟,一部分大柱底部垫有多层木板以减
小压强,柱子不会在潮软的基质中下陷,最多的垫有六层木板,这与河姆
渡遗址二期所见柱坑技术一致[24]。耐人寻味的是,这种垫板柱基不仅见
于村庄内部,村庄外部也有出土,功能尚不明确。因此,田螺山遗址村庄
结构的复杂性还有待后续发掘和研究进一步揭示。从这两处村庄的大体
情况可以发现,河姆渡文化的房屋等基本设施几乎都以木头和草茎为建
材,很少用土搭建,因此需要消耗大量木材,而木料很可能就近采自翠屏
山和四明山。这种性质的伐木活动会对生态系统施加何种影响,值得进
一步收集量化数据,予以详细探讨。钻探调查还表明田螺山遗址村落外围
有一定面积的古水稻田,一般沿湿地或湖相沉积分布。目前已揭示的水田
位于村庄西侧,离独木桥方向的水域比较近[25](图5.21,详见第七章)。

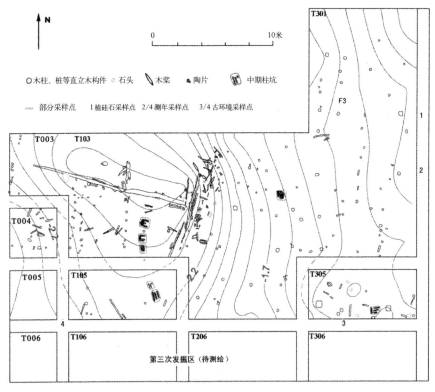

图 5.20　田螺山遗址第⑥层下探方及遗迹分布图[26]

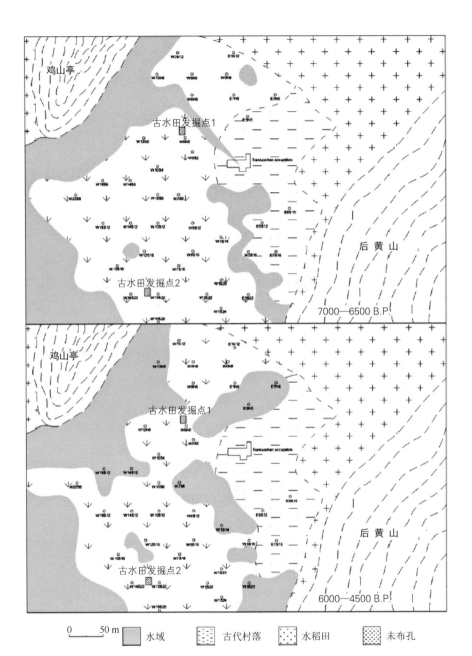

图 5.21 田螺山遗址水田钻探与古水田分布示意图[25]

第五节　马家浜文化

迄今为止,长江下游发现含马家浜文化堆积的遗址不下 60 处,本书选取有比较详细的简报或报告可供提取信息的 35 处进行集中的统计分析(图5.22)。

遗址地形　由于分布范围比其他三个文化广泛得多,马家浜文化遗址所处的环境地形类型多样,大致可分为三大类:台地、平原、坡地(图5.23)。这三种地形的遗址在空间上的分布规律是:台地型多见于北纬31°以北的环太湖地区,总体上呈新月形;平原型多见于太湖东南;坡地型集中在太湖以南和钱塘江以北之间的天目山余脉地区,以今余杭境内最为密集。骆驼墩遗址可以为台地型的代表,遗址北区已辟为现代水田,地表之下即为古文化堆积,其西部、西北部、北部及东北部有河道呈半环绕状流过,东南部为平地,南区属丘陵岗地,是一高出地面约 15 米的土岗[27]。罗家角遗址可为平原型的代表,文化堆积被叠压在现代水田下,而现代水田在改造前的原地面又较现在高,因此可知遗址地势低洼[28]。大多数平原型遗址都位于水网密布的地带,浅水与陆地环境交替出现,构成丰富多样的资源斑块。吴家埠遗址可作为坡地型的代表,文化堆积位于吴家埠山的西南坡,现南面草塘似为苕溪故道,可知先民居处靠近水源[29]。坡地型遗址在余杭境内的集中分布应当不是一种巧合,此处恰为天目山余脉,又南临钱塘江入海口,距今 7000—6000 年之际正是地形由较高海拔向平地缓缓下降一直延伸入海的港湾环境,生态过渡性极其显著。以此标准再来观察不属此区的另一处坡地型遗址东山村,它背靠香山,北临长江,各环境要素与余杭多有相似之处。因此,总体而言,这三种遗址类型都具有生态过渡带的特点,我们可以认为,马家浜先民在每个大区域内有意选择了相对易于开拓资源的栖居环境和居住方式,这种多样性是该文化在遗址地形选择上所开创的最突出的特点。

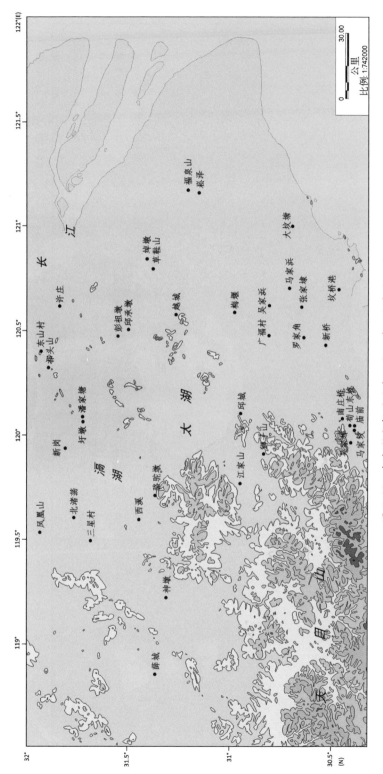

图 5.22 本书所分析的马家浜文化遗址分布地形图

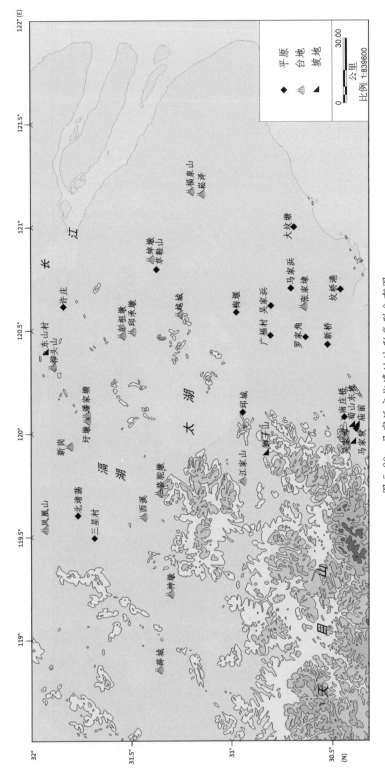

图 5.23　马家浜文化遗址地形类型分布图

遗址面积　在本书研究的 35 个马家浜文化遗址中，4 个遗址缺少面积数据，列为面积不明（图 5.24）。其余 31 个遗址的面积数据依大小分为 5 档，分别是 1 万平方米以下、1—5 万平方米、5—10 万平方米、10—25 万平方米、25 万平方米以上。利用柱状图分析发现，在 31 个遗址中 1—5 万平方米（35.48%）和 5—10 万平方米（25.81%）的遗址占大多数（图 5.25）。对每个档次的数组统计最大值、最小值和中值，各档的中值都偏小，尤以 5—10 万平方米这一组最显著。

在统计学中，对样本常用的集中量数是平均值或中值。当样本容量不太大时，平均值的稳定性不如中值，较易受到极端数据的影响，而中值受极端数据影响很小[30]。上述初步分类显示，遗址面积往往有个别偏大值，单单计算平均值不能如实反映数组的分布形态。相比之下，中值基本不受数组中个别大数值的影响，从而能够反映出比较切合实际的数据分布。在这个启示下，笔者用箱线图来考察 31 个遗址面积数据的分布。箱线图以两个四分位数（30000，150000）为界做一个箱体，箱体的高度就是四分位差（120000），50% 的数据落在箱体的区间中，箱体中的水平线段标示出中值的位置（60000）。作为一种约定俗成的规则，以箱体上下边缘分别距箱体高度 1.5 倍距离的值为两个标准值，箱体边缘至这两个值之间的区间称作临近区域，值超过这两个标准值的实体被认为是明显偏离样本中心的特殊歧离实体[30]。从图 5.26 中可知，大多数遗址面积数据集中在 100000 平方米以下，属于偏小的范围。草鞋山、绰墩和骆驼墩三处的面积值明显落在临近区域以外，属个别偏大的极端值。进一步通过统计学方法检验，遗址面积数据不符合正态分布规律，表现出较强的不对称性（偏小），有关讨论参见附录 3。

尽管上述初步分类和统计提供了理想的结果，但仍需要考虑到有许多因素可能对报道出的遗址面积产生影响，使之带有偏差。这些因素可能包括遗址地形，实际发掘面积，遗址勘查性质是调查、试掘还是正式发掘，遗址堆积本身的文化性质（包含一个时代还是多个时代的堆积）等。笔者就遗址地形这一因素对面积数据的发表可能产生的影响稍作深入探讨。基于以上三种遗址地形的分类，对每一类地形中遗址面积数据的分布进行统计，总

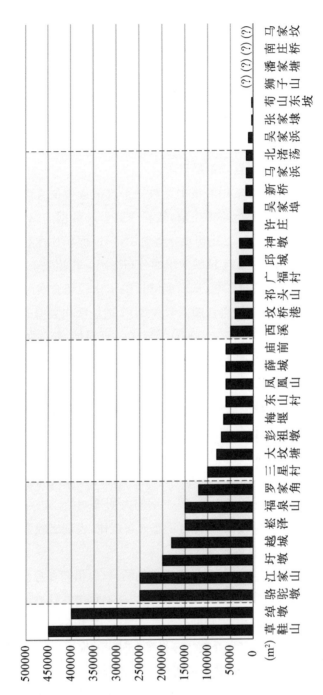

图 5.24 马家浜文化遗址面积柱状图

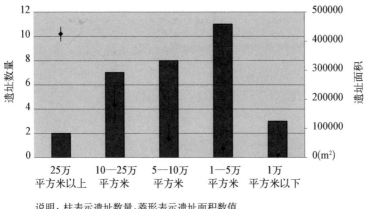

说明：柱表示遗址数量，菱形表示遗址面积数值。

图 5.25　马家浜文化遗址面积分段数据分布

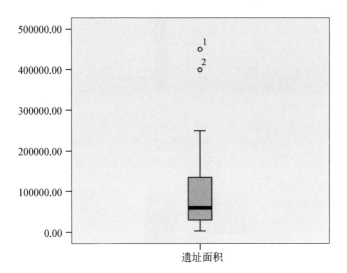

图 5.26　马家浜文化遗址面积数据箱线图

共分析 35 个遗址。统计结果发现，在绝对数量上，平原型拥有最多的 1—5 万平方米的遗址，台地型拥有最多的 10—25 万平方米的遗址，坡地型没有 10 万平方米以上的遗址，其他几档的面积中，各类地形遗址数分布比较均匀（图 5.27）。就百分比来看，也能得到同样的印象（图 5.28），略有不同的是坡地型中 5—10 万平方米的比例比较突出（40%），但这并不是由于其绝对数量多，而是由于这档遗址数量与其他地形中相对应的遗址数量相距并不悬殊,同时坡地型遗址总数又很小。引人注目的是台地型多见大遗址,这类遗址堆积厚,历时长,常常包含从新石器一直到西周青铜时代的遗迹和遗存,有的甚至晚至历史时代,而考古报告或简报所给出的面积数字按照惯例指的是该遗址所有古代文化遗存的分布范围,因此马家浜时期的堆积面积很可能被高估了。此外,有时遗址面积直接以台地面积为代表,也会造成一定偏差。所以笔者认为,台地型中10—25万平方米这一档的马家浜文化遗址数量应略少一些,很可能其面积在1—10万平方米之间,也就是说,总体上两档面积较小的遗址(1—5万和5—10万平方米)比例可能更高,估计在60%以上。

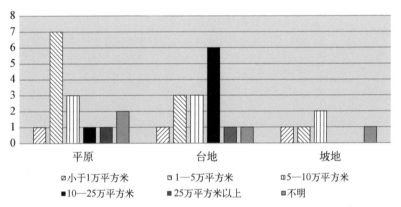

图 5.27 马家浜文化各地形类型遗址的面积分段绝对数量分布

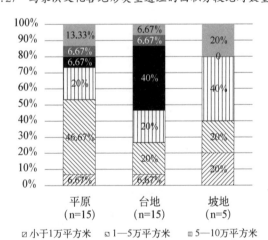

图 5.28 马家浜文化各地形类型遗址的面积分段百分比

以上统计分析可以充分说明马家浜文化人群主要以小型村落的方式集结定居,村落的面积一般在 1—10 万平方米的范围内。这与人类学对早期资源生产聚落规模的理论期望是相符的,和世界其他地区考古学与民族学记录的早期农业村落规模也是类似的(参见图 5.3)。

对遗址面积的空间分布进行分析显示(图 5.29),在聚落分布比较稀疏的区域,往往出现的是 10—25 万平方米的大遗址或 25 万平方米以上的超大型遗址,遗址间距离比较大。比如,绰墩—草鞋山和崧泽—福泉山面积都在 10 万平方米以上,尤其前者是马家浜少见的超大型聚落,两组遗址距离达 40 公里左右。相反,在遗址分布比较密集的区域,多见 10 万平方米以下的小遗址,相邻遗址之间距离短而均匀。比如,太湖东南隅的遗址群包括梅堰、广福村、吴家浜、马家浜、罗家角、张家埭、新桥、坟桥港,其中仅罗家角面积为 12 万平方米,其他均小于 10 万平方米,相邻遗址之间距离为 10—20 公里左右。假设面积大的遗址居住人口较多,需要利用资源的空间范围较大的话,那么基本可以认为马家浜时期人均的空间资源利用是总体均衡的。如果大型遗址和小型遗址在空间上均匀分布的话,很可能暗示着大型遗址一方面拥有较多的人力资源,另一方面需要从有限的空间内获得更多的物质产品,那样的话整个社会结构、遗址与遗址之间的关系就会比均衡模式复杂得多。该地区距今 5000—4000 年间兴盛的良渚文化就代表了这种复杂社会,属于典型的酋邦。马家浜文化遗址面积的空间分布模式与良渚文化有很大的差异,这表明两者的社会结构也一定迥然相异。

遗迹　本书对马家浜文化中正式发掘过并有报告发表的 25 个遗址统计分析其 8 种遗迹的出土概率,包括房址、红烧土、灰坑、井、沟、墓葬、水稻田和蚌壳铺面(图 5.30,附录 2)。统计结果表明,房址、红烧土、墓葬、灰坑非常普遍,出土概率都接近和高于 70%,表明居住、用火、垃圾废弃、埋葬这些生存最基本的行为是共有的,为不同社群所普遍掌握。而沟和蚌壳铺地都在 20% 左右,稻田和井都仅为 8%,显然为少数几处遗址所特有(图 5.31)。这几项数据中需要校正的是,水稻田实际存在的概率可能要比已揭示的出土概率高,因为除绰墩和草鞋山以外,其他还有多个遗

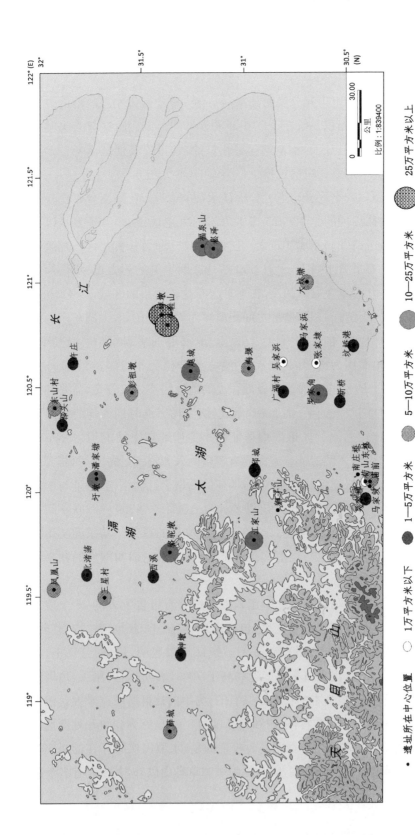

图 5.29 马家浜文化不同面积遗址的空间分布示意图

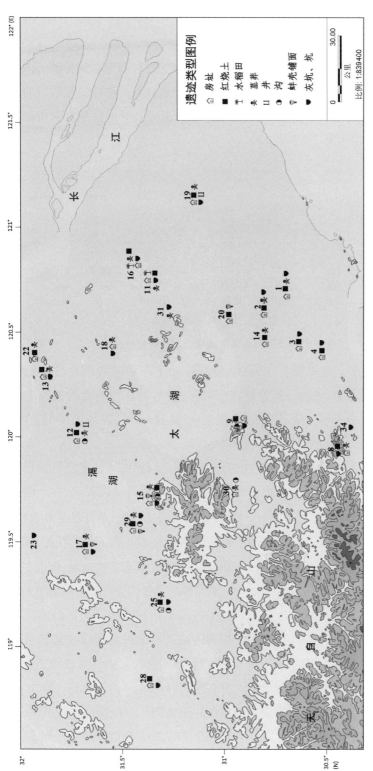

图 5.30 马家浜文化遗址遗迹类型分布地图

(1) 马家浜 (2) 吴家浜 (3) 罗家角 (4) 新桥 (8) 吴家埠 (9) 邱城 (11) 邱城 (12) 圩墩 (13) 祁头山 (14) 广福村 (15) 骆驼墩 (16) 绰墩 (17) 三星村 (18) 彭祖墩 (19) 崧泽 (20) 梅堰 (22) 东山村 (23) 凤凰山 (25) 神墩 (28) 薛城 (29) 西溪 (30) 江家山 (31) 越城 (34) 庙前

址出土水稻植硅石或炭化稻米，被鉴定为驯化类型，当为本地种植。但也不排除那些遗址的稻米有可能通过某种途径来自拥有和种植水稻田的聚落，毕竟，同一地域内不同聚落分工专事生产某个物种然后互惠交换的例子在史前并不少见。

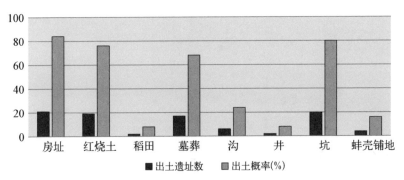

图 5.31　马家浜文化各类遗迹出土概率柱状图

从遗迹出土概率来看，马家浜人群各项生存活动的模式与河姆渡人群有类似之处。然而，其差异在于，同一种活动在河姆渡的遗址之间表现形式较为一致，而马家浜各遗址间差异较大，表现出丰富的多样性。

房屋营建是最能体现多样性的一个方面。马家浜文化房屋平面以圆形或长方形为基本形状，马家浜遗址下层可为圆形房屋代表，它为一椭圆形凹坑，无明显坑边，最深处达 0.5 米，最大径 3.6 米，坑中部有木柱两根，坑的东、东南和南面各有木柱一根，极似半地穴式草棚。草鞋山、薛城、崧泽也出土过类似的圆形房屋遗迹。马家浜遗址上层和邱城遗址的长方形房屋遗迹可为此类代表，马家浜一例共有柱洞 13 个，分东西两行，每行 5 个，南面一排 3 个，东西间距 2.75—3 米，南北相距 7 米，门可能位于东南角[31]（图 5.32）。邱城下

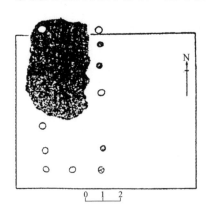

图 5.32　马家浜遗址上、下文化层
房屋遗迹平面图[31]

层发现的房屋平面也是两行柱洞构成的规整长方形。吴家浜、祁头山、东山村、彭祖墩等都出土过长方形屋址。笔者注意到,马家浜遗址的房屋形状早期为圆形,晚期为长方形,与近东阿布-胡赖拉的情形相似。

　　有些房屋内部还出现空间的明确分割,如骆驼墩的 F1 平面为不甚规则的长圆形,面积约 40 平方米,其内部北侧有一条长约 2.7 米、宽约 0.2 米、深 0.25 米的基槽,把整个房址北半部分隔成东、西两间,未被分隔的南半部中心有一灶坑[32](图 5.33)。又如,神墩遗址的 F1 被复原为南北两开间的长方形分间地面房屋,南北两室之间有门道相通,该房屋东南侧的小空间甚至可能为 F1 的附属设施。除此以外,神墩的早期柱洞分布密集而散乱,可能经历过多次移位、修整和重建[33]。

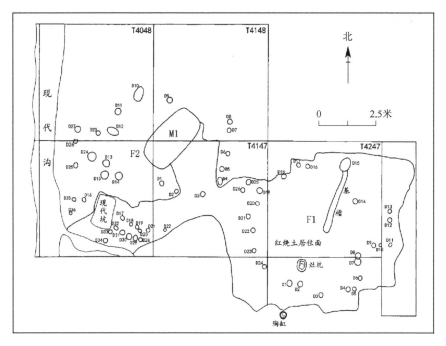

图 5.33　骆驼墩遗址房屋遗迹 F1 平面图[32]

　　尽管在居住面上铺红烧土在马家浜文化中相当普遍,但仍有一部分聚落对居住面有独特的处理方式。马家浜和邱城两处遗址都直接在更新世顶板的黄绿色硬土层上建造房屋。邱城遗址的硬土面有上下三层,上

层硬土面为人工铺就,是用小碎石、陶处、砂粒、蛤蜊壳、螺蛳壳和黏土羼和筑成,上面再铺一层泥沙,拍实后以火煅烧,在柱洞四周挖数条浅沟来排水[34]。西溪遗址是在生土面上先铺一层螺壳,再覆盖红烧土[35][36]。梅堰遗址的蛤蜊壳铺地面小为 18 平方米,大可至 390 平方米,上面还有灰和芦苇层[37]。

马家浜文化的墓地大多在村庄外,生活区与墓葬区不再合为一处,但两者仍然相邻。有些墓地是原先的居住区被废弃后成为墓地,如三星村[38]。神墩遗址的早、中、晚三期则经历了居住—墓葬—居住的反复变化[33]。

第六节　小　结

聚落分析从不同角度反映了长江下游距今 10000—6000 年间各史前文化因基本生存活动而对环境产生影响的模式和程度。

上山文化以建筑遗迹表明当时先民已经倾向于长期的定居生活,并投入劳力将自然生境改造成人工生境。但从人为改造的规模和精心程度来看,由于社群规模较小,结构简单,居址营建对环境的影响还比较有限,不是区域性的,而是仅限于以遗址为中心的 10 公里范围。

跨湖桥文化的人类活动范围略大于上山,伸展到方圆 10 公里以外,还涉及沿海湿地和近海海域,最重要的差异在于有人为干扰的地形类型丰富性远大于上山。植食储藏行为明确见于跨湖桥遗址。

河姆渡文化的人类活动范围更大,生境人工化的改造程度比跨湖桥强化得多。基本的栖居技术被广泛掌握,个别人群掌握了比较复杂的新技术,如水稻田、井。

马家浜文化分布范围广,对环境的人为影响显然更加多元、广泛和强化。大、中、小型聚落有序分布,地形类型比河姆渡更加多样,表明马家浜不同人群各自都有生境人工化的独特方案,已经能够在众多选项中因地制宜地安置自己。基本的栖居技术被普遍掌握,但其多样灵活的表现方式异于河姆渡,拥有新技术的人群数量多于河姆渡。

注释

[1] Willey, G. R. *Prehistoric Settlement Patterns in the Virú Valley, Perú* [M]. Washington: Smithsonian Institution, Bureau of American Ethnology, 1953.

[2] 杰里米·A·萨布罗夫,温迪·阿什莫尔(著).陈洪波(译).方辉(校).美国聚落考古学的历史与未来[J].中原文物,2005,(4): 54-62.

[3] 陈淳.考古学理论[M].上海: 复旦大学出版社,2004.

[4] Johnson, A. W. & Earle, T. *The Evolution of Human Societies: From Foraging Group to Agrarian State* (Second Edition) [M]. Stanford: Stanford University Press, 2000.

[5] Delcourt, P. A. & Delcourt, H. R. *Prehistoric Native Americans and Ecological Change: Human Ecosystems in Eastern North America since the Pleistocene* [M]. Cambridge: Cambridge University Press, 2004.

[6] Bar-Yosef, O. & Meadow, R. H. The origins of agriculture in the Near East [A]. In Price, T. D. & Gebauer, A. B. (Eds.) *Last Hunters First Farmers: New Perspectives on the Prehistoric Transition to Agriculture* [M]. New Mexico: School of American Research Press, 1995: 39-94.

[7] Hammett, J. E. Interregional patterns of land use and plant management in Native North America [A]. In Gremillion, K. J. (Ed.) *People, Plants and Landscapes: Studies in Paleoethnobotany* [M]. Tuscaloosa and London: The University of Alabama Press, 1997: 195-216.

[8] Nishida, M. The emergence of food production in Neolithic Japan [J]. *Journal of Anthropological Archaeology*, 1983, 2: 305-322.

[9] Moore, A. M. T., Hillman, G. C. & Legge, A. L. *Village on the Euphrates* [M]. Oxford: Oxford University Press, 2000.

[10] Kobayashi, T. *Jomon Reflections: Forager Life and Culture in the Prehistoric Japanese Archipelago* [M]. Oxford: Oxbow Books. 2004.

[11] 王涛.史前水井的考古学分析[J].文博,2001,(2): 28-34.

[12] 南京博物院等.江苏吴县澄湖古井群的发掘[A].见: 文物资料丛刊(9).北京: 文物出版社,1985: 1-22.

[13] 蒋乐平,盛丹平.上山遗址与上山文化——兼谈浙江新石器时代考古研究[A].见: 莫多闻,曹锦炎,郑文红,袁靖,曹兵武(主编).环境考古研究(第四辑)[M].北京: 北京大学出版社,2007: 25-42.

[14] 张恒,王海明,杨卫.浙江嵊州小黄山遗址发现新石器时代早期遗存[N].中国文物报,2005,9(30): 1.

[15] Jiang, L. & Liu, L. New evidence for the origins of sedentism and rice domestication in the Lower Yangzi River, China [J]. *Antiquity*, 2006, 80: 355-361.

[16] 浙江省文物考古研究所,浦江博物馆.浙江浦江县上山遗址发掘简报[J].考

古,2007,(9):7-18.

[17] 王海明.九千年前的远古文化——浙江嵊州小黄山遗址[A].见:浙江省文物
考古研究所(编).浙江省文物考古研究所学刊(第8辑)[M].北京:科学出版
社,2006:401-412.

[18] 浙江省文物考古研究所,萧山博物馆.跨湖桥[M].北京:文物出版社,2004.

[19] 蒋乐平.跨湖桥文化研究[M].北京:科学出版社,2014:140.

[20] 余姚河姆渡遗址博物馆展示用地图。

[21] 秦岭,傅稻镰,张海.早期农业聚落的野生食物资源域研究——以长江下游和
中原地区为例[J].第四纪研究,2010,30(2):245-261.

[22] Greenland, D. J. *The Sustainability of Rice Farming* [M]. Oxon: CAB
INTERNATIONAL, 1997.

[23] 浙江省文物考古研究所.河姆渡——新石器时代遗址考古发掘报告[M].北
京:文物出版社,2003.

[24] 浙江省文物考古研究所,余姚市文物保护管理所,河姆渡遗址博物馆.浙江余
姚田螺山新石器时代遗址2004年发掘简报[J].文物,2007,618(11):
4-24,73.

[25] Zheng, Y., Sun, G., Qin, L., Li, C., Wu, X., & Chen, X. Rice fields
and modes of rice cultivation between 5000 and 2500 BC in east China [J].
Journal of Archaeological Science, 2009, 36: 2609-2616.

[26] 北京大学中国考古学研究中心,浙江省文物考古研究所(编).田螺山遗址自然
遗存综合研究[M].北京:文物出版社,2011:22.

[27] 南京博物院,宜兴市文物管理委员会.江苏宜兴骆驼墩遗址发掘报告[J].东南
文化,2009,211(5):26-44.

[28] 罗家角考古队.桐乡县罗家角遗址发掘报告[A].见:嘉兴市文化局(编).马家
浜文化[M].杭州:浙江摄影出版社,2004:45-80.

[29] 浙江省文物考古研究所.余杭吴家埠新石器时代遗址[A].见:浙江省文物考
古研究所(编).浙江省文物考古研究所学刊[M].北京:科学出版社,
1993:55-83.

[30] 陈铁梅.定量考古学[M].北京:北京大学出版社,2005.

[31] 浙江省文物管理委员会.浙江嘉兴马家浜新石器时代遗址的发掘[J].考古,
1961,(7).

[32] 南京博物院,宜兴市文物管理委员会.江苏宜兴骆驼墩遗址发掘报告[J].东南
文化,2009,211(5):26-44.

[33] 南京博物院,常州博物馆,溧阳市文化局.江苏溧阳神墩遗址发掘简报[J].东
南文化,2009,211(5):45-58.

[34] 梅福根.江苏吴兴邱城遗址发掘简介[J].考古,1959,(9):479.

[35] 南京博物院,宜兴市文物管理委员会.江苏宜兴西溪遗址发掘纪要[J].东南文
化,2009,211(5):59-62.

[36]　南京博物院,宜兴市文物管理委员会.宜兴西溪遗址试掘简报[J].东南文化,2002,163(11)：6-10.

[37]　江苏省文物工作队.江苏吴江梅堰新石器时代遗址[J].考古,1963,(6)：308-318.

[38]　江苏省三星村联合考古队.江苏金坛三星村新石器时代遗址[J].文物,2004,(2)：4-26.

第六章 植物遗存

第一节 植物材料的背景信息

本章讨论的各遗址出土植物遗存的基本信息来自三类材料：（1）以浮选、湿筛、随机手工拣选等多种方法收集的大型植物遗存；（2）出土木器与木材的鉴定分析；（3）人工制品上残留淀粉颗粒的鉴定分析。这部分植物遗存能让我们了解：（1）全新世早中期长江下游人类所利用的植物种类；（2）当时该地区人类与植物的关系；（3）人为的环境干扰（或改造）；（4）农业的起源、发展、强化与波动。

无论在时间还是空间范畴内，与本研究相关的植物考古信息量都非常不平衡。到目前为止，仅田螺山遗址开展了与发掘同步的植物遗存系统浮选，虽然完整的鉴定分析报告尚未最后完成，但田螺山考古队提供的数据已经是迄今该地区同类资料中规模最大最全面的[1]。跨湖桥遗址在发掘时未进行系统浮选，但一部分植物遗存仍得到浙江省考古研究所科技实验室的及时抢救、研究和妥善保存[2]，尔后的进一步分析更正了一些数据[3]。笔者处理的一手材料来自这两个遗址，它们提供的信息比其他遗址丰富得多，本书中其他遗址出土植物的数据均来自已发表的文献。上山遗址与小黄山遗址由于埋藏条件偏酸性而无法保存有机质遗物（包括植物材料），但是从用于加工食物的石磨盘、磨棒和炊煮盛放食物的陶器上提取的淀粉颗粒显示了食谱中可能的植物组分[4][5]。此外，一部分河姆渡与马家浜文化的遗址发掘报告中提及植物遗存的发现，或附加少数出土植物样品的鉴定结论，都是本研究的重要参考信息，尽管系统浮选尚未在这些早期研究中被采用。

这里需要对跨湖桥与田螺山两地浮选研究的详细背景进行说明。跨湖桥遗址的浮选（包括湿筛）分为两部分，包括田野发掘期间权宜的随机取样浮选和后期再研究时的小规模逐层浮选。田野工作期间，发掘者针对地层中肉眼可辨的植物遗存密集区域采取土样，筛选出一部分果核和种子，直径均大于 2 毫米。这个尺度的植物材料中包括许多科/属的浆果、核果、坚果、干果，而禾本科中除了少数驯化种草籽以外，大多数种子都小于 2 毫米，还有许多其他科/属的杂草型草本种子也都小于 2 毫米。因此配合田野发掘的随机浮选获得的证据主要是先民食物中的水果、坚果、谷物，基本不包括指示人为干扰环境的杂草种群。为了发现更多人类行为方面的线索，后续研究再次对 T0410 探方第 5—10 层进行浮选，采样点位于西隔梁的南北两端。该地点是古湖泊南岸，朝北向湖心延伸，因有较厚一层包含碎木、炭屑、陶片和果壳的堆积而被认为是生活垃圾废弃区。浮选研究从每个地层中量定一份体积为 2 升的土样，采用浮选和湿筛结合的方式使之通过孔径分别为 0.96 毫米、0.45 毫米、0.21 毫米三档不锈钢分样筛，最终收集到的产物经手工拣选后送交鉴定分析。分析发现留在孔径 0.45 毫米和 0.21 毫米两个分样筛中的绝大多数为炭屑和细砂，小颗粒的草本种子非常少见，大多数具有鉴定意义的产物为大于 1 毫米的标本。浮选产物中包括植物、动物骨骼、炭屑、木片、陶片、红烧土、小石块，本章仅报道和分析其中的植物材料。

田螺山遗址的植物材料来自 2004 年、2006 年和 2006—2007 年三个发掘季节的浮选。在 2004 年的田野工作中，系统浮选还未开展，但是发掘者对多处肉眼可辨的有机质堆积物进行了筛选和手工分拣，特别是展览大厅建筑打桩时发现的 K3 出土了大量植物遗存。自 2006 年发掘季节开始，精心规划的系统浮选在村落区[6][7]和水田区[8]均大规模开展，同时伴随着对肉眼可辨的植物堆积随机取样浮选。分样筛的孔径为 2.5 毫米、0.9 毫米、0.45 毫米、0.28 毫米，其中孔径最小的两个网筛收集到了多个籽粒较小的种属和相当多的水稻小穗基盘个体，为了解湿地杂草种群的组成及其与人类的关系提供了宝贵的材料，这批浮选产物由多家研究单位组成的田螺山考古队合作鉴定分析[9]。本书经发掘主持单位允准参考使用其中部分数据,资料如有差异,以日后正式发表的田螺山遗址发掘报告为准。

第二节　植物遗存的鉴定与生态意义

以考古学文化为单位来看植物遗存的出土情况,上山文化有3科、3属/种,跨湖桥文化有26科、40属/种,河姆渡文化有65科、122属/种,马家浜文化有16科,22属/种。其中,跨湖桥、河姆渡、田螺山三个遗址被记录的科与属/种数量最多,马家浜文化中仅圩墩遗址记录到了超过10类的科与属/种植物[10],而这个数字也是由木材分析记录所贡献的。笔者认为这种遗址间或考古学文化间植物遗存种属数量存在的巨大落差是由针对它们的植物考古手段、规模和强度以及遗址本身被破坏程度导致的,并不是由于实际植物资源利用模式的差异造成的。这个粗略的分析说明,该地区植物考古——尤其是大型植物遗存的收集和分析还相当缺乏。

在所有遗址中被记录到的植物共有70个科,140个左右的属/种。以植物分类为单位来看某个/类物种的出土频次,记录到遗址数最多的是水稻,22个遗址有炭化稻谷、稻米、饱水状态下保存的稻叶、茎以及陶片内所属稻壳印痕出土。若不计入稻属,在科一级的分类上,频次最多的是禾本科(非稻属)和菱科,均为10个遗址,其中芦苇主要以编织物与红烧土中的叶和物形式出现在10个遗址,竹以编织物形式见于3个遗址的记录,薏苡见于2个遗址。壳斗科见于6个遗址,包含5个属/种。蔷薇科和葫芦科都见于5个遗址,漆树科、睡莲科、金缕梅科、豆科、木犀科、桑科均见于4个遗址。见于3个遗址的有5科,见于2个遗址的有11科,一半以上数量的科仅见于1个遗址,其中相当一部分发现于田螺山,与以遗址或考古学文化为单位的统计有相似之处,由于个别遗址集中地做过工作,许多植物种类都集中地出自那些遗址,当然这种高频次数据并不能排除其他遗址包含更多种类植物的可能性,反而启发研究者在其他遗址中发现更加丰富的植物组合(图6.1,表6.1)。

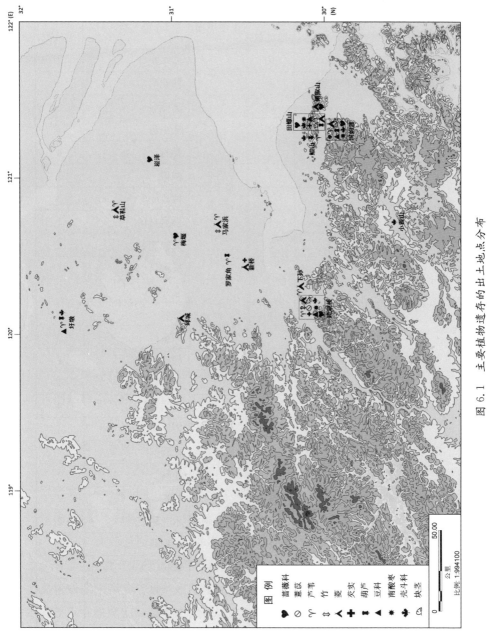

图 6.1 主要植物遗存的出土地点分布

表 6.1 各科植物遗存出土遗址数

生态类型	科　名	出土遗址数	生态类型	科　名	出土遗址数
水生草本	菱科	10	陆生草本	茜草科	1
	禾本科(非稻属)	10		罂粟科	1
	稻	22	结肉果/浆果的乔木	蔷薇科	5
	睡莲科	4		漆树科	4
	莎草科	3		桑科	4
	眼子菜科	2		柿科	2
	莲科	1		楝科	2
	泽泻科	1		猕猴桃科	1
	香蒲科	1		五福花科	1
	灯心草科	1		杨梅科	1
	睡菜科	1	结坚果的乔木	壳斗科	6
	金鱼藻科	1		樟科	3
	水鳖科	1		山茶科	3
	小二仙草科	1		胡桃科	2
陆生草本	葫芦科	5		七叶树科	1
	豆科	4	用材类乔木	金缕梅科	4
	蓼科	3		木犀科	4
	大麻科	2		柏科	3
	葡萄科	1		松科	2
	茄科	1		杉科	2
	藜科	1		木兰科	2
	唇形科	1		杨柳科	2
	毛茛科	1		榆科	2
	薯蓣科	1		大戟科	2
	伞形科	1		银杏科	1
	菊科	1		无患子科	1
	石竹科	1		安息香科	1

续　表

生态类型	科　名	出土遗址数	生态类型	科　名	出土遗址数
用材类乔木	梧桐科	1	其他	蓝果树科	1
	桦木科	1		金栗兰科	1
	卫矛科	1		省沽油科	1
	枫树科	1		锦葵科	1
	八角枫科	1		桔梗科	1
	芸香科	1		虎耳草科	1
	鼠李科	1		紫金牛科	1
	大风子科	1	未知科属	块茎	2
	山茱萸科	1		芽	2
	五加科	1		草茎/茎节	1

　　植物遗存可以多种标准进行分类,比如果实形态、用途。本章以植物生态习性为主要特征,结合用途,将所要讨论的植物分成以下几类——水生草本、陆生草本/藤本、结肉果/浆果的乔木、结坚果的乔木、用材类乔木。这个分类方法并无严格的互斥关系,但对于行文介绍大体上是合适的。考虑到古水稻的研究已经有了很多积累,甚至可谓自成一统,本章不对此详加探讨,而是另列一章论述。

一、水生草本

1. 菱科（*Trapaceae*）

　　中国特有的菱科植物有 2 个种,细果野菱和欧菱,根据《中国植物志》（*Flora of China*）,已知所有野生种都属于前者,而后者包括所有已知的非野生菱种[11]。菱角的完整果实大多呈倒三角形、元宝形或元宝状弓形,具 2 或 4 个刺状角,肩角与腰角间常见一小的瘤状突起,倒三角形底部是茎着生的部位,脱落后缩成一脐状圆孔,这些都是鉴定考古样品时易于辨认的特征,果皮内外的光滑表面和不太均匀的厚度也是一个鉴定的线索。考古样品中的菱角大多以未炭化的饱水状态保存下来,有完整的果实,但最多见的还是掰断的角和果皮碎片,有时可辨出果脐部位,还有少量炭化的果实、菱肉和果皮碎片出土。

菱科是一年生水生草本,浮水生长,水深一般为2—3米,不超过5米。茎细长,伸出水面,但在水面上的茎节极缩短,各叶片镶嵌展开在水面上呈盘状,浮水叶片为菱形或三角状菱形或扁圆状菱形。菱性喜暖喜光,依靠浮在水面的菱盘进行光合作用。头年没有被采收的老菱会沉水自生,一般夏末初秋开花,花期从5月一直延续到10月,花受精后没入水中长成果实,萼片发育成菱的硬角,从7月到11月都可采收[12][13]。菱角果实富含淀粉质,生熟皆可食,还可以制成粉或酿酒。生食不必等到果实老熟,可在果皮还未充分硬化时就采收,且立刻食用,否则菱肉会因失水、很快干缩而丧失鲜嫩可口的风味。作熟食吃或加工成菱粉就必须在果实充分成熟时采摘。此外,菱角和新鲜茎叶还可以用来喂猪。菱角收获也很有讲究,采摘者不能双脚直接站在菱塘中,因为很容易被水中的茎缠住而深陷淤泥无法自拔以致危及生命,他必须乘在一个大木盆或小舟中进入菱塘才能安全地捞起菱角。

研究区域内出土菱角的遗址有跨湖桥[2]、下孙[2]、河姆渡[14]、田螺山[6][7]、傅家山[15]、马家浜[16]、新桥[17]、草鞋山[18]、邱城[19],上山遗址发现的淀粉颗粒中有一类可能为菱角[5]。这些发现和长江中游同时代遗址出土的菱角通常都被认为属于野生,有关其驯化或人工管理的可能性很少被提及。裴安平的讨论是其中的例外,他推测菱角是八十垱先民食谱中的重要组成部分,而且由于出土量很大,很有可能在当时已被人类栽种[20][21]。布鲁斯·史密斯不谋而合地认为菱角“显然是先民独特农业(或养殖)方式中的驯化植物”[22]。但是他们都没有提供任何可观察或可检验菱角是否已被人工栽种的确切证据。李时珍曾对野菱和家菱的区别作过详细描述[23]:“野菱自生湖中,叶实俱小。其角硬实刺人,其色嫩青老黑。……家菱种于陂塘,叶实俱大,角软而脆,亦有两角弯卷如弓形者,其色有青、有红、有紫,……老则壳黑而硬。”这段话暗示了菱角大小也许可以作为判断其是否被栽种的一个线索。此外,现代菱角栽培技术也强调须年年选种,否则容易出现种性退化,导致果实变小[24],这表明菱角果实尺寸的确与人类的种植与维护有着密切关系。但是目前考古出土的菱角果实尺寸还未被分析过。

2. 睡莲科（*Nymphaeaceae*）

出土植物中的睡莲科仅1种，为芡属的芡实（*Euryale ferox*）。我国南北各省都有野生种群，江、浙两省境内较常见[25]。芡实种子近球形，一般直径10毫米左右。未炭化个体表皮呈深褐色，布满小颗粒状的突起，有时还可见蜡质光泽，内表面平滑。种脐旁有一种孔，附近种皮表面可见细网纹。种脐为椭圆形，较粗糙[26]。出土样品中可见大量空、碎种皮，炭化个体往往完整地保留了种皮、种实的形态特征。

芡实是一年生水生草本植物，挺水生长，常与莲、菰、菱等混生，淤泥底质的湖塘是其最理想的繁殖地。春季，水底成功越冬的种子因水温升高而萌发，夏季雨水丰沛，叶柄随水面上升快速生长，使叶片浮在水面上，7—8月间花朵相继开放，其开花结果期与茎叶旺盛生长期有重叠。8月下旬至10月中旬是全面的生殖生长期，在此期间，每株可结出15—17个完全成熟的果实，果实鸡头状，外被密刺，内部海绵状结构，包裹着芡实，每个果实含芡实50—300粒[27][28]。收获时，人可以直接走进芡实生长的水域，也可借舟楫进入，每株每次可采1—2个果实。现代养殖条件下，每株可收获干芡米0.25—0.3千克[29]。未被收获的果实会因自身重力而沉入水底休眠，待来年发芽。芡实淀粉含量高，可作食用、酿酒。与菱角相比，芡实更经得起长期储藏。叶柄可作菜用，自6月至10月下旬都可采收。植株其他部分也可作饲料。

研究区域内出土芡实的遗址有跨湖桥[2]、河姆渡[14]、田螺山[6][7]、新桥[17]，绝大部分芡实未炭化。在田螺山的材料中见到许多完整的瘪种皮（从未被剥开过），内空。笔者猜测它们有可能是先民储藏的食物，而米仁在后来几千年的埋藏过程中先于种皮分解掉了。与菱角一样，芡实也被认为是作为一种野生坚果采集的，但布鲁斯·史密斯认为它频见于中国南方湿地遗址，且常与菱、水稻共出，也很可能是被史前人类栽种的驯化种[22]。中国历史时期的文献中多次提及芡，对它的口味、营养价值、药用价值都有认识。元朝大司农司编的《农桑辑要》还引用《齐民要术》中种芡的方法,这应该是比较早的有关芡实人工栽培的记录[30]。但是植物考古学家仍不清楚如何从出土样品辨认芡实的驯化性状。笔者认为史密斯的猜测不无道理,既然芡实在史前被如此广泛地食用和储藏,它受到人为照料管理的可能性不能被轻易排除。

3. 禾本科(非稻属, *Poaceae*)

研究区域内出土的非稻属禾本科植物不少于 9 个属/种,其中至少有 3 种——薏苡(*Coix*)、稗(*Echinochloa*)、芦苇(*Phragmites australis*)——是常见与水稻共生的杂草种,其余几种也与人为干扰有密切关系。薏苡主要分布于亚洲热带地区,在我国有 1 属,1 种,浙江是其产地。薏苡带苞片的果实呈卵形或卵圆形,有时顶部具喙。颖果即米仁,直径约 5 毫米,腹部具深沟[31][32],这种形态特征在中国南方不含麦类的史前植物组合中是很容易辨认的。薏苡是一年生或多年生的草本植物,喜暖湿,耐涝不耐旱,湖泊、溪流、沼泽边缘都是非常合适的生境[33]。其生态特性与水稻十分相似,曾有报道广西桂平发现大面积连片的野生稻与野生水薏米混生的现象。7—10 月间是薏苡的花果期,一般在 9—10 月采摘成熟果实。由于薏苡茎秆在禾谷类中是比较粗壮的,类似玉米,而且分蘖多,可达数十个,所以收获起来很可能比水稻要费力。薏米可食用、入药,其茎秆可提取纤维用来造纸,茎、叶、根都含有挥发性气味,有趋避虫鼠之用,它的总苞形如珠玑,可串起作装饰用[34]。考古样品中明确的薏苡种实发现于河姆渡遗址[14],在中国南方的遗址中,除了湖南城头山也鉴定到薏苡以外[35],尚未见其他遗址有报道。杨晓燕等在跨湖桥陶片残渣中检出薏苡淀粉颗粒,可将人类食用薏米的记录提前至全新世早期,且该遗址的薏苡与水稻一起被利用[4]。当时水稻的可获性还相当差,并不能作为可靠的主食资源,与其共生的薏苡则可能起到一定的弥补产量的作用。这暗示了一种可能性,人类在对禾本科植物的早期开拓中可能并没有明显地偏向利用或栽培水稻,而是注意到了同一生境中不同物种在生长胁迫下产量互补的潜在优势,刻意地保护甚至鼓励某些对人类有益的杂草物种的生长,哈兰把这类不能称作驯化种但并不被人厌弃的杂草称为"受鼓励的作物"(encouraged crop)[36]。

芦苇多以茎、叶的形式保留在考古遗存中。约有 4—5 种芦苇广布全世界，我国产 3 种，浙江有 1 种[37]。芦苇是多年生高大草本，生性喜湿，生长于海滩、河岸、池沼及路边湿润处这类经常性受水体干扰的环境。其根茎粗壮，秆高 1—3 米。花果期 7—11 月，颖果尺寸很小，呈长圆状圆柱形，需要在高倍显微镜下确认鉴定。芦秆是优质的纤维材料，可用于编织、建屋、造纸等，花序可作扫帚，根多汁可食，具药效。芦苇植株还可起到固堤、加速沼泽变干的作用，芦床能够净化水质[38]。研究区域中发现芦苇残迹的遗址包括跨湖桥[2]、下孙[2]、河姆渡[14]、田螺山[8]、鲻山[39]、马家浜[16]、罗家角[40]、梅堰[41]、圩墩[42]、草鞋山[18]，遗存形式主要为有芦苇印痕的红烧土块和以芦苇为材料的编织物。前者说明芦苇在长江下游史前被广泛地作为建筑材料使用，特别是嵌在泥质当中起到降低烧制后的缩水率和加固的作用，后者更是体现出芦苇在先民生活日用中的普遍性和重要性。

竹（*Bambusa*）以编织物的形态出现在考古遗存中，见于跨湖桥[2]、马家浜[16]和草鞋山[18]三个遗址的人工制品。与草质茎秆和叶片的编织加工相比，用竹子制作日用器需要先民更多地了解其生命史、生物特性、掌握工艺流程的关键技术，比如竹材的选择、伐竹的恰当时间、竹材的预处理、剖竹和削篾片的手艺等许多方面都要经过多次尝试。

稗、黍（*Panicum*）、狗尾草（*Setaria*）是黍族（*Paniceae*）当中形态非常相近的三类杂草，它们都具有纺锤形的颖果，其野生型与杂草型的颖果长度一般不超过 2 毫米，背面隆起，背面基部为胚位，腹面平坦，腹面基部是果疤的位置。但通过一些小细节还是能够对这三者略加区别。狗尾草的胚长度占颖果长度的 1/2 以上，而黍和稗的胚长度明显小于 1/2。炭化的狗尾草颖果表面相当光滑而具光泽，其稃片表面则呈明显的颗粒状，炭化的黍在这两个特征上恰与其相反，其颖果表面略有亚光效果，光滑度和反光效果都没有狗尾草那么强，但稃片表面却很光滑。稗与这两者的明显差别在于，当它以侧面被观察时，背面隆起的部位会有明显的棱角，与黍背面较为圆滑的凸弧有差异。需要说明的是，尽管这三类可以区分，但是禾本科当中还有许多其他属的颖果形态与它们极为相似，比如马唐属，以致实际上仍然难以完全准确区分,比较严谨的做法是将其判为"黍族"(*Paniceae*)。研究区域内仅有田螺山鉴定到这三类禾本科杂草,它们在村落区内都有发现[7],只有稗还在水田区被发现[8]。很合理的解释是,稗是最常见的与水稻共生的水田杂草,即使在现代水田中,稗都因外形酷似水稻而难以分辨和拔除,要等到小穗长成才能看出两者的明显区别。

另三种仅见于田螺山记录的禾本科是羊茅(*Festuca*)、画眉草(*Eragrostis*)、柳叶箬(*Isachne globosa*)[7]。羊茅为多年生草本,颖果长圆形或线形,腹面具沟或凹陷,均为优良的饲料和牧草。浙江本地有3种,但主要为生于田野、路边、树荫下、墙缝中的伴人杂草型[43]。画眉草为多年生或一年生草本,浙江有9种,也是生于山边、路旁的杂草型[44]。柳叶箬为多年生或一年生草本,浙江本地有5种,是一种喜湿的杂草,多见于山坡、路旁、田边湿润处[45]。

4. 莎草科(*Cyperaceae*)

研究区域内出土的莎草科有8属/种,包括苔草(*Carex*)、藨草(*Scirpus*)、羊胡子草(*Eriophorum*)、荸荠(*Eleocharis*)、飘拂草(*Fimbristylis*)、莎草(*Cyperus*)、水莎草(*Juncellus*),发现于跨湖桥[3]、河姆渡[14]、田螺山[6][7][8]3处遗址。莎草科的鉴定特征为:种子一般长2—3毫米,形状多为三棱或凸透镜形。这很容易与蓼科的某些种混淆,但是只要掌握果疤向下时莎草科呈倒卵形而蓼科呈卵形这一特点,就很容易区分了。莎草科多为多年生草本,具有膨大的根状茎或块茎,具有食用价值,秆实心,常为三棱形,其纤维质可利用。本科植物生性喜湿,在频受扰动的环境容易繁盛生长,考古出土的几个种类都多生长在路边、田间、湖沼、水沟等潮湿环境中,有些还能在淡咸水环境中——如海滩这类地形上生长,比如藨草属的一些种。

藨草是本区莎草科中比较有代表性的一种,考古样品中辨认到种的藨草达5种,其中水毛花在相互独立的两次鉴定中都出现。藨草种子呈倒卵形,横剖面为凸透镜形或三棱形,长2毫米左右,未炭化的种子有些为淡黄色,有些为黑色,表面有光泽。在考古样品中黑色种子很难与炭化个体区分开。藨草是一年生或多年生草本,性喜湿,中国有12种,其中4

种为特有[46]。藨草具有根状茎或块茎,它是种群增殖的主要器官。以扁秆藨草为例,地下球茎在3—4月顶芽萌发形成地上植株,随着地上部分的生长,球茎逐渐发生一至数条根状茎,根状茎发育到一定程度顶端膨大形成新的球茎[47]。这种方式使藨草能在短时间内迅速繁殖,它在水田中与水稻之间存在资源竞争关系,会造成水稻产量的损失[48]。藨草膨大的地下茎可以入药,同时也是湿地鸟类的重要食物。茎叶可用于造纸和编织,北美西北海岸的土著就收获藨草用作编织材料[49],中国的考古记录中尚不见类似报道。出土藨草种子的遗址为跨湖桥和田螺山,田螺山在村落区[6][7]和水田区[8]都有发现。

5. 眼子菜科(*Potamogetonaceae*)

眼子菜科的考古记录见于跨湖桥和田螺山[6][8],田螺山的水田区和村落区都有出土。作者所见跨湖桥出土样品至少有2种形态,一种大小约2毫米,呈斜卵形,略压扁,背部具龙骨状突起,另一种大小约2毫米,斜卵形,顶端具喙,背部有棱,似有齿状突起。但是,目前掌握的这些形态特征还不足以作为将样品鉴定到种的依据。眼子菜为多年生或一年生草本,所有属种均沉水生长或有浮在水面的叶,叶为线状或丝状,可适应淡水至淡咸水的多种环境[50]。

6. 莲科(*Nelumbonaceae*)

莲科仅见于田螺山遗址出土的莲子,炭化情况不明。种子呈椭圆形,顶端稍突起,具两片子叶,子叶间有胚腔,为幼叶初生的部位[51][52]。若遗存中仅残存单片子叶,仍然可依据这些特征将其鉴定出来。田螺山出土样品9枚,平均长11毫米,宽8.3毫米[6]。

莲(*Nelumbo nucifetra*)是多年生水生草本,挺水生长,通常与芦苇、菱、芡实、眼子菜、萍蓬草等组成水生群落。目前世界上仅有的2种莲科植物中,中国有1种,另一种是美洲的黄莲[53]。莲的根茎和籽实都具有食用价值,虽然长江下游尚未见考古记录,但淮河流域的贾湖遗址出土过炭化的藕[54]。对中国境内野生莲的研究表明,其生长期为6—10月,花期为7月初至8月中旬,果熟期为8月下旬至9月中旬[55]。在今长江下游地区,其可食部分可以从7、8月间一直采收到10月。

7. 泽泻科（*Alismataceae*）

研究区域内考古记录的泽泻科植物仅慈姑（*Sagittaria*）一属/种，出土于田螺山水田区[8]，跨湖桥出土的炭化块茎疑似慈姑[3]。泽泻科主要分布在北半球温带和热带地区，我国有 6 属 18 种，其中 3 个种为本地特有，慈姑属中 2 种为中国特有[56]。慈姑为多年生或一年生沼生或水生草本，挺水生长，喜暖湿，喜光，具有根状茎、匍匐茎或球茎。有些球茎有食用价值，9 月上旬至 11 月上旬是结球生长期，单株球茎为 13 个左右，11 月以后到次年发芽以前都可采收[57]。另一方面，正由于球茎的繁殖特性，慈姑与水稻形成竞争关系，它也是难以根除的水田杂草[58]。从目前有限的考古背景推测，慈姑在河姆渡文化时期仍是与水稻共生的一种水田杂草，其球茎的食用价值还没有被人类利用起来。

8. 香蒲科（*Typhaceae*）

香蒲籽（*Typha*）仅发现于田螺山村落区[7]，其形态特征是个体尺寸非常小，常在孔径为 0.21—0.45 毫米的分样筛中发现，形状近似圆柱，顶端收成尖状。香蒲分布于热带与温带地区，中国有 2 属 23 种，其中 6 种为本地特有[59]。香蒲为多年生沼生草本，属挺水群落，喜湿，生于湖泊浅水处、池塘、河沟旁，水稻田边缘也常见。其茎叶富于纤维质，可作造纸原料，叶片可用于编织蒲包和蒲席。北美印第安土著有食用香蒲籽的民族志记录[60]，但该物种作为食物不见于东亚的史前传统。

9. 灯心草科（*Juncaceae*）

灯心草籽（*Juncus*）仅发现于田螺山的村落区[7]。灯心草属主要分布在温带和寒带地区，在热带仅限于高海拔，在中国有 76 个种，其中 27 种为本土特有[61]。它是多年生或一年生沼生草本，挺出水面，喜湿，常见于沟边、田边、路边潮湿处。茎实心，是优质的编席材料。

10. 其他沉水植物

出土植物中的沉水植物包括睡菜科（*Menyanthaceae*）的荇菜（*Nymphoide*）[7]、金鱼藻科（*Ceratophyllaceae*）的金鱼藻（*Ceratophyllum*）[8]、水鳖科（*Hydrocharitaceae*）的茨藻（*Najas*）[8]、小二仙草科（*Haloragaceae*）的狐尾藻（*Myriophyllum*）[7]。这些种类都是多年生水生草本，植株所有器

官均在水面以下。狐尾藻和荇菜发现于田螺山村落区,另两种发现于水田区。它们在考古遗址中的共生表明先民的日常生活与农事活动都与湿地环境有着密切的互动。

二、陆生草本/藤本

1. 葫芦科(*Cucurbitaceae*)

本区考古记录中的葫芦科至少包括 4 个种:葫芦(*Lagenaria siceraria*)、菜瓜(*Cumumis melo* subsp. *agrestis*)、栝楼(*Trichosanthes kirilowii*)以及某一未知种,遗存均以未炭化的状态出土。葫芦遗存包括种子、瓜皮和瓜蒂。种子为窄矩圆形,色泽暗黄,一端稍宽,平截,并在两侧各有一圆头状突起,另一端中部为三角形尖头,侧面各有 2 条纵棱,种脐位于窄端尖头一侧。葫芦的瓠果皮呈褐色,外表面比较平滑,内表面略粗糙,有肉质感。葫芦为一年生攀援草本,喜光照,喜暖湿,不耐寒,6—7月间开花,7—8 月结果,8—11 月果实成熟并逐渐木质化[62]。瓠果初熟时,鲜嫩柔软,可作蔬菜食用,老熟时果皮木质化,可以制成容器,也可对半剖开作水瓢用[63]。在民族学记录中,海南和台湾地区的土著还借助葫芦的浮力渡水,这与非洲的一些土著把葫芦连结起来做成筏是异曲同工的[64]。云南的彝族、白族、苗族、拉祜族用葫芦储藏种子,他们相信在葫芦内储藏的种子不会霉烂,且出芽率高,结籽饱满[65]。

出土葫芦的遗址为河姆渡[14]、田螺山[6][7]、鲻山[39]、马家浜[16]、圩墩[42],而与之相应的当时先民如何采集、管理葫芦,甚至是否已经开始种植,都还不清楚。葫芦的早期驯化历史还未被广泛地讨论过,可能的路径是从瓠果皮和种子的尺寸变化上寻找线索。埃里克森(D. Erickson)等人提出,中美洲出土的距今 10000 年前的葫芦皮厚度表明它已经是驯化种,古 DNA 序列分析又表明它来自亚洲,因此葫芦很可能是与狗一起被古代印第安人带到新大陆的最早的驯化物种[66]。然而,目前中国的葫芦一般被认为是从非洲引入的,《中国植物志》未记录有本土的野生种,中国境内常见为栽培种[67]。傅稻镰等对来自中国和日本史前的葫芦标本进行分析,其中包括长江下游的田螺山、年代稍晚的卞家山以及湖南城头山的标本,种皮厚度的变异范围表明它们已经被驯化,并且其栽培的历史还可向前推溯,这与埃里克森等的推测是一致的[68]。葫芦果皮的厚度变化的确与人类的管理或干预有关,葫芦长到一定程度时,若将外皮上的绒毛轻轻擦去,瓠果就不再长大,但皮会长厚,到秋后就可以得到所需尺寸的个体[69]。此外,《农桑辑要》转引汉代农书《氾胜之书》中种葫芦法,建议选种时要选大个的瓠果,才能种出大个的后代[70]。这条记载暗示,葫芦经人类栽种后,大的个体会被逐代选择出来,这一性状改变能够反映在结籽的颗粒大小上,与北美南瓜属(Cucurbita)植物驯化的表型特征变化非常类似,只是目前还未见东亚地区有通过考古出土的葫芦籽尺寸探讨其驯化的相关研究。

菜瓜仅出土于田螺山遗址村落区[7]。菜瓜是甜瓜属中甜瓜的一个亚种,种子椭圆形至卵状椭圆形,扁片状,一端圆钝,另一端略尖[71]。种皮表面平滑,在高倍显微镜下可见细密的条纹,这些条纹是种皮石细胞发育的表现。菜瓜种子的木质化程度比甜瓜高,两者石细胞形态和数量都有明显差异,以此为依据可以将菜瓜与甜瓜区分开来[72]。菜瓜是一年生蔓生草本,花果期为7—8月。郑云飞等指出田螺山菜瓜种子的长度都落在野生范围内,这表明它还未被栽培[72]。但该证据表明至少先民已开始利用这种蔬果资源,如果我们再考虑到该地区稍晚多处良渚文化遗址出土大量甜瓜籽和菜瓜籽,并测得种子长度略有增长,那么从共同进化的角度来看,菜瓜与人类之间这种长期的紧密联系就值得关注了。

栝楼仅出土于田螺山遗址村落区。种子色黄,椭圆形,扁平,侧面近边缘呈环绕的带状,带宽1—1.5毫米,种皮表面粗糙。栝楼为多年生攀援草本,喜光,适于向阳的坡地、岩缝、林缘、田野草丛,尤喜暖湿肥沃的土质。其花期为5—8月,果期为8—10月。果实可食用,也是传统的中药材原料[73][74]。

2. 豆科(Fabaceae)

本区豆科遗存以种子、淀粉颗粒和木材的形式被鉴定出来,至少有5个属/种。豆科种子发现于跨湖桥[2]、河姆渡[14]与田螺山[7],一般只有炭化种子才能在考古遗存中保留下来。豆科种子的鉴定可依据多方面的形态特征,其形状一般为椭圆形,由 2 片子叶组成,外表面光滑,可辨出子叶间的缝隙,腹部有明显突起或不明显的种脐(视种属而定)。单片子叶具有平坦的内表面,并可辨认出胚的着生痕迹,偶然保存完好的胚是判别属种的重要标志。一部分豆科木材被鉴定到属或种,它们是槐树(*Sophora*)、红豆树(*Ormosia*)、黄檀(*Dalbergia hupeana*)、合欢(*Albizia*),见于跨湖桥[75]、田螺山[76]和圩墩[10]的记录。以淀粉颗粒鉴定出的小豆(*Vigna*)属来自跨湖桥的陶片残渣[4]。

　　豆科植物种类繁多,组成成分比较复杂,有一年生或多年生草本、灌木、乔木或攀援大藤本,中国有 1673 种,其中 690 个种为本地特有[77]。它是植物考古中很常见的一大科,大豆、小豆和其他种类普遍且大量地发现于整个东亚的史前遗址,在近东、中美洲和北美也都是人类早在全新世早期就已经食用甚至有可能栽培的物种。相比之下长江下游地区的类似报道非常少,研究区域内发现的豆科当中,明确可知其植株状态的均为乔木或灌木。由于种子大多仅鉴定到科一级(除河姆渡的槐树子),只能提示当时长江下游的先民已经开始利用豆类,更多细节我们还无法确知。然而,该地区豆科木材的发现应当引起关注。尤其是黄檀出现在跨湖桥、田螺山和圩墩 3 个遗址,这种树材木质坚韧细密,可作各种负重力及拉力强的用具和器材,比如斧头柄和其他农具[78]。见于圩墩的红豆树木材坚硬有斑纹,是优良的雕刻材料,还可制成日常器具和家具[79]。见于田螺山的合欢树木材耐水湿,可制家具[80]。因此作者猜测当时豆科植物在长江下游更多是作为制器原料被开发利用,食用是比较次要的一种用途。当然,这个想法的产生是基于本区系统的植物考古尚未广泛开展的情况下所得到的零星材料,很可能武断片面,但这一线索可以为了解人类对豆科植物的早期开发利用提供新的思路。

　　3. 大麻科(*Cannabaceae*)

　　大麻科植物仅见葎草(*Humulus*),出土于跨湖桥[3]和田螺山的村落区[6][7]。其种子近圆形,略扁,种皮光滑,表面具光泽,基部有放射形纹。葎草为一年生或多年生缠绕草本,生于沟边、路旁、林缘,是比较典型的杂草种。其花期为 5—8 月,8—9 月结籽,茎皮纤维可造纸和编织[81][82]。

4. 葡萄科(*Vitaceae*)

葡萄科遗存来自两属,葡萄属(*Vitis*)和乌蔹莓属(*Cayratia*),后者鉴定到种,仅有田螺山出土[6][7],出土标本大部分炭化,个别未炭化。葡萄科种子的形态比较独特,易于鉴定。种子为倒卵形,顶端圆钝,基部有喙,伸长呈柱状,可达体长的 1/3 至 1/4,种子背部拱凸,中央有圆形或椭圆形区,为沟所环绕,上部沟通过种子顶端与种子腹面中央纵脊相接,腹部中央纵脊两侧各有一条宽沟[83]。葡萄是落叶木质藤本,大多分布于温带地区,中国和北美东部亚热带也有分布,中国有 37 种,其中 30 种为本土特有[84]。乌蔹莓为草质藤本,中国有 17 种,其中 9 种为本土特有[85]。葡萄生境多为山坡杂木林和溪边灌丛,乌蔹莓则常攀附于山坡、路边杂草丛及菜园篱脚、墙脚边,都是经常受到人类活动干扰的开阔地带。其花期一般为 4—7 月,果期为 7—10 月[86]。葡萄科浆果酸甜可口,在史前也是酿酒的主要原料,因为葡萄皮所含的酵母菌会使其自然发酵,生成酒精成分。贾湖遗址陶罐中测得发酵混合饮料的原料之一就很有可能是葡萄[87],山东两城镇龙山时代遗址陶器盛过的发酵饮料也含有可能来自葡萄的成分[88],但长江下游考古记录中至今还没有葡萄酿酒的可靠佐证。与葫芦科遗存一样,尽管葡萄科遗存频频发现于长江下游史前遗址,特别是良渚文化的多处遗址[89],但其为人工刻意种植的可能性从未被讨论过,可供观察或检验的性状变化也不清楚。实际上,人类对葡萄多样化的利用加上两者之间长期的紧密联系,在某种程度上反映出当时先民有动机甚至有可能以某种方式对其生长进行管理以增加可获量。

5. 唇形科(*Lamiaceae*)

研究区域内发现的唇形科植物主要有 2 属,紫苏(*Perilla*)与百里香(*Thymus*),仅见于田螺山遗址。紫苏种子近圆球形或卵球形,表面具有网纹,是鉴定的重要标志。现今紫苏在中国被广泛栽培,也见报道长江以南仍有其野生种质资源[90]。紫苏多生于田间、地头、路旁、低山疏林下或林缘,表现出明显的杂草属性,它耐热力强,不太耐寒,6—8 月开花,8—10 月结果[91]。它的叶和种子都可食用,种子是重要的油料作物,能生产一种类似亚麻籽油的干性油,用来制成防水材料和亮漆[92]。又因其含具挥发性的芳香物质,民间用其去腥、增鲜、调味,鱼肉用紫苏叶包裹可延长保存期[93]。它的红色汁液还能用作天然的食品染色剂[94]。紫苏常见于东亚史前遗址,中国境内距今 8000—6000 年有多处遗址出土[95][96][97],北方自龙山到二里头时期也有出土[98][99],可见它在生计经济中有一些重要性,这也许可以作为评估其与人类关系的一个参考。

现今百里香在中国至少有 11 种,但主要分布于黄河以北,浙江境内仅 1 种,且为引种栽培[100]。田螺山是中国境内首次报道发现这种植物的史前遗址,8 份样品中共发现 330 颗百里香种子,其中一个灰坑出土 236 颗[6],考古背景表明它很可能是被人类有意利用,具有一定的经济价值。百里香为矮小半灌木,性喜向阳生长,这是杂草种的一个特点,人类开辟的居址及周边区域是其适宜的生境。百里香整个植株和种子的独特香气可用于调味和熏香。

6. 其他陆生草本

本区出土的其他陆生草本还包括茄科(*Solanaceae*)的茄属[7](*Solanum*),蓼科[7][8](*Polygonaceae*)的蓼属(*Polygonum*)和酸模(*Rumex*),藜科(*Chenopodiaceae*)的藜属[7](*Chenopodium*),毛茛科(*Ranunculaceae*)的毛茛属[7](*Ranunculus*),薯蓣科(*Dioscoreaceae*)的山药[5](*Dioscorea*,仍未定),伞形科(*Apiaceae*)的当归[7](*Angelica*),菊科(*Asteraceae*)的鳢肠[8](*Eclipta*)、苍耳(*Xanthium sibiricum*)等,茜草科(*Rubiaceae*)的拉拉藤[7](*Galium*),罂粟科(*Papaveraceae*)的白屈菜[6](*Chelidonium majus*),以及石竹科[7](*Caryophyllaceae*)。蓼科在跨湖桥、河姆渡、田螺山的水田区和村落区都被鉴定到,而河姆渡的出土材料是叶片而非种子。其他科/属中除了薯蓣科的山药以外,都仅发现于田螺山的种子遗存中,其中除了鳢肠发现于水田区以外,其他属都仅见于村落区。

三、结肉果/浆果的乔木

1. 蔷薇科(*Rosaceae*)

研究区域中蔷薇科植物至少有 5 种,它们属于桃(*Amygdalus*)、梅

（*Armeniaca mume*）、李（*Prunus*）、樱桃（*Cerasus*）和悬钩子（*Rubus*）。
桃、梅、李、樱桃都是核果，多以炭化或未炭化的果核保存在考古遗址
中，它们果核的共同特点是都具有明显可辨的腹缝和背缝，它们将核分
为对称的两半，这也是鉴别绝大多数蔷薇科种实的首要标志。桃核为
圆形或椭圆形，有的略扁并呈凸透镜状，一般长度大于 20 毫米；顶端尖
锐，基端钝；表面布满沟状凹穴和孔穴；两侧边缘不对称，腹缝一侧沿棱
脊有一条纵沟，另一侧无纵沟；木质核壳的内表面光滑，包含椭圆形的
种子。鉴定过程中笔者注意到一种俗称的"野桃"（即山桃 *Amygdalus
davidiana*）和普通桃（*Amygdalus persica*）的野生种，两者的桃核形态略
有差异，前者整体更近圆球形，腹缝一侧无锐利的窄翅状棱脊，后者整
体略扁，更近似透镜形，腹缝一侧有窄翅状棱脊。所见出土桃核中大多
为前者，因此倾向于认为当时先民食用的桃以山桃为主。梅核尺寸小
于桃核，近圆形，略扁，呈凸透镜状；两端钝或顶端略尖，基端常见多道
纵棱；腹缝旁有一纵沟，背缝棱脊圆钝；核壳木质，表面布满圆点状孔
穴。李核的形状和尺寸都与梅核相近，顶端略尖，基端平，明显的区别
是核壳表面没有内凹的孔穴，比较平滑。樱桃尺寸略小于梅和李，但
整体形状、腹缝、背缝、沟、窄翅状脊都与两者类似。悬钩子属的果实
为浆果，每果产多核，核的形态与以上四种果核差别很大。悬钩子核
为略有偏斜的倒卵形，形扁，长仅为 1.5—2 毫米；表面网纹清晰，网
脊突起。

　　桃发现于跨湖桥[2][3]、田螺山[6][7]和崧泽[101]，河姆渡有叶片被鉴定
为桃属[14]。郑云飞等对长江下游新石器时代各时期出土的桃核遗存分
析表明，当地先民自跨湖桥文化开始就逐渐对桃树进行管理和选择，这个
过程至少一直持续到马桥时期[102]。梅发现于跨湖桥[2]、田螺山[6][7]、梅
堰[41]、崧泽[101]四个遗址。李的果核仅发现于跨湖桥，但在田螺山鉴定到
以李树为木料制成的木构建[76]。樱桃和悬钩子都仅见于田螺山[7]。这 5
个属在中国都有本土特有的种。桃、梅、李、樱桃为落叶小乔木或落叶乔
木，春季开花，夏秋结果；悬钩子属各个种之间花果期早晚略有差异，但总
体上花期为 5—7 月，果期为 8—9 月（图 6.2）。这一科常见于史前遗存，

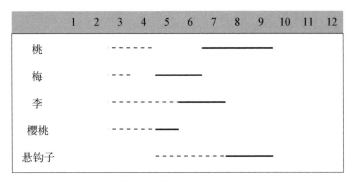

说明：实线表示果期，虚线表示花期。

图 6.2　蔷薇科植物花果期

为先民的食谱贡献了多种类型的多汁水果。同时，田螺山出土木材的最新分析又表明，本科的李属植物木质部分还可用作建筑材料。

2. 漆树科

本区漆树科（*Anacardiaceae*）植物遗存包括 3 个种，南酸枣（*Choerospondias axillaris*）、楷树（*Pistacia chinensis*）和漆树（*Toxicodendron succedanea*），考古发现的南酸枣都为果核，楷树和漆树都为木材。南酸枣果核在考古遗存中非常容易辨认，未炭化的核为黑褐色，椭圆形，长为 20 毫米左右，顶端有 5 个椭圆形孔眼，呈放射形排列，孔眼中有种子；基部略微突起，有 5 个凹坑环绕；核表面比较光滑，略有光泽；核横截面圆形，可见其中分为 5 室[103][104]。南酸枣是落叶乔木，生长于低山丘陵、平原或沟谷林中，喜光，生长快，适应性强，花期为 3—4 月，果期为 7—10 月[105]。它的用途十分广泛，果实味酸，可生食和酿酒，树皮所含的鞣质有抗菌效用，茎皮纤维可用于制绳和造纸，花是优质的蜜源。南酸枣核发现于跨湖桥[2]、河姆渡[14]和田螺山[6][7]，表明先民已食用其果。它也有可能与这些遗址中发现的稻米和其他果实一起用于酿制果酒或米酒，但这仅限于猜测。

楷树又称黄连木，它发现于跨湖桥[75]、田螺山[76]和圩墩[10]遗址出土的木材。黄连木原产中国[106]。它是一种落叶乔木，高可达 25 米，生于山坡林间，以肥沃湿润、排水良好的石灰岩山地为最适宜的生境。其生性喜光，喜暖畏寒，生长较慢[107]。黄连木材质耐腐性强，可用于雕刻、装饰和打造家具。田螺山的木材样品中,黄连木出现的比例最高,为总数的12.6%,其中绝大部分用于制造房柱、建筑构件和木桩[76],可见当时黄连木是居址营建的主要用材,它的特点已被先民认识和利用。除此以外,黄连木可生产一种黄色的染料,它的嫩芽还可供蔬食。

漆树仅发现于圩墩出土的木材,被鉴定为野漆树[10]。野漆是落叶小乔木或灌木,喜光,喜暖畏寒,耐旱忌湿,生于山坡林中以及石灰岩地质的低地灌丛。其果实含蜡质,可用于抛光,也可以提取制作清漆的原料,但树汁有毒[108][109]。圩墩的鉴定报告没有详述漆树材样品的出土背景,因此无法判断这一树种在先民生活中的功用。然而,河姆渡出土的一只木碗上保留有漆痕[14],跨湖桥出土的木弓上也有与漆的成分相近的物质[110],田螺山出土的一件圆筒器表面有黑漆状涂料[76][111],这些人工器物上的漆痕与当地史前生长的漆树是否有关联还有待进一步的检验探讨。

3. 桑科(*Moraceae*)

研究区域桑科植物遗存包括 4 个属/种,榕属(*Ficus*)、构属(*Broussonetia*)的出土材料为种子,桑属(*Morus*)、柘属(*Maclura*)则见于出土木器。榕属和构属种子都发现于田螺山的村落区,河姆渡遗址有榕树叶出土。榕属种子的尺寸约 2—3 毫米,圆形或椭圆形,略扁,种子表面有非常细腻的纹饰,基部的果疤为一圆点。中国境内出土过榕属种子的遗址还有南越王宫,也仅鉴定到属[112]。榕属植物种类繁多,目前考古材料所提供的信息还不足以使我们将其鉴定到亚属或种,主要原因是其尺寸太小以致种皮表面雕纹在正常放大倍数下无法观察。台湾学者曾经报道过借助解剖显微镜和扫描电镜观察榕属种子形态的细微差异与种皮显微结构特征来辨别种类的方法,其研究材料仅限于现生标本[113],这为植物考古的探索提示了可能的路径。尽管知晓具体种类有难度,但从田螺山出土大量炭化及未炭化的榕属种子可以确定,它们应当不是由鸟类从别地带来而偶然进入人类文化堆积的,而是因为本地先民已经开始利用或食用这类植物的果实。榕属中比较著名的果实有无花果、天仙果等,无花果曾在近东新石器早期遗址出土过[114]。中国史前出土的榕属种子是否可以与这类果实对应起来还需要更加细致的鉴定。

构属种子的形态特征是，呈卵圆形，一侧有棱脊，表面有颗粒状的突起。一位鉴定者还将构属鉴定到种，为小构树。小构树为落叶灌木，有时蔓生，生于山坡路边、山谷溪边及原野田埂上，为典型的伴人杂草种[115]。其花期为4—5月，果期为5—6月。构树的茎皮可以用于提取纤维搓成绳索和造纸。

桑树木材发现于跨湖桥[75]和田螺山[76]，柘树木材发现于跨湖桥[75]、田螺山[76]和圩墩[10]。桑树是乔木，高达15米，胸径可达50厘米。桑树枝干直，材质有韧性，不易变形。在经分析的33件田螺山木器中有近三分之二使用桑属木材制作，包括木桨、木把手、木柄、圆筒器、蝶形器等[76]。柘树是灌木，生长在阳光充足的山脊石缝、山坡、路边、溪谷两岸的灌丛中。它木质细密坚韧，是制弓的良材，在我国古代是著名的贵重木料。跨湖桥出土的木弓以桑木制成，木锥以柘树制成[2]。在田螺山木器中，柘树用于制作木把手、尖端棒和立桩[76]。

4. 柿科（*Ebenaceae*）

柿科遗存发现于跨湖桥[3]和田螺山[6][7]两处遗址，一般以炭化种子的形式出土。柿树（*Diospyros*）种子的鉴定特征是：种子由2片子叶组成，形状呈一侧平直、另一侧圆弧的近椭圆形或倒卵形；一端圆钝，有时略尖且偏向平直的一侧，另一端是种脐着生的部位，靠近平直边缘的基端，为一内凹缺口；种子表面粗糙，为突起的短皱棱；单片子叶厚1毫米左右；两片子叶的结合处可见细缝，子叶中间有小胚腔，胚腔内表面较平滑，没有显见的纹理，鉴定中如遇单片子叶或子叶碎片，可依此特征鉴别。柿科植物在中国仅有1个属（柿属）60种，其中43种原产中国[116]。柿树是落叶阔叶乔木，大多生于热带地区，生境主要为山谷、山坡杂木林或灌丛，是典型的林缘树种。柿树花期为5—6月，果期为8—10月。其浆果甜蜜，可鲜食或制柿饼，也可提取柿漆供油伞用。柿科中有些种类心材黑色，俗称乌木，材质硬而重，纹理细腻，是优良的木材，可制家具[117]。田螺山出土的部分木桩被鉴定为用柿木制作而成[76]。

5. 楝科（*Meliaceae*）

研究区域的楝科遗存来自 2 个种，楝树（*Melia azedarach*）和香椿（*Toona sinensis*）。楝树果核在跨湖桥和田螺山[6]都有出土，多为未炭化，楝树还以木材形式在跨湖桥被鉴定到[75]，香椿发现于田螺山的木材中[76]。楝树果核的鉴定特征为，未炭化个体为褐色；呈椭圆形，腹部略宽，长 10 毫米左右，具 5—6 条纵棱；顶端圆钝，基部的果疤为一圆孔；横切面为圆形，边缘 5—6 棱。楝树生长在热带至温带地区，现今为世界各地广泛栽培，并常见于人为干扰的生境，因此其野生种分布尚不明确[118]。它是落叶乔木，喜光，能耐潮湿碱土，生长快，树可高达 15—20 米，花期为 4—5 月，果期为 10—12 月。楝树果实具有多种药用价值，也可酿酒，种子可用来提取工业油料[119]。它的木质轻软、结构细，纹理略直，有光泽，耐腐，易于加工，适宜制作家具和农具。

香椿原产中国，生性喜温，为落叶乔木，树高 15 米。它主要生长在山地林区，特别是陡峭的山坡、开阔的坡地或溪流与河边，一般为混交林、次生林或频受人为干扰的生境。香椿的嫩芽可作蔬菜食用，也可作饲料。香椿树干直，纹理细，是造船、造桥和建筑的材料，特别适合制作网筛的木箍[120][121]。田螺山遗址出土的部分立桩是用香椿木制成的[76]。

6. 其他结肉果/浆果的乔木

研究区域出土的其他结浆果的乔木还包括猕猴桃科（*Actiniadiceae*）的猕猴桃[7]（*Actinidia*）、五福花科（*Adoxaceae*）的荚蒾[7]（*Viburnum*）、杨梅科（*Myricaceae*）的杨梅[7]（*Myrica*），它们都以种子或果核的形式被鉴定出来。虽然这几种都仅发现于田螺山遗址的村落区，但是猕猴桃和荚蒾在出土概率和绝对数量上都达到了比较明显的量，因此它们无论在生计经济中，还是在生态意义上都有不可忽视的地位。

四、结坚果的乔木

1. 壳斗科（*Fagaceae*）

研究区域内出土了丰富的壳斗科植物，俗称"橡子"，它们属于 5 个属，包括栎（*Quercus*）、青冈（*Cyclobalanopsis*）、栲（*Castanopsis*）、石栎

（*Lithocarpus*）、栗（*Castanea*），出现在 6 个遗址的考古记录中。这一科植物大多以未炭化的完整果实、果壳碎片、壳斗、炭化果仁（即子叶）或者木材的形式被保留在遗存中，跨湖桥[2]、田螺山[7]、河姆渡[14]均有大量橡子储藏坑。此外，从小黄山出土的碾磨石器和跨湖桥陶片食物残渣上提取的淀粉颗粒中都鉴定出属于壳斗科的标本[4][5]。河姆渡遗址还曾出土栎和栲的叶片[14]。壳斗科坚果为椭球形或近球形；表皮光滑，内外有数层，具平行、细腻的纵纹；顶端有微突的小尖，基部是粗糙的椭圆形果疤。壳斗为杯状，不同属/种的壳斗外表面形态结构不同，这是将本科鉴定到属或种的重要依据。比如，田螺山出土有同心平行环带的壳斗为青冈，壳斗纹呈覆瓦状排列的为石栎，跨湖桥出土壳斗外部有紧贴鳞片的为栎。有时遗存中混有坚果仍然紧包在壳斗内的幼果个体，它们是观察壳斗形态的极佳案例。壳斗科果仁由 2 片子叶组成，子叶外表面略不平，有纵向的浅沟，内表面平坦，顶端可见胚痕。

壳斗科在中国有 7 属 294 种，其中 163 种为本地特有。它们是亚热带树林的主要组成树种，大多为常绿或落叶乔木，少为灌木[122]。该树木生于向阳开畅的山坡或山冈上，喜暖，耐火。其花期一般在 4—6 月，果期为 8—11 月，不同属种间略有差异，有些种当年开花，翌年果熟。壳斗科果实富含淀粉，一些种还有一定的脂肪含量，是营养价值比较高的食物，除了一般食用外，还可以酿酒。许多树种材质优良，在营建、器物制造的许多方面有着广泛用途。其木材燃烧火力强，是良好的薪炭原料[123]。

壳斗科坚果是全球史前遗址普遍发现的重要资源，特别是在还未将草籽作为主食资源的遗址中，比如食用橡子的证据在古典期中晚期的北美土著中就很普遍[124][125]，在近东拉文特地区的旧石器末期[126]、中国的新石器时代早中期、日本绳文时代[127]，它都是很重要的食物。壳斗科许多种属的果实含有单宁酸，吃起来涩口，因此食用前需要将其去除。世界各地的考古材料和民族志材料表明，去除橡实苦涩味的方法多种多样，火烤、淋滤、添加含铁的红土、蒸煮或加草木灰煮，都可以达到加工烹调的目的[128]。

民族学材料还显示，人类从自然界获取橡子并不是完全被动地采集，在很多情况下会有计划、有控制地焚烧橡树林、预测并规划收获时间表以保证好收成。当然,这些人工有意的管理并不像对水稻那样会导致目标物种(即坚果)表型性状的变化,所以人工操纵的证据要从别处寻找。已经有学者对日本史前[129][130][131]、欧洲西南部中石器时代[132]和北美印第安土著[133]栽培或管理壳斗科树林的证据进行了多方探究,这些研究表明,对坚果类资源和植被长期积极主动的维持可以在孢粉组分和古DNA中找到一些线索,这类活动是这些人群生计系统重要的组成部分。本书研究区域出土材料中所表现的焚烧与储藏行为可能印证了人与壳斗科植物长期的、密切的互动关系。

虽然壳斗科坚果是一种丰富且富含营养的果实,但将其作为主食资源来食用也存在一些不利因素。首先,其收成的大小年差异极大,气候波动、基因控制都会引起产量浮动,这增加了不可预测性,减少了可依赖性[134]。在这种情况下,可以想象大量橡实坑储遗迹说明当时人花了大力气去强化橡子利用。最可能的手段就是焚烧。壳斗科果树耐火喜光,所以火会特别有利于其生长。而被火势打开的林缘地带会比树林中部区域提供更多果实。以跨湖桥为例,微小炭屑数量在文化期以10倍计的突然增长可以作为先民焚烧行为的一种证据,作者倾向于把橡子的丰富性跟这一指示物变化联系起来,推测人们可能为了保证橡实收获而实施一种经常性的焚烧策略。同时,这一推测能够得到孢粉分析的佐证[135]。

其次,人类收获橡实并不是一件容易的事。加德纳(P. Gardner)曾经总结到,人们必须等秋天橡子一成熟就采收,不然果实会被鹿、松鼠、野猪等动物吃掉,人们还需要把精力集中在某几棵最高产的树上以节约搜索时间。同时,单棵产量可以通过使树冠受到更多光照来提高。人们很有可能通过降低树林密度(即减少一片树林的总棵数)来突出最高产的树,扩大单棵产量[136]。因此作者认为跨湖桥孢粉分析所显示的与人类居住同步的坚果树种减少并不一定意味着人类实际可利用的坚果数量减少,或者人类情愿牺牲这一重要主食资源的来源,以尚不稳定的刀耕火种式的水稻栽培来取代它。实际上,这可能恰恰暗示了先民可能通过降低橡树林密度来控制单棵产量,以便在收获中更加高效,从而强化对坚果的利用。当然,这个推测还需要进一步地检验,比如对炭屑进行树种分析有可能揭示先民是否有选择地焚烧林地。另一方面,考虑到孢粉比例统计方法的特点,壳斗科百分比的降低并不能说明其绝对数量减少了。百分比仅仅显示植物种类之间的相对丰富程度,在一些高产孢粉的草本植物——尤其是禾本科百分比增长35%的情况下,壳斗科树木的实际数量很可能维持原有水平,甚至有所增长。

壳斗科果实的长期保存对储藏要求较高,其保鲜效果与环境温湿度有密切关系。以板栗为例,适宜的温度在5—10℃,低于0℃的低温会冻伤果肉。湿度低果实易干瘪,湿度高则易霉烂变质。此外,贮藏过程中还需注意保持通气,以免造成坚果无氧呼吸,产生有毒的乙醛物质[137]。即使精心储藏,果实的可食用期也是有限的。坚果在9—10月间收获贮藏,1个多月内新鲜细腻,口感最佳。自11月中旬到1月上旬的贮藏中期,含糖量因风干而逐渐升高,甜度增加、果肉稍硬,可食性最好。1月底2月初,种实开始萌动,果皮皱缩变脆,果肉干硬萎缩,有些出现石灰化现象,但仍有近三成果实可供食用。因此,储藏坚果首要进行干燥处理,降低含水量。储藏过程中最重要的是控制温湿度,研究区内许多遗址的橡子储藏坑都经过精心处理。以跨湖桥为代表,一部分坑口架设"井"字形木构,交叉叠压,坑内有木桩支撑,有的坑底铺垫木板、木条,另有一些铺有一层沙。今天北京燕山栗区贮藏板栗多用沙藏保湿,贮藏在低温窖中,或在阴凉处储藏[137]。可见先民显然已经掌握了储藏坚果的要诀,而这是需要经过反复实践、充分了解其生物特征后才能总结出的规律。

除了食用以外,壳斗科树木还是很好的木材。栎树木材坚硬,不易变形,耐腐蚀,可供搭建屋舍、桥梁、制造车船、家具等。栗树材质稳定,纹理美观,强度高,适于制作板材和家具。栲树木材纹理直,结构略粗,较坚硬耐用,干燥不开裂,可供建筑、造船和制作枕木、农具、家具。在日本的绳文时代,壳斗科木材被大量用来建造半地穴式的房屋和水滨的构筑物。跨湖桥遗址独木舟下的支撑木桩就有以栎树制作的[2]。田螺山有91件木构件被鉴定为使用壳斗科的不同树种制作,它们大多是建筑部件,在经鉴定的所有标本中占12.8%,这个比例是木材当中比较高的,其中包括白栎和麻栎[76]。

2. 七叶树科（*Nippocastanaceae*）

七叶树科仅以淀粉颗粒的形式出现在跨湖桥陶片上的食物残渣中[4]，遗存中未发现其果实。尽管这一发现可能是中国史前考古首次记录到该植物，而且鉴定结果还不是很确定，但它暗示这一日本绳文时代常见的食物在长江下游新石器早中期也已经进入人类的食谱。中国现有七叶树16种，其中10余种原产中国。七叶树是落叶乔木，喜光，喜冬季温和、夏季凉湿，耐寒，不耐干热。其花期为5月，果期为9—10月[138]。七叶树果实形态与栗非常相似，其成分中含有少量单宁酸，但有大量皂苷[139]，因此食用前也需要经过加工处理以去除这些物质。日本的民族志显示加工的方法与去除橡子中单宁酸的步骤基本相同[140]。

3. 胡桃科（*Juglandaceae*）

胡桃科发现于跨湖桥和田螺山的木材中，跨湖桥的材料为枫杨[75]（*Pterocarya*），田螺山的材料为化香[76]（*Platycarya strobilacea*）。胡桃科植物在日本和北美的史前考古记录中是人类食谱中的主要食物，而它在史前的长江下游仅有少量见于木材，可能与当时植被中缺少这一科的树种有关。枫杨为落叶乔木，生于山麓郊野沿溪河两旁。其木材色浅，心、边材区别不明显，无气味，质软，纹理均匀，少翘裂，但不耐腐，可制成家具[141]。虽然跨湖桥发现的枫杨用于制作何种器物并不明确，但它在遗址中的出现表明先民有可能对其材质特点有所认识。化香树是落叶小乔木或灌木，喜光，耐干旱瘠薄，生长快，为荒山先锋树种。树干可以作为薪炭材用，树皮纤维经处理可代替麻用来制绳和纺织，木材可以制成家具、板材、农具、工具手柄等[142][143]。在田螺山鉴定的木材样品中，化香木主要用于建筑部件，包括柱、桩、板桩和一些方材，共有20例，但在全部标本中所占比例比较小[76]。

4. 樟科（*Lauraceae*）

研究区域出土的樟科植物包括至少5个属7个种。其中樟树（*Cinnamomum camphora*）种子见于跨湖桥和田螺山，田螺山还出土形似木姜子属（*Litzea*）或山胡椒属（*Lindera*）的樟科种子[7]。河姆渡出土

了整整一陶罐樟科叶片,包括香桂(*Cinnamomum subavenium*)、山鸡椒
(*Litzea cubeba*)、紫楠(*Phoebe sheareri*)、山胡椒(*Lindera glauca*)和浙
江山胡椒(*Lindera chienii*)[144]。樟树木材在跨湖桥[75]、河姆渡[14]和田
螺山[76]都有发现,发现于跨湖桥的另一种木材为红楠。樟树种子的鉴定
特征是:呈圆球形,直径 5—7 毫米;有 1 条脊状棱纵贯全粒,把种壳分成
两半;基部有一圆点,为果疤。

中国有樟科植物 25 属 445 种,其中 2 属 316 种原产中国[145]。本
科为常绿或落叶的乔木或灌木,植物体具有香气,多为南方常绿阔叶林
中常见的建群树种。遗址中发现的樟树一般生长在山坡上,4—5 月开
花,8—11 月结果。它的种子可以榨油,根、枝、叶可用于提取樟脑和樟
油以避驱毒虫[146]。河姆渡陶罐盛装的樟叶很可能采自向阳山坡和溪
谷中的林地,它们大多数可以为食物调味,也可以提取香油。樟科木材
大多纹理色泽美观致密,易加工,防虫蛀,耐水湿,是造船、建筑、家具的
优良用材。田螺山出土的木材中以樟科树种为最多,且几乎都为建筑
材料,不见用于制作日常用器,这与其材质本身的特点是非常匹配的。
其中樟树多见于柱坑中的垫板,另有 4 种樟科木材更多见于木柱和木
桩[76],表明先民对不同树种的特质差异非常了解,在使用时是有规律、
有选择的。

5. 山茶科(*Theaceae*)

山茶科遗存发现于 3 个遗址,山茶种子见于跨湖桥一陶罐内贮藏的
标本[2],山茶属(*Camellia*)和红淡比属(*Cleyera*)见于田螺山的木料分
析[76],木荷(*Schima superba*)见于圩墩[10]。田螺山发现的山茶属遗存并
非来自木材或木器,而是茶树根部的一些组织。鉴定者指出其木材结构
与栽培茶树一致,并有各种迹象表明它们是人为种植的茶树[76]。红淡比
属中有 7 种原产于中国,为常绿灌木或乔木,生于山谷溪边林下[147][148]。
它在田螺山出土的木材标本中多用作柱和方材[76]。木荷是常绿乔木,树
高 5—20 米,是亚热带季风气候区常绿阔叶林的优势建群种[149][150]。它
木质坚硬,可用于建筑及打制家具,尤其适于制作纱锭和梭子,是珍贵的
用材树种[151],树根还有治疗毒疮的药效。圩墩遗址的鉴定报告未能透露

更多信息,但表明先民已经注意到利用这种木材。

五、木材类乔木

除了上述提及的人类既食其果实又用其木材的树种以外,研究区域内发现的用材类树种还有金缕梅科(*Hamamelidaceae*)的枫香[10][14][75][76](*Liquidambar formosana*),木犀科(*Oleaceae*)的木犀[75][76](*Osmanthus*)、白蜡树[14][75](*Fraxnus*)、流苏[75][76](*Chionanthus*)、女贞[10](*Ligustrum lucidum*),柏科(*Cupressaceae*)的圆柏[14][76](*Sabina*),松科(*Pinaceae*)的松属[14][76](*Pinus*),杉科[10][75](*Taxodiaceae*),木兰科(*Magnoliaceae*)的木兰[75](*Magnolia*)和夜香木兰[14](*Magnolia coco*),杨柳科(*Salicaceae*)的柳属[75][76](*Salix*),榆科(*Ulmaceae*)的榉树[75][76](*Zelkova schneideriana*)、糙叶树[2][76](*Aphananthe aspera*)、朴树[76](*Celtis*)和榆树[76](*Ulmus*),大戟科(*Euphorbiaceae*)的乌桕[10][76](*Triadica*),银杏科(*Ginkgoaceae*)的银杏[76](*Ginkgo biloba*),还有属于其他12个科的12个树种(图6.3,表6.1)。长江下游地质的厌氧环境为大量有机质遗物的保存提供了得天独厚的条件,由此我们能够一窥先民在木材使用上的大致模式。

六、其他及未知科属

其他数量很少、信息有限或种属鉴定还不那么确定的植物材料有蓝果树科(*Nyssaceae*)的喜树[14](*Camptotheca acuminata*)、金栗兰科(*Chloranthaceae*)的金栗兰[14](*Chloranthus fortunei*)、虎耳草科(*Saxifragaceae*)的一种[14]、省沽油科(*Staphyleaceae*)的野鸦椿[6](*Euscaphis japonica*)、桔梗科(*Campanulaceae*)的沙参[7](*Adenophora*)、紫金牛科(*Myrsinaceae*)的朱砂根[7](*Ardisia crenata*)以及锦葵科(*Malvaceae*)中的一种[7],前3种见于河姆渡遗址出土的叶片,后4种见于田螺山遗址出土的种子。

还有3类植物遗存暂时无法知晓其科属分类,它们是草茎、块茎和芽苞。草茎的形态特征是其弧形表面有纵向平行的细密纹理。块茎有两个

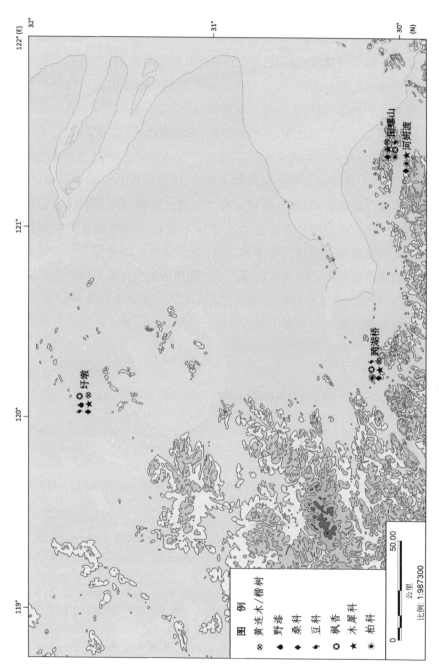

图 6.3 跨湖桥、田螺山、河姆渡、圩墩出土的主要木材种类

主要的形态特征，一是其表面有多个出芽点，二是可能会有茎已从一出芽点萌发生长起来，该结构常容易导致误判，但只要结合第一个特点的观察就能准确分辨。跨湖桥遗址就出土了一枚形似小葫芦的块茎，另一份块茎样品发现时已被对剖为二，它们都是未炭化的。田螺山遗址样品中也鉴定到炭化的块茎，但尺寸远小于跨湖桥的块茎，易被误判为坚果仁。芽苞是刚刚萌生的花芽与叶芽，一般呈卵形，顶端略收尖，基端呈圆弧，芽片呈层层包裹状，炭化与未炭化的样品都比较容易辨认。芽苞是花或叶的幼体，其形态与该植物成熟的形态相去甚远，因此极难鉴定到科一级，但若有个别情况能够做到，那么将提供有关该遗址资源利用季节性方面的重要信息。这三类材料经常在植物遗存中被发现，不同鉴定者对是否报道这类无法明确种属的材料持不同态度，笔者倾向于将这部分如实地反映在植物考古报告中。因为它们是人类所利用的植物资源全体的组成部分之一，它们在文化堆积中的出现联系着人类的一系列资源开发行为，而这些资源开发行为又与更加广阔的生态背景结合在一起。

注释

[1] 中村慎一(编).浙江省余姚田螺山遗跡の學際的綜合研究[M].金沢：金沢大学人文学類フィールド文化学研究室,平成22年.

[2] 浙江省文物考古研究所,萧山博物馆.跨湖桥[M].北京：文物出版社,2004.

[3] 潘艳,郑云飞,陈淳.跨湖桥遗址的人类生态位构建模式[J].东南文化.2013,(6)：54-65.

[4] 杨晓燕,蒋乐平.淀粉粒分析揭示浙江跨湖桥遗址人类的食物构成[J].科学通报,2010,55(7)：596-602.

[5] Liu, L, Field, J., Weisskopf, A., Webb, J., Jiang, L., Wang, H., & Chen, X. The exploitation of acorn and rice in Early Holocene Lower Yangzi River, China [J]. *Acta Anthropologica Sinica*, 2010, 29 (3)：317-333.

[6] 郑云飞,陈旭高,孙国平.田螺山遗址出土植物种子反映的食物生产活动[A].见：北京大学中国考古学研究中心,浙江省文物考古研究所(编).田螺山遗址自然遗存综合研究[M].北京：文物出版社,2011.

[7] 傅稻镰,秦岭,赵志军,郑云飞,细谷葵,陈旭高,孙国平.田螺山遗址的植物考古学分析：野生植物资源采集、水稻栽培和水稻驯化的形态学观察[A].见：北京大学中国考古学研究中心,浙江省文物考古研究所(编).田螺山遗址自然

遗存综合研究[M].北京：文物出版社,2011.

[8] Zheng, Y. , Sun, G. , Qin, L. , Li, C. , Wu, X. , & Chen, X. Rice fields and modes of rice cultivation between 5000 and 2500 BC in East China [J]. *Journal of Archaeological Science*, 2009: 2609-2616.

[9] 北京大学中国考古学研究中心,浙江省文物考古研究所(编).田螺山遗址自然遗存综合研究[M].北京：文物出版社,2011.

[10] 徐永吉,吴达期,张耀丽.圩墩遗址古木研究[J].南京林业大学学报,1994,18(1): 51-56.

[11] Chen, J. , Ding, B. , & Funston, A. M. Trapaceae [A]. In Wu, Z. Y. , Raven, P. H. , & Hong, D. Y. (Eds.) *Flora of China: Volume 13* [M]. Beijing: Science Press & St. Louis: Missouri Botanical Garden Press, 2007: 290-291.

[12] 徐惠良,王文青,王冬明.菱角的生育特性及放养技术[J].上海农业科技,2003,(2): 86.

[13] 浙江植物志编辑委员会.浙江植物志(第四卷)[M].杭州：浙江科学技术出版社,1993.

[14] 浙江省文考古研究所.河姆渡——新石器时代遗址考古发掘报告[M].北京：文物出版社,2003.

[15] 宁波市文物考古研究所.傅家山：新石器时代遗址发掘报告[N].北京：科学出版社,2013.

[16] 浙江省文物管理委员会.浙江嘉兴马家浜新石器时代遗址的发掘[J].考古,1961,(7).

[17] 张梅坤.桐乡新桥遗址试掘报告[A].见：嘉兴市文化局(编).马家浜文化[M].杭州：浙江摄影出版社,2004: 81-89.

[18] 南京博物院.江苏吴县草鞋山遗址[A].见：嘉兴市文化局(编).马家浜文化[M].杭州：浙江摄影出版社,2004: 126-133.

[19] 浙江省文物管理委员会.浙江省吴兴县邱城遗址 1957 年发掘报告初稿[A].见：浙江省文物考古研究所(编).浙江省文物考古研究所学刊(第七辑)[M],2005: 1-65.

[20] Pei, A. Notes on new advancements and revelations in the agricultural archaeology of early rice domestication in the Dongting Lake Region [J]. *Antiquity*, 1998, 72: 878-885.

[21] 裴安平.彭头山文化的稻作遗存与中国史前稻作农业再论[J].农业考古,1998,(1): 193-203.

[22] Smith, B. D. *The Emergence of Agriculture* [M]. New York: W. H. Freeman, 1998.

[23] 罗桂环.茨菇等几种水生作物栽培史考[J].古今农业,2005,(1): 26-34.

[24] 江解增,曹碚生.水生蔬菜品种类型及其产品利用[J].中国食物与营养,2005,

　　　　　　(9)：21-23.

[25]　浙江植物志编辑委员会.浙江植物志(第二卷)[M].杭州：浙江科学技术出版
　　　社,1993.

[26]　Fu, D. & Wiersema, J. H. Nymphaeaceae [A]. In Wu, Z. Y., Raven, P.
　　　H., & Hong, D. Y. (Eds.) *Flora of China: Volume 6* [M]. Beijing: Science
　　　Press & St. Louis: Missouri Botanical Garden Press, 2001: 115-118.

[27]　张勇.初识北京野生芡实[J].湿地科学与管理,2008,4(3)：58-59.

[28]　宋晶,吴启南.芡实的本草考证[J].现代中药研究与实践,2010,24(2)：22-24.

[29]　鲍忠洲,尹渝来,陈虎根,严龙.苏芡的生长习性及果实采收方法[J].长江蔬菜
　　　(学术版),2010,(14)：74-75.

[30]　[元]大司农司(编).马宗申(译注).农桑辑要译注[M].上海：上海古籍出版
　　　社,2008：329-330.

[31]　Chen, S. & Phillips, S. M. Coix [A]. In Wu, Z. Y., Raven, P. H., &
　　　Hong, D. Y. (Eds.) *Flora of China: Volume 22* [M]. Beijing: Science Press
　　　& St. Louis: Missouri Botanical Garden Press, 2006: 648-649.

[32]　浙江植物志编辑委员会.浙江植物志(第七卷)[M].杭州：浙江科学技术出版
　　　社,1993.

[33]　何可文.薏苡的栽培[J].安徽林业,2005,(3)：40.

[34]　赵晓明,宋秀英,李贵全.薏苡名实考[J].中国农史,1995,14(2)：34-38.

[35]　刘长江,靳桂云,孔昭宸.植物考古：种子和果实研究[M].北京：科学出版社,
　　　2008：图版 36.

[36]　Harlan, J. R. *Crops and Man* [M]. Madison: American Society of
　　　Agronomy, Crop Science Society of America, 1992.

[37]　Liu, L., Phillps, S. M. Arundineae [A]. In Wu, Z. Y., Raven, P. H., &
　　　Hong, D. Y. (Eds.) *Flora of China: Volume 22* [M]. Beijing: Science Press
　　　& St. Louis: Missouri Botanical Garden Press, 2006: 448-449.

[38]　浙江植物志编辑委员会.浙江植物志(第七卷)[M].杭州：浙江科学技术出版
　　　社,1993：137.

[39]　浙江省文物考古研究所,厦门大学历史系.浙江余姚市鲻山遗址发掘简报[J].
　　　考古,2001,(10)：14-25.

[40]　罗家角考古队.桐乡县罗家角遗址发掘报告[J].见：浙江省文物考古所(编
　　　著).浙江省文物考古所学刊[M].北京：文物出版社,1981：1-42.

[41]　江苏省文物工作队.江苏吴江梅堰新石器时代遗址[J].考古,1963,(6)：
　　　308-318.

[42]　常州市博物馆.1985 年江苏常州圩墩遗址的发掘[J].考古学报,2001,(1)：
　　　73-110.

[43]　浙江植物志编辑委员会.浙江植物志(第七卷)[M].杭州：浙江科学技术出版
　　　社,1993：117.

[44] 浙江植物志编辑委员会.浙江植物志(第七卷)[M].杭州:浙江科学技术出版社,1993:128.

[45] 浙江植物志编辑委员会.浙江植物志(第七卷)[M].杭州:浙江科学技术出版社,1993:178.

[46] Liang, S., & Tucker, G. C. Scirpus [A]. In Wu, Z. Y., Raven, P. H., & Hong, D. Y. (Eds.) *Flora of China: Volume 23* [M]. Beijing: Science Press & St. Louis: Missouri Botanical Garden Press, 2010: 171-174.

[47] 李志军,徐雅丽,于军,徐崇志.扁秆藨草生长与繁殖特性研究[J].塔里木农垦大学学报,2001,13(4):21-24.

[48] 唐立丰.水稻与扁秆藨草竞争关系的初步研究[J].杂草科学,1993,36(3):5-8.

[49] Deur, D., & Turner, N. J. Introduction: reassessing indigenous resource management, reassessing the history of an idea [A]. In Deur, D., & Turner, N. J. (Eds.) *Keeping It Living: Traditions of Plant Use and Cultivation on the Northwest Coast of North America* [M]. Vancouver and Toronto: UBC Press, 2005: 3-34.

[50] Guo, Y., Haynes, R. R., Hellquist, C. B., & Kaplan Z. Potamogetonaceae [A]. In Wu, Z. Y., Raven, P. H., & Hong, D. Y. (Eds.) *Flora of China: Volume 23* [M]. Beijing: Science Press & St. Louis: Missouri Botanical Garden Press, 2010: 108-115.

[51] Fu, D., & Wiersema J. H. Nelumbonaceae [A]. In Wu, Z. Y., Raven, P. H., & Hong, D. Y. (Eds.) *Flora of China: Volume 6* [M]. Beijing: Science Press & St. Louis: Missouri Botanical Garden Press, 2001: 114.

[52] 江苏省植物研究所.江苏植物志(下册)[M].南京:江苏科学技术出版社,1982.

[53] 胡光万,刘克明,雷立公.莲属(*Nelumbo* Adans.)的系统学研究进展和莲科的确立[J].激光生物学报,2003,12(6):415-420.

[54] 赵志军,张居中.贾湖遗址2001年度浮选结果分析报告[J].考古,2009,(8):84-93.

[55] 薛建华,曹晓青,科鲁高娃 M. V.,卢波措娃 T. A..黑龙江流域野生莲及其生物学特性[J].国土与自然资源研究,2010,(5):66-68.

[56] Wang, Q., Haynes, R. R., Hellquist, C. B. Alismataceae [A]. In Wu, Z. Y., Raven, P. H., & Hong, D. Y. (Eds.) *Flora of China: Volume 23* [M]. Beijing: Science Press & St. Louis: Missouri Botanical Garden Press, 2010: 84-86.

[57] 朱建清,王铸庭,胡惠根,王爱琴.慈菇的性状特点及高产栽培[J].上海农业科技,2003,(3):66-67.

[58] 吴竞化,周恒昌.水莎草+矮慈姑杂草组合对水稻产量的损失[J].江苏农业学

报,2000,16(2): 88-91.

[59] Sun, K., & Simpson, D. A. Typhaceae [A]. In Wu, Z. Y., Raven, P. H.,
      & Hong, D. Y. (Eds.) *Flora of China: Volume 23* [M]. Beijing: Science
      Press & St. Louis: Missouri Botanical Garden Press, 2010: 161-163.

[60] Anderson, M. K. *Tending the Wild: Native American Knowledge and the
      Management of California's Natural Resources* [M]. Berkeley: University of
      California Press, 2005.

[61] Wu, G., & Clemants, S. E. Juncaceae [A]. In Wu, Z. Y., Raven, P. H., &
      Hong, D. Y. (Eds.) *Flora of China: Volume 24* [M]. Beijing: Science Press
      & St. Louis: Missouri Botanical Garden Press, 2000: 44-69.

[62] 江苏省植物研究所.江苏植物志(下册)[M].南京: 江苏科学技术出版社,
      1982: 809.

[63] 陈重明.葫芦的民族植物学[J].中国野生植物资源,2002,21(2): 29-31.

[64] 李露露.海南黎族古老的水上交通工具[J].中国历史博物馆馆刊,1994,(1):
      93-97.

[65] 俞为洁.中国史前植物考古——史前人文植物散论[M].北京: 社会科学文献
      出版社,2010: 87.

[66] Erickson, D. L., Smith, B. D., Clarke, A. C., Sandweiss, D. H., &
      Tuross, N. An Asian origin for a 10,000-year-old domesticated plant in the
      Americas [J]. *Proceedings of the National Academy of Sciences of the United
      States of America*, 2005, 102(51): 18315-18320.

[67] Lu, A., & Jeffrey, C. Lagenaria [A]. In Wu, Z. Y., Raven, P. H., &
      Hong, D. Y. (Eds.) *Flora of China: Volume 19* [M]. Beijing: Science Press
      & St. Louis: Missouri Botanical Garden Press, 2011: 53.

[68] Fuller, D., Hosoya, L. A., Zheng, Y., & Qin L. A contribution to the
      prehistory of domesticated bottle gourds in Asia: rind measurements from
      Jomon Japan and Neolithic Zhejiang, China [J]. *Economic Botany*, 2010, 64
      (3): 260-265.

[69] 崔兆玉,于钢.葫芦的用途及栽培[J].中国林副特产,1994,29(2): 37-38.

[70] [元]大司农司(编).马宗申(译注).农桑辑要译注[M].上海: 上海古籍出版
      社,2008: 216-218.

[71] Lu, A. & Jeffrey, C. Cucumis [A]. In Wu, Z. Y., Raven, P. H., & Hong,
      D. Y. (Eds.) *Flora of China: Volume 19* [M]. Beijing: Science Press & St.
      Louis: Missouri Botanical Garden Press, 2011: 48-49.

[72] 郑云飞,陈旭高.甜瓜起源的考古学研究——从长江下游出土的甜瓜属
      (*Cucumis*)种子谈起[A].见: 浙江省文物考古研究所(编).浙江省文物考古
      研究所学刊(第8辑)[M].北京: 科学出版社,2006: 578-585.

[73] Huang, L., Lu, A., & Jeffrey, C. Trichosanthes [A]. In Wu, Z. Y.,

Raven, P. H., & Hong, D. Y.（Eds.）*Flora of China: Volume 19*［M］. Beijing: Science Press & St. Louis: Missouri Botanical Garden Press, 2011: 36-45.

［74］ 江苏省植物研究所.江苏植物志（下册）［M］.南京：江苏科学技术出版社，1982：808.

［75］ 郑云飞.树木遗存反映的长江下游距今 8000—3500 年的森林植被的变迁［A］.见：浙江省文物考古研究所（编）.浙江省文物考古研究所学刊（第九辑）［M］.北京：科学出版社,2009：483-395.

［76］ 铃木三男,郑云飞,能城修一,大山干成,中村慎一,村上由美子.浙江省田螺山遗址出土木材的树种鉴定［A］.见：北京大学中国考古学研究中心,浙江省文物考古研究所（编）.田螺山遗址自然遗存综合研究［M］.北京：文物出版社,2011.

［77］ Xu, L., Chen, D., Zhu, X., huang, P., Wei, Z., Sa, R., Zhang, D., Bao, B., Wu, D., Sun, H., Gao, X., Liu, Y., Chang, Z., Li, J., Zhang, M., Podlech, D., Ohashi, H., Larsen, K., Welsh, S. L., Vincent, M. A., Gilbert, M. G., Pedley, L., Schrire, B. D., Yakovlev, G. P., Thulin, M., Nielsen, I. C., Choi, B.-H., Turland, N. J., Polhill, R. M., Larsen, S. S., Hou, D., Iokawa, Y., Wilmot-Dear, C. M., Kenicer, G., Nemoto, T., Lock, J. M., Salinas, A. D., Kramina, T. E., Brach, A. R., Bartholomew, B., Sokoloff, D. D. Fabaceae (Leguminosae)［A］. In Wu, Z. Y., Raven, P. H., & Hong, D. Y.（Eds.）*Flora of China: Volume 10*［M］. Beijing: Science Press & St. Louis: Missouri Botanical Garden Press, 2010: 1.

［78］ 江苏省植物研究所.江苏植物志（下册）［M］.南京：江苏科学技术出版社，1982：370.

［79］ 江苏省植物研究所.江苏植物志（下册）［M］.南京：江苏科学技术出版社，1982：332.

［80］ 江苏省植物研究所.江苏植物志（下册）［M］.南京：江苏科学技术出版社，1982：326-327.

［81］ Zhou, Z., & Bartholomew, B. Cannabaceae［A］. In Wu, Z. Y., Raven, P. H., & Hong, D. Y.（Eds.）*Flora of China: Volume 5*［M］. Beijing: Science Press & St. Louis: Missouri Botanical Garden Press, 2003: 74-75.

［82］ 江苏省植物研究所.江苏植物志（下册）［M］.南京：江苏科学技术出版社，1982：77.

［83］ 刘长江,靳桂云,孔昭宸.植物考古：种子和果实研究［M］.北京：科学出版社，2008：140.

［84］ Ren, H., & Wen, J. Vitis［A］. In Wu, Z. Y., Raven, P. H., & Hong, D. Y.（Eds.）*Flora of China: Volume 13*［M］. Beijing: Science Press & St.

Louis: Missouri Botanical Garden Press, 2007: 210.

[85] Ren, H., & Wen, J. Cayratia [A]. In Wu, Z. Y., Raven, P. H., & Hong, D. Y. (Eds.) *Flora of China: Volume 13* [M]. Beijing: Science Press & St. Louis: Missouri Botanical Garden Press, 2007: 189-194.

[86] 浙江植物志编辑委员会.浙江植物志(第四卷)[M].杭州:浙江科学技术出版社,1993: 114-121,129-131.

[87] McGovern, P. E., Zhang, J., Tang, J., Zhang, Z., Hall, G. R., Moreau, R. A., Nuñez, A., Butrym, E. D., Richards, M. P., Wang, C.-S., Cheng, G., Zhao, Z., & Wang, C. Fermented beverages of pre- and proto-historic China [J]. *Proceedings of the National Academy of Sciences of the United States of America*, 2004, 101(51): 17593-17598.

[88] McGovern, P. E., Underhill, A. P., Fang, H., Luan, F., Hall, G. R., Yu, H., Wang, C.-S., Cai, F., Zhao, Z., & Feinman, G. M. Chemical identification and cultural implications of a mixed fermented beverage from late prehistoric China [J]. *Asian Perspectives*, 2005, 44(2): 249-275.

[89] 郑云飞,游修龄.新石器时代遗址出土葡萄种子引起的思考[J].农业考古, 2006,(1): 156-168.

[90] 刘长江,靳桂云,孔昭宸.植物考古:种子和果实研究[M].北京:科学出版社, 2008: 152.

[91] 浙江植物志编辑委员会.浙江植物志(第五卷)[M].杭州:浙江科学技术出版社,1993: 286-287.

[92] Li, H., & Hedge, I. C. Lamiaceae [A]. In Wu, Z. Y., Raven, P. H., & Hong, D. Y. (Eds.) *Flora of China: Volume 17* [M]. Beijing: Science Press & St. Louis: Missouri Botanical Garden Press, 1994: 50-299.

[93] 韦保耀,黄丽,滕建文.紫苏属植物的研究进展[J].食品科学,2005,26(4): 274-277.

[94] 李嘉伊.食药兼优话紫苏[J].绿化与生活,2000,(6): 19.

[95] 湖南省文物考古研究所(编).彭头山与八十垱[M].北京:科学出版社,2006.

[96] 刘长江,孔昭宸,朗树德.大地湾遗址农业植物遗存与人类生存的环境探讨[J].中原文物,2004,(4): 26-30.

[97] 孔昭宸,刘长江,张居中.渑池班村新石器遗址植物遗存及其在人类环境学上的意义[J].人类学学报,1999,18(4): 291-295.

[98] Crawford, G., Underhill, A., Zhao, Z., Lee, G.-A., Feinman, G., Nicholas, L., Luan, F., Yu, H., Fang, H., & Cai, F. Late Neolithic plant remains from Northern China: preliminary results from Liangchengzhen, Shandong [J]. *Current Anthropology*, 2005, 46(2): 309-317.

[99] 刘昶,方燕明.河南禹州瓦店遗址出土植物遗存分析[J].南方文物,2010,76(4): 55-64.

[100] 浙江植物志编辑委员会.浙江植物志(第五卷)[M].杭州:浙江科学技术出版社,1993:282.

[101] 上海市文物保管委员会.崧泽——新石器时代遗址发掘报告[M].北京:文物出版社,1987.

[102] Zheng, Y., Crawford, G. W., & Chen, X. Archaeological evidence for peach (*Prunus persica*) cultivation and domestication in China [J]. *PlosOne*, 2014, 9: e106595.

[103] 刘长江,靳桂云,孔昭宸.植物考古:种子和果实研究[M].北京:科学出版社,2008:136.

[104] Min, T., & Barfod, A. Anacardiaceae [A]. In Wu, Z.Y., Raven, P.H., & Hong, D.Y. (Eds.) *Flora of China: Volume 11* [M]. Beijing: Science Press & St. Louis: Missouri Botanical Garden Press, 2008: 341-342.

[105] 浙江药用植物志编写组.浙江药用植物志[M].杭州:浙江科学技术出版社,1980:731-732.

[106] Min, T., & Barfod, A. Anacardiaceae [A]. In Wu, Z.Y., Raven, P.H., & Hong, D.Y. (Eds.) *Flora of China: Volume 11* [M]. Beijing: Science Press & St. Louis: Missouri Botanical Garden Press, 2008: 345.

[107] 江苏省植物研究所.江苏植物志(下册)[M].南京:江苏科学技术出版社,1982:430-431.

[108] Min, T., & Barfod, A. Anacardiaceae [A]. In Wu, Z.Y., Raven, P.H., & Hong, D.Y. (Eds.) *Flora of China: Volume 11* [M]. Beijing: Science Press & St. Louis: Missouri Botanical Garden Press, 2008: 353.

[109] 江苏省植物研究所.江苏植物志(下册)[M].南京:江苏科学技术出版社,1982:434-435.

[110] 蒋乐平.跨湖桥文化研究[M].北京:科学出版社,2014.

[111] 四柳嘉章,孙国平,铃木三男,中村慎一.円筒木器の黒色塗膜分析[A].见:中村慎一(编).浙江省余姚田螺山遗跡の學際的総合研究[M].金沢:金沢大学人文学類フィールド文化学研究室,平成 22 年: 251-253.

[112] 赵志军.广州南越宫苑遗址 J264 水井出土植物遗存分析报告[A].见:赵志军.植物考古学:理论、方法和实践[M].北京:科学出版社,2010:202-221.

[113] 曾喜育,庄瑞均,欧辰雄,吕福原.台湾榕属植物果核形态之研究——涩叶榕与埃及无花果榕亚属[J].台湾林业科学,2006,21(4):461-472.

[114] Kislev, M.E., Hartmann, A., & Bar-Yosef, O. Early domesticated fig in the Jordan Valley [J]. *Science*, 2006, 312: 1372-1374.

[115] 浙江植物志编辑委员会.浙江植物志(第二卷)[M].杭州:浙江科学技术出版社,1993:83-84.

[116] Lee, S., Gilbert, M.G., White, F. Ebenaceae [A]. In Wu, Z.Y., Raven, P.H., & Hong, D.Y. (Eds.) *Flora of China: Volume 15* [M].

Beijing: Science Press & St. Louis: Missouri Botanical Garden Press, 1996: 215-234.

[117] 浙江植物志编辑委员会.浙江植物志(第五卷)[M].杭州:浙江科学技术出版社,1993: 67-73.

[118] Peng, H., & Mabberley, D.J. Melia [A]. In Wu, Z.Y., Raven, P.H., & Hong, D. Y. (Eds.) *Flora of China: Volume 11* [M]. Beijing: Science Press & St. Louis: Missouri Botanical Garden Press, 2008: 130-131.

[119] 江苏省植物研究所.江苏植物志(下册)[M].南京:江苏科学技术出版社,1982: 406-407.

[120] Peng, H., & Edmonds, J.M. Toona [A]. In Wu, Z.Y., Raven, P.H., & Hong, D. Y. (Eds.) *Flora of China: Volume 11* [M]. Beijing: Science Press & St. Louis: Missouri Botanical Garden Press, 2008: 112-114.

[121] 江苏省植物研究所.江苏植物志(下册)[M].南京:江苏科学技术出版社,1982: 405-406.

[122] Huang, C., Zhang, Y., & Bartholomew, B. Fagaceae [A]. In Wu, Z. Y., Raven, P.H., & Hong, D. Y. (Eds.) *Flora of China: Volume 4* [M]. Beijing: Science Press & St. Louis: Missouri Botanical Garden Press, 1999: 314-400.

[123] 浙江植物志编辑委员会.浙江植物志(第二卷)[M].杭州:浙江科学技术出版社,1993: 41-66.

[124] Crawford, G. W. Plant Remains from Carlston Annis (1972, 1974), Bowles, and Peter Cave [A]. In Marquardt, W. H., & Watson, P. J. (Eds.) *Archaeology of the Middle Green River Region, Kentucky* [M]. Gainesville: Institute of Archaeology and Paleoenvironmental Studies, University of Florida, 2005: 181-212.

[125] Lewis, H. *Patterns of Indian Burning in California: Ecology and Ethnohistory* [M]. Ramona: Ballena Press, 1973.

[126] Barlow, K. R., & Heck, M. More on acorn eating during the Natufian: expected patterning in diet and the archaeological record of subsistence [A]. In Mason, S. L. R., & Hather, J. G. (Eds.) *Hunter-Gatherer Archaeobotany: Perspectives from the Northern Temperate Zone* [M]. London: Institute of Archaeology, UCL, 2002: 128-145.

[127] Takahashi, R. & Hosoya, L.A. Nut exploitation in Jomon society [A]. In Mason, S. L. R., & Hather, J. G. (Eds.) *Hunter-Gatherer Archaeobotany: Perspectives from the Northern Temperate Zone* [M]. London: Institute of Archaeology, UCL, 2002: 146-155.

[128] 刘莉.中国史前的碾磨石器、坚果采集、定居及农业起源[A].见:庆祝何炳棣先生九十华诞论文集编辑委员会(编).庆祝何炳棣先生九十华诞论文集

[M].西安: 三秦出版社,2008: 105-132.

[129] Kitagawa, J., & Yasuda, Y. The influence of climatic change on chestnut and horse chestnut preservation around Jomon sites in Northeastern Japan with special reference to the Sannai-Maruyama and Kamegaoka sites [J]. *Quaternary International*, 2004, 123-125: 89-103.

[130] Kitagawa, J., & Yasuda, Y. Development and distribution of *Castanea* and *Aesculus* culture during the Jomon Period in Japan [J]. *Quaternary International*, 2008, 184: 41-55.

[131] Sato, Y.-I., Yamanaka, S., Takahashi, M. Evidence for Jomon plant cultivation based on DNA analysis of chestnut remains [A]. In Habu, J., Savelle, J.M., Koyama, S., & Hongo, H. (Eds.) *Hunter-Gatherers of the North Pacific Rim* [M]. University of Hawaii Press, 2003: 187-197.

[132] Mason, S.L.R. Fire and Mesolithic subsistence-managing oaks for acorns in northwest Europe? [J]. *Palaeogeography, Palaeoclimatology, Palaeoecology*, 2000, 164: 139-150.

[133] Abrams, M.D. & Nowacki, G.J. Native Americans as Active and Passive Promoters of Mast and Fruit Trees in the Eastern USA [J]. *The Holocene*, 2008, 18(7): 1123-1137.

[134] Nixon, C.M., McClain, M.W. & Donohoe, R.W. Effects of hunting and mast crops on a squirrel population [J]. *Journal of Wildlife Management*, 1975, 39: 1-25.

[135] Shu, J.-W., Wang, W.-M., & Jiang, L.-P., Did alder (Alnus) fires trigger rice cultivation in the lower reaches of the Yangtze river, East China? [J] *Palaeoworld*, 2012, 21: 69-73.

[136] Gardner, P.S. 1997. The ecological structure and behavioral implications of mast exploitation strategies [A]. In Gremillion, K.J. (Ed.) *People, Plants, and Landscapes: Studies in Paleoethnobotany* [M]. Tuscaloosa: The University of Alabama Press, 1997: 161-178.

[137] 秦岭,董清华,王有年.板栗贮藏期间几种生理生化指标的变化[J].北京农学院学报,1995,10(1): 54-59.

[138] 张辰露,李新生,梁宗锁.七叶树属植物的分布特征及化学成分研究进展[J].西北林学院学报,2009,24(6): 142-145.

[139] Shimada, T. Nutrient compositions of acorns and horse chestnuts in relation to seed-hoarding [J]. *Ecological Research*, 2001, 16: 803-808.

[140] 桥口尚武(著).刘恒武(译).七叶树果实的食用习俗与石碓及石砧[J].南方文物,2010,(2): 124-129.

[141] 浙江植物志编辑委员会.浙江植物志(第二卷)[M].杭州: 浙江科学技术出版社,1993: 26-28.

[142] 钟国莲.乡土树种——化香育苗造林技术[J].林业实用技术,2011,(1): 53-54.

[143] 浙江植物志编辑委员会.浙江植物志(第二卷)[M].杭州:浙江科学技术出版社,1993:23.

[144] 俞为洁,徐耀良.河姆渡文化植物遗存的研究[J].东南文化,2000,135(7): 24-32.

[145] Li, W., Li, J., Huang, P., Wei, F., Cui, H., & Werff, H. V. D. Lauraceae [A]. In: Wu, Z. Y., Raven, P. H., & Hong, D. Y. (Eds.) *Flora of China: Volume 7* [M]. Beijing: Science Press & St. Louis: Missouri Botanical Garden Press, 2008: 102-254.

[146] 浙江植物志编辑委员会.浙江植物志(第二卷)[M].杭州:浙江科学技术出版社,1993:347-349.

[147] Min, T., & Bartholomew, B. Theaceae [A]. In: Wu, Z. Y., Raven, P. H., & Hong, D. Y. (Eds.) *Flora of China: Volume 12* [M]. Beijing: Science Press & St. Louis: Missouri Botanical Garden Press, 2007: 443.

[148] 浙江植物志编辑委员会.浙江植物志(第四卷)[M].杭州:浙江科学技术出版社,1993:204-206.

[149] Min, T., & Bartholomew, B. Theaceae [A]. In: Wu, Z. Y., Raven, P. H., & Hong, D. Y. (Eds.) *Flora of China: Volume 12* [M]. Beijing: Science Press & St. Louis: Missouri Botanical Garden Press, 2007: 423.

[150] 浙江植物志编辑委员会.浙江植物志(第四卷)[M].杭州:浙江科学技术出版社,1993:197.

[151] 傅祥久.木荷优质干材培育修枝技术的研究[J].河北农业科学,2010,14(5): 10-13.

第七章　古水稻的鉴定与研究

第一节　稻的形态特征与稻属的鉴定

现生稻属植物的成熟籽粒呈椭圆形,两侧压扁。颖果被 2 枚孕花稃片(分别为内颖和外颖)包裹,稃片呈舟状,开口一侧边缘近直,舟底一侧边缘弧形凸出。稃表面被糙毛,可见方格状纹路,电镜下可辨为规则排列的双峰乳突结构。两孕花稃片基部各有 1 枚披针形退化稃片(即内颖一侧的上部副护颖和外颖一侧的下部副护颖)。退化稃与孕花稃片间有歪圆头状的小穗轴,其基盘(即底部)圆形,边缘平坦或有环丘状突起,略外倾,中间有小凹孔。稻粒通过基盘与小枝梗相连接而着生于茎秆上。颖果(即米粒)椭圆形或窄圆形,两侧压扁,粒长 5—7 毫米,表面较光滑,有两条纵向棱脊,胚区位于一侧边缘基部。横切面椭圆形,具 6 棱[1][2](图 7.1)。

考古出土稻属植物遗存中最大量的是种子及种子的残片,由于埋藏条件不同,其出土状态又可分为未炭化和炭化两种情况。未炭化的古稻遗存大多是颖壳和茎叶碎片,黄褐色,鉴定时可通过显微镜下见表面规则的方格纹来确认。米粒的化学成分会在土壤溶液的长期浸泡下完全溶解,即使米粒外裹的颖壳也不能阻止这一分解过程,因此考古遗存中应该不会出现未炭化的稻米或完整稻谷[3]。而实际上,至今也未有此类古稻遗存报道。炭化的古稻遗存中会保留较多稻米、稻壳和完整稻谷,色黑。炭化稻米的鉴定特征包括:(1)种子表面可见两条清晰的棱脊;(2)一端有侧生型的胚;(3)另一端比较光滑圆润,棱脊从此呈放射状延伸下去,可以辨出六棱形的颖果横截面。炭化稻壳和稻谷的鉴定特征为:(1)稻壳表面有独特的整齐的方格纹;(2)有些稻壳基部仍然与小穗轴相连,甚

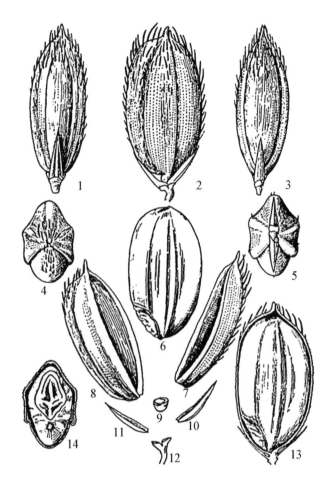

图 7.1　水稻形态示意图

1. 外颖侧视　2. 小穗侧视　3. 内颖侧视　4. 小穗顶端　5. 小穗底端
6. 米粒　7. 内颖　8. 外颖　9. 小穗轴　10. 内颖侧的护颖　11. 外颖侧的护颖
12. 副护颖连小枝梗　13. 小穗纵剖面　14. 小穗底部除去颖壳后的横剖面

至还带有折断的小枝梗。鉴定时应当尽量在同一个体上找出多个吻合鉴
定特征的因素综合起来判断,准确率相当高。而且,依这些特征,一些稻
米碎片也可以被准确地拣选出来。但是,一些与稻米尺寸非常相似的炭
屑有时会被误判为稻米,这可以通过研究者在镜下仔细辨认来避免,因为
木炭的内部机理呈整齐的平行线排列,一般放大 30—40 倍完全可以看
清,而炭化稻谷和稻米都不会有类似结构。

第二节　古稻标本的属性鉴定

　　辨别一份古稻样本的驯野属性对农业起源研究至关重要。农学和植物学研究已经揭示，现生稻属植物的野生种与驯化种可以通过生长习性、植株高度、分蘖力、剑叶长宽、花药长度、柱头颜色、芒性、落粒性、颖色、每穗粒数、花期与灌浆期的同步性、稻谷粒型、稻米粒型和颜色等许多方面的特征加以区别[4][5]，但是古稻遗存在经过炭化和数千年的埋藏后已经失去了许多可供提取分析的信息。其次，水稻驯化起源与演化还关系到籼粳亚种的分化与传播，因此驯化种中的籼粳亚种是否能在古稻遗存中被成功分辨出来，或者是否有必要对古稻样品——尤其是早期驯化种群——区分籼粳也是一大问题，而鉴于目前存在观点和证据上的分歧，这项工作可能比分辨驯野更加复杂，也更令人犹豫。普通野生稻被驯化成今天籼粳亚种的演化路线主要有三种假设[4]：（1）普野先被驯化为籼稻，然后再由籼稻演化为粳稻；（2）普野最初被驯化时没有明确的分化，它在对不同栽培条件的适应过程中逐渐演化为籼、粳两个亚种；（3）普野当中本身就有一年生和多年生的分化，一年生普野被驯化为籼稻，多年生普野被驯化为粳稻。近年的遗传学 DNA 研究提供了两种可能性。熊志远等采用插入—缺失分子标记法对 200 多份不同品种的现生水稻进行籼粳特性鉴定，发现野生稻所含的粳型等位基因和籼型等位基因的频率大致相等，而粳稻品种所含粳型等位基因比例远高于籼型等位基因，籼稻品种反之[6]（图 7.2）。基于这一结果对一份来自距今 2000 年汉墓的水稻样品进行检测，发现其籼、粳两种等位基因的频率也各占 50%，据此推测，野生稻被驯化后很长时间才发生大规模的籼粳分化，很可能要晚到汉代以后[7]。另一种观点来自日本学者佐藤洋一郎，他采用单个位点基因分析法发现野生稻在未经人类干扰时就已经存在籼粳分化，因此主张偏粳的普野被驯化为粳稻，而籼稻则是东南亚偏籼的野生稻与传播过去的粳稻杂交产生的后代[8]。

　　尽管上述因素为古稻分类鉴定增添了困难，但目前考古学仍在努力

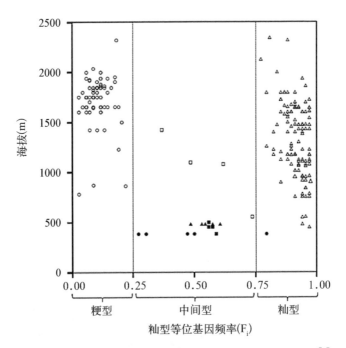

图 7.2　用插入—缺失分子标记法鉴定水稻籼粳属性示意图[6]

寻找和开拓出土材料以及相应地层中可观察、可测量的要素,基本集中在形态特征方面,其与现生稻群资料的结合比对为鉴别出土古稻属性提供了可行的路径。同时,水稻最初驯化时可能发生的各种变化也在不断的解读中被重新认识。

一、稻粒形态

　　谷粒和米粒的形态是最先被用来分辨水稻品种的标准。游修龄先生在首次鉴定河姆渡古稻时曾提出,"谷粒外形是鉴别籼和粳的重要依据,正确度是很高的"[9]。他结合当时的野生稻资源调查资料[10]和浙江农业大学农学系种子考古组制订的标准认为,驯化种外形较野生种应明显长而大,而驯化种中的籼和粳可按粒长和粒宽的比例加以区别。粳稻长宽比一般在 2 以下,约为 1.6—2.3(极个别可达 2.5),籼稻长宽比一般在 2 以上,约为 2—3(高的可达 3 以上)。另一位鉴定者周季维[11]参照的是丁颖[12] 所建立的稻种粒长短分级标准,籼稻的长宽比大多为 2.15—2.6,比值较大的可达 2.6 以上,较小的也有 2.14 以下,粳稻的长宽比大多为1.8—2.1,较长粒型可为 2.11 以上,短粒型也有小于 1.79。这两套标准的分类思路是一样的,只是在数值上略有差别。20 世纪后半叶,中国学者广泛使用稻粒长宽比为主要标准鉴定古稻遗存的种类属性。但是该标准存在三点明显的缺陷:(1) 无法清晰分辨籼稻中形态偏宽和粳稻中形态偏长的个体,比如游修龄的方法中长宽比为 2—2.3 和丁颖的方法中长宽比为 2.1—2.15 的个体;(2) 未对如何将野生种与驯化种从形态上区分开给予明确界定;(3) 长宽比分类体系的建立基于现生稻种样本,而出土稻粒均为已炭化,一般而言炭化个体在形态尺寸上会略有收缩,比未炭化个体要小,在炭化造成变形程度不明的情况下,现生种的数据是否仍适用于炭化后的样品鉴定就应当受到质疑。因此,随着实物材料的积累和问题复杂性的呈现,一些学者对稻粒形态尺寸标准进行了修正。王象坤的研究提出,一般粳稻米粒的长宽比小于2.3,长宽比为 2.31—2.5 的判为籼粳中间型,籼稻米粒长宽比为2.5—3.5,而且 3—3.5 中含部分不典型的野生型,典型野生稻长宽比大于 3.5[13]。张文绪和裴安平建立了一套将炭化米复原为未炭化稻谷的数据转换公式,曾经用于研究湖南八十垱遗址出土炭化稻[14],但应者寥寥。笔者发现使用此法将炭化米复原为稻谷时,仍然要依炭化米长宽比值的分区代入野、粳、籼所分别适用的转换公式(炭化米长宽比大于 3.2 的代入普通野稻公式,长宽比小于 2.5 的代入粳稻公式,长宽比为 2.5—3.2 的代入籼稻公式,转换公式以现代稻种样本的测量为依据,详见原文),这一步相当于在尺寸换算前就已经潜在地依尚未校正的长宽比作出了种类区分,在本质上与其他各法没有区别。因此,稻粒长宽比方法经修正后仍然没能弥补原先的缺陷,它正在受到越来越多的质疑[15]。一些学者明确指出由于籼粳之间长宽比存在重合区间,且现生种中有长宽比为籼而实际为粳的品种,因此依靠稻谷外形长宽比的测量已无法探清古稻种类问题[16]。

　　除了长宽比以外,另一形态测量的思路认为水稻在驯化过程中会表

现出稻粒尺寸和重量的增加,因此出土稻粒的长、宽值也被作为观察驯化
是否发生的一种证据线索,理论期待是能够看到稻米的长、宽数值随时间
从早到晚表现出明确的增长。然而,相关考古出土稻群的资料并没有印
证假设的趋势,反而展现出受样本大小、出土背景等影响的复杂模式,令
学界更加莫衷一是[17][18]。几乎同时,克劳福德等在月庄遗址炭化稻报告
中表示"单凭稻米粒自身的特征不能确定它们是否为栽培稻"[19]。汤普
森(G. Thompson)也曾明确指出,单凭稻粒长宽值来判定稻种属性不能
给出令人满意的分类结果[20]。此外,赵志军和顾海滨曾对现生水稻驯化
种和野生种的粒长、粒宽用散点图进行分析,结果发现虽然总体上能将两
个种群分开,但还是存在着一定的混合[21]。这项检验暗示,从稻粒自身
长宽尺寸来追踪水稻从野生转变为驯化的过程很可能受到数据重叠的困
扰。尤其是当我们考虑到水稻粒形变化应当是一种渐变的过程,并且很
可能在其他驯化性状发展出来以后才开始出现,那么这种变量选择和统
计方法就显得更加不可靠。

赵志军和顾海滨[21]在这些前期探索的基础上,发展出一套基于
稻米形态数据判别稻种的新方法。他们选择对现生野生种与驯化种
稻米的五个形态变量——粒长(GL)、粒宽(GW)、粒厚(GT)、胚长
(EL)、胚宽(EW)进行测量和判别分析,建立了野生稻和驯化稻的判
别公式:

$$Y_{野} = -144.775 + 26.282 \times GL + 23.353 \times GW + 12.641 \times GT$$
$$+ 18.836 \times EL + 20.871 \times EW$$

$$Y_{栽} = -174.142 + 24.323 \times GL + 24.559 \times GW + 16.525 \times GT$$
$$+ 31.057 \times EL + 29.542 \times EW$$

对未知属性的稻米进行鉴定时,将测得的五个变量值代入两公式,分别计
算出 $Y_{野}$ 和 $Y_{栽}$ 两值,若 $Y_{野} > Y_{栽}$,样品就接近现代野生种,反之,样品接
近现代驯化种,若两值相等,表明样品属性不明,无法判别。盲测表明该
判别公式的准确率高达95%以上,判断效果相当理想。他们还指出,这
五个自变量在方程中的贡献大小依次为:胚长>胚宽>粒厚>粒宽>粒

长,也就是说,野生稻种与驯化稻种在米粒形态上最显著的区别是胚部,而非粒型。这套方法被用于探究长江中游史前稻作栽培的进程,来自八十垱、丁家岗、城头山、叶家庙四处代表距今 8000—5000 年间的出土稻群被分别采样、测量并以判别公式进行计算,结果表明每个稻群都同时包含接近现生驯化种和野生种的个体,并且驯化种的百分比从早到晚呈现出逐步递增的趋势。因此,这套方法有效地证明了长江中游水稻驯化经历了漫长的形态渐变的理论假设。但是,此法目前还未应用于检测长江下游的古稻材料。

稻粒形态的变异程度也可作为分辨稻群是否被驯化的线索。受到人类频繁扰动的环境和人类有意无意的照管都会减弱自然选择施加于野生稻群的生存压力,因此原本在恶劣条件下无法存活而遭淘汰的个体就能够生存下来[22],但最终可能发育成秕粒或不饱满的米粒[23]。如此,我们很可能在最初受到人类看管或选择的稻群中发现比野生稻群形态变幅更大的变异。这是一个很好的切入口,但目前缺乏可靠的测量和统计手段以及相应的可资比较的数据库。罗夫纳(I. Rovner)和久洛伊(F. Gyulai)对小麦和葫芦科等种子的形态测量学研究昭示了通过种群籽实形态变异程度来寻找驯化的证据是件复杂而艰难的工作[24]。

二、植硅石形态

藤原宏志率先使用植硅石形态来判别稻属植物的性质。他使用水稻运动细胞扇形植硅石的长(VL)、宽(HL)、厚(LL)以及扇形柄部与根部长度之比(a/b)四个自变量建立了判别公式(图7.3),能够比较准确地把驯化种当中的籼、粳亚种区分开来[25]。这是目前长江下游古稻遗存研究中应用得最多的鉴定方法,但是

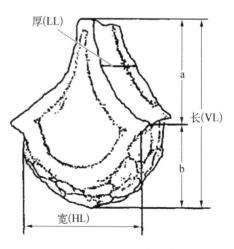

图 7.3　水稻运动细胞扇形植硅石形态及测量参数[25]

该方法没有涉及如何区分野生种与驯化种。赵志军曾在他的博士论文中指出该判别公式在适用性上的局限,公式基于大量日本现生稻群的研究,日本没有野生稻分布,就无须对驯化和野生进行判别,而在有野生稻的地区,这个公式并不能有效地区分野生种和驯化种[26]。皮尔索等人[27]和顾海滨[28]各自独立的研究都表明,扇形植硅石形态无法将野生稻和驯化稻区分开来,这两者的数据有很大程度的重叠。顾海滨还改进了扇形植硅石判别公式,但仍然仅限于区分驯化种当中的籼粳亚种,未涉及野生种与驯化种的区分[29]。

吕厚远和杨晓燕等开拓了扇形植硅石形态观察的新方法,他们发现扇形植硅石底部鳞片状纹饰的数目在野生稻和驯化稻中有差异,鳞片数大于 9 的个体在野生稻群中仅占 17.46 ± 8.29%,而在驯化稻群中占 63.7 ± 9.22%,据此可以一定的置信度将野生种群和驯化种群区分开[30]。这一方法对长江下游距今10000—3000 年间考古材料的分析也表明水稻在持续地经历驯化[31]。

藤原宏志的思路鼓励赵志军和皮尔索等人进一步寻找合适的鉴定材料。他们选择水稻颖壳表面的双峰型植硅石为研究对象(图 7.4),基于所有亚洲野生稻品种和传统驯化品种的对比分析,建立了根据双峰型植硅石形态参数区分稻属野生种与驯化种的判别公式[32]。对于任意未知属性的稻属双峰型植硅石,将双峰间距(TW)、垭深(CD)、峰高(H)、基部宽(MW)等测量数据代入公式就能得到对应野生型和驯化型的分值,哪个分值绝对值高,该植硅石就被判为属于哪种类型。此外,通过调整先验概率,该方法可将野生型或驯化型的判断正确率提高至 90%。这种方法

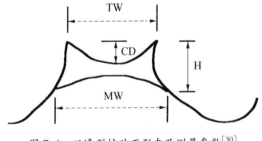

图 7.4 双峰型植硅石形态及测量参数[30]

的优势在于能够对来自亚洲有野生稻分布地区的样品分辨驯野，这解决了研究水稻最初驯化时首要考虑的鉴定问题。赵志军等用该方法理想地证明了，距今 10000 年左右长江中游的仙人洞和吊桶环遗址先民已经开始驯化水稻[33][26]。该方法用于分析长江下游上山、跨湖桥、田螺山等遗址出土的稻属植硅石，为水稻在该地区全新世早中期的驯化过程增添了一项有力的证据[34]。

顾海滨进一步建立了对双峰型植硅石区分籼粳的判别公式，自变量为正视角度下双峰间距、垭深以及两个峰的角度。该方法的判别结果信度为 87.3%，且籼稻的错判小于粳稻[29]。这个方法尚未应用于任何考古样品的检测。笔者建议，如果将赵志军的驯野判别公式和顾海滨的籼粳判别公式结合使用，很可能发现更多有关水稻驯化起源与过程的模式。

张文绪以水稻颖壳表面双峰乳突形态特征来判别稻种[35][36]，实质上也是抓住了双峰型植硅石在外形结构上的一种表现形式。这种方法在实际操作中需要借助比较复杂的统计过程，鉴定结果往往不如上面介绍的几种方法明晰易懂，此处不多赘述。

三、芒的有无

赵志军和顾海滨的研究还提到稻芒的有无可作为区分稻种驯野的标志。现代普通野生稻都具有长芒，而现代驯化种大部分无芒。进化生物学的观点认为，芒是水稻防止种子播散以前被鸟类啄食的重要器官，同时还能协助掉落的种子稳妥地安插在淤泥中，继而生根发芽。这些功能对人类利用水稻毫无意义，而且芒的发育还要消耗能量，于是，稻芒就在驯化过程中退化消失了。因此观察考古出土稻谷遗存是否有芒可以作为驯野判别结果的参考依据[21]。这种方法也见于其他研究者的考虑[37][18]，但他们指出稻芒非常脆弱，不易保存在考古样品中。赵志军和顾海滨从八十垱和城头山古稻遗存中发掘出可资鉴别芒的完整稻谷，观察结果发现两个稻群中无芒个体的比例分别为 23.3% 和 57.14%，的确存在随时间递增的趋势。

四、小穗基盘形态

小穗基盘是观察水稻驯化进程的又一理想材料,稻粒一般从小穗底部与枝梗分离,它能够反映稻群落粒性的强弱。野生稻群的落粒性非常强,而处于人类选择压力下的稻群落粒性会明显比野生种群弱,其机制已在第三章中详细论述。自然落粒的水稻小穗基盘断裂处比较光滑,而落粒性较差的小穗基盘会因断裂时受到机械力的撕扯而非常粗糙。因此,理论假设是,在野生稻群中光滑的小穗基盘占绝大多数,粗糙基盘的比例非常小,当驯化的过程开始后,稻群中光滑型小穗基盘的比例会逐渐降低,粗糙型小穗基盘的比例会相应增长,直至占绝大多数。

通过显微镜观察确定水稻小穗基盘的形态特征并将其归入相应的属性类别是检验这一假设的基础。目前已知的实践提供了两种分类方法。郑云飞等通过现生样品与考古样本的比对将来自跨湖桥、田螺山和罗家角三个遗址的水稻小穗基盘归为粳稻型与野生型两类,粳稻型小穗基盘通常可见副护颖,基部有小枝梗与之相连,或有明显折断痕迹,野生型小穗基盘往往不见副护颖,基盘底部平整光滑,现生籼稻型的小穗基盘特征不见于考古样品[38]。傅稻镰等则从同样来自田螺山的考古材料中分辨出三类不同属性的小穗基盘,基盘底部内凹且粗糙的属驯化型,基盘平坦光滑的属野生型,基盘突出并显示为从小枝梗处折断的属不成熟型[39]。这一分歧给我们从古稻群落粒性变化来了解人类早期驯化水稻的行为模式造成了一定的困扰,为了检验哪一种分类更可靠,作者设计了水稻小穗的脱粒实验,详细探讨了小穗基盘形态对古稻属性鉴定的意义。

此外,赵志军和顾海滨提出,最好能用可重复的测量数据作为判断小穗基盘性质的依据,而不是观察者个人的主观感觉。他们测量了312份现生水稻小穗基盘部环丘的最长径与最短径后用散点图分析发现,野生种和驯化种的数据完全混淆在一起,因此无法建立判别公式[21]。另一个不利因素是,考古样品中的小穗基盘往往破碎不全,有的被小枝梗遮盖,测不到环丘结构的数据。这说明水稻小穗基盘不能为定量分析提供理想的测量数据。

第三节　实验考古：水稻小穗基盘形态与落粒性及其对古稻遗存鉴定的意义

一、实验目的与内容

本实验对现生不同品种的水稻标本进行模拟脱粒，脱粒指的是将稻粒（即小穗）从枝梗上分离下来。实验主要解决两方面的问题：

1. 小穗断裂后基盘可以分为几种形态？它们在各稻群中的比例分布情况如何？

2. 基于本实验的结果，依据什么标准可以就考古样品中水稻小穗基盘形态的百分比统计数据来判断该样品所代表的稻群属性？

二、实验材料与模拟脱粒

根据以往的研究，水稻成熟后小穗基部离层发育是籽粒自然落粒的原因，而离层发育程度受到多种因素影响，本实验特别关注驯化程度、成熟程度和脱粒方式这三个变量。

本研究选取实验稻种时，首先以驯化程度作为主要分类。虽然驯化程度相似的水稻品种之间也存在落粒性差异，但是从野生到驯化的变异区间内，落粒性由强到弱的总体趋势是公认存在的。实验特意选取三种驯化程度差异明显的稻群来代表不同驯化阶段落粒性的强弱，以便统计数据能够较鲜明地反映出落粒性差异。野生种以湖南茶陵野生稻作为主要参照样本，另外还补充了 1 份品种不明的野生稻与 1 份来自防城的野生稻。由于在漫长的栽培历史中水稻的不同野生与驯化种群之间不断杂交，今天的野生稻与史前野生稻已经很不一样，这是水稻研究的一个共识，但是就落粒性特征而言，现代野生稻仍可以作为一个近似的参照。野生与驯化的中间型选取现代野生与驯化的杂交品种，本实验获得的样本是 3 份野生稻与籼稻品种明恢－86 的杂交种、2 份野生稻与不明籼稻品种的杂交种以及 1 份野生稻与粳稻品种日本晴杂交后的第二代。农学研究表明其落粒性介于现代野生种与驯化种之间，我们将其作为水稻从野生向驯化过渡阶段的参照样本。驯化种为 3 份粳稻品种日本晴和 3 份籼稻品种明恢 - 86。因此，本实验一共收集到 17 份现生水稻样本。

其次，对野生种和杂交种样本区分成熟与未成熟的情况。由于这两组样品的成熟籽粒离层发育较充分（初步观察表明杂交植株也会边成熟边落粒，与野生植株相似），直接收获其籽粒即可，无需脱粒。而它们的未成熟籽粒离层发育不完全，要得到纯净的籽粒就需要脱粒加工。对驯化种没有必要考察不成熟收获的情况。

此外，收获和脱粒方式可能也会对断裂的小穗基部形态有显著影响，因此每一组样品分 3 或 5 个亚组，用不同的方法收获和脱粒。成熟的野生种和杂交种籽粒用拍打和手捋两种方式直接从植株上收获，但由于实验场地不适宜实验者频繁进入，因而拍打收获以套袋收粒替代，水稻小穗在这两种落粒方式下的受力情况是极相似的，不会对穗轴基盘形态造成统计误差。未成熟的野生种和杂交种用割穗方式收获，脱粒时用手捋、抢打、击打三种方法，主要考虑到小穗基部在这三种方式下的受力情况是不同的。需要说明的是，由于实验当年的条件限制，唯一的粳野杂交种样本收获方式和脱粒方式都不明，但它仍然非常珍贵，被用来作为观察中间型脱粒性的一个参照。驯化种略去收获实验，直接取已割下的稻穗，也用以上三种方法脱粒。每一组稻穗脱粒前都要先干燥（详见表 7.1）。

表 7.1　水稻小穗脱粒实验样品分组设计

驯化程度	成熟程度	从植株获取纯净籽粒的方法		
野生种	成熟	拍打收获（套袋）	手捋收获	
	未成熟	割穗＋手捋脱粒	割穗＋抢打脱粒	割穗＋击打脱粒
野生与驯化杂交种	成熟	拍打收获（套袋）	手捋收获	
	未成熟	割穗＋手捋脱粒	割穗＋抢打脱粒	割穗＋击打脱粒
驯化种	粳稻	手捋脱粒	抢打脱粒	击打脱粒
	籼稻	手捋脱粒	抢打脱粒	击打脱粒

最后,在显微镜下观察和分析以上每一组水稻小穗基盘形态及各种
形态的比例。需要特别说明的是,本实验取样条件有限,所以对小穗落粒
性的认识一定还只是非常初步的摸索,但是其结果至少能为通过小穗基
盘判断出土古水稻的驯化程度提供一个参考。

三、数据分析

对于从植株上直接收获(即套袋和手捋收获)的 4 份样本,每份样本
的总量就是收获到的稻粒数。对于割穗收获的其余样本,脱落下来的小
穗基盘总量包括两部分之和,一部分是在收获后脱粒前的放置干燥时自
然落下的个数,另一部分是在脱粒处理后掉落的个数。

1. 小穗基盘形态与类型

小穗基盘形态与离层的构造发育密切相关,可以分为几类: 光滑而
平坦、粗糙而平坦、粗糙而突出、光滑而内凹、粗糙而内凹,它们在各样本
中的分布见表 7.2。

表 7.2　各稻种小穗基盘形态类型

水稻样本品种	小穗基盘形态类型
野　　生	光滑而平坦、粗糙而平坦
粳野杂交	光滑而平坦、粗糙而平坦、粗糙而突出
籼野杂交	光滑而平坦、粗糙而平坦、粗糙而突出
粳	光滑而平坦、粗糙而平坦、粗糙而突出
籼	光滑而内凹、粗糙而平坦、粗糙而突出、粗糙而内凹

光滑型的基盘形态与离层细胞的发育和分布一致,整体上光滑干净,
不见毛糙的部分,有蜡质的光泽感。野生稻和粳稻的离层细胞一般向颖
果方向微微内凹(图 7.5A、C),脱落下来的基盘就呈浅碟状或平坦(这两
者都计为平坦),籼稻的离层细胞则是深度内凹(图 7.5B),脱落下来的基
盘就向内凹入,因此光滑而平坦的小穗基盘见于野生、杂交和粳稻样本,
光滑而内凹的类型仅见于籼稻。粗糙型的基盘都是由于离层未充分发育
所致(图 7.5C),它表现为基盘边缘部分缺损且毛糙或基盘整体毛糙,没

有蜡质的光泽感。粗糙而平坦和粗糙而内凹这两类都是发育不充分的离层受到机械力撕扯的结果。有些小穗基盘在脱落时离层基本没有发育，小穗和枝梗间的连结还很牢固，外力不足以将两者分离，那么小穗就不从离层处断落，而是在小枝梗下部被折断，观察样品时很容易看到小枝梗承托住副护颖基部的构造。粗糙而突出的小穗基盘形态实质上就是这种仍然粘连有小枝梗断茬的个体，这种类型普遍见于杂交和驯化种，不见于野生种。

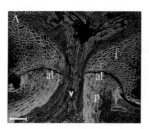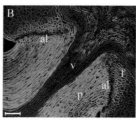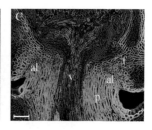

图 7.5　水稻小穗基盘离层发育的细胞结构显微照片[40]

2. 空壳小穗、小穗基盘形态与不成熟的关联性

收获实验的直观感觉表明，对于野生稻，收获成熟籽粒容易，收获将熟未熟的不成熟籽粒难，难在不容易判断。实际上，野生种和杂交种的成熟穗粒与未成熟穗粒很好区别，因为成熟穗粒颖色会变成黑色，容易自行落粒，但如果在成熟期频繁视察，就不会错过收获时机。而且民族学资料表明，这种穗头会事先被故意打结或在穗头下扎起，穗粒落下也不会直接掉入泥沼，这样也可以保证一定的收获量[41]。而未完全成熟的即使已经完成灌浆穗粒也是绿色，要判断收获时机只能用手去捏来判断米粒是否长结实了。

进一步，假设如果人类故意大量收获接近成熟的不成熟籽粒，这是否能够从未知样品中区别出来？下面利用收获的未成熟稻粒样品来考察空壳、突出型基盘和不成熟种群的关联性。

（1）稻粒成熟程度与稻粒空壳度的关联性

本章利用统计学方法来检验各稻种稻粒的成熟程度（成熟、不成熟）和稻粒空壳度（空壳、饱满）之间的关联性（由于驯化种均为成熟样本，故不作检验)。实验注意到,经脱粒后仍有部分稻粒连结在枝梗上。由于尚不清楚史前人类如何处理打谷后未掉落的小穗,这里分别考察把这部分稻粒计入或者排除在统计数据外的两种情形,以便比较分析。

统计学上,名称变量间的关联问题是用统计量 χ^2 来检验的。提出原假设 H_0 以及备选假设 H_1:

H_0:假设"稻粒是否成熟"和"稻粒是否空壳"两个变量间没有关联;

H_1:假设"稻粒是否成熟"和"稻粒是否空壳"两个变量间存在关联。

情形一:不计入脱粒后仍连结在枝梗上的稻粒

首先,对于野生种,根据原始数据,得到交叉列联表:

野生种		空壳 EW	饱满 FW
	成熟 MW	183	324
	未成熟 IW	221	1341

利用 SPSS 软件对上述数据作关联性检验结果如下:

χ^2 - Tests

野生种		Value	df	Asymp. Sig. (2-sided)
	Pearson Chi-Square	117.320[a]	1	.000
	Likelihood Ratio	106.585	1	.000
	N of Valid Cases	2069		

[a] 0 cells (.0%) have expected count less than 5. The minimum expected count is 99.00.

上述结果表明,$\chi^2 = 117.320$,自由度 df $= 1$,对应的显著水平 $\alpha = 0.000 < 0.001$,故可在显著性 0.001 的水平上拒绝原假设 H_0,可以以超过 99.9% 的置信度判断"稻粒是否成熟"和"稻粒是否空壳"两个变量间是存在关联的。

然而,需要说明的是,由于 χ^2 检验的结果仅给出名称变量间是否有关联,并不能给出变量间的关联强度,此外当列联表单元格的数值成比例增加时 χ^2 值也成比例增加,从而样本容量 N 的增大会"放大"较弱的关联信息。因此,在 χ^2 检验的基础上要进一步通过与样本容量 N 无关的统计量来衡量变量间的关联强度。统计学上可以用 Phi 系数或者克莱姆 V 值（Cramer's V）作为关联强度的度量（其数值介于 0 和 1 之间，V 值越大，反映关联强度越强），这里考察的是 2×2 列联表，克莱姆 V 值与 Phi 系数是相等的，都等于 $\sqrt{\chi^2/N}$。同时关注 χ^2 检验给出的接受或者拒绝关联假设的置信度以及关联本身的强弱程度有助于全面地讨论名称变量之间的关联[42]。

Symmetric Measures

野生种			Value	Approx. Sig.
	Nominal by Nominal	Phi	.238	.000
		Cramer's V	.238	.000
	N of Valid Cases		2069	

上表给出 V = Phi = 0.238，接近于 0 而离 1 较远，说明"稻粒是否成熟"和"稻粒是否空壳"两个变量间的关联实际上是很弱的。陈铁梅曾强调，四格表 χ^2 检验中样本容量的增大会"放大"较弱的关联信息，甚至可能会改变假设检验的结论，而"以相当高的置信度检验出很弱的关联往往是没有实际意义的"[42]。在本例中，由于样本容量较大（N = 2069），可以认为变量间较弱的关联性在 χ^2 检验中被放大了。

下面考察杂交种的情形：

杂交种		空壳 EC	饱满 FC
	成熟 MC	243	365
	未成熟 IC	80	398

χ^2 - Tests

杂交种		Value	df	Asymp. Sig.（2-sided）
	Pearson Chi-Square	69.113[a]	1	.000
	Likelihood Ratio	71.990	1	.000
	N of Valid Cases	1086		

[a] 0 cells（.0%）have expected count less than 5. The minimum expected count is 142.04.

Symmetric Measures

杂交种			Value	Approx. Sig.
	Nominal by Nominal	Phi	.252	.000
		Cramer's V	.252	.000
	N of Valid Cases		1087	

检验结果表明 $\chi^2 = 69.113$，自由度 df $= 1$，对应的显著水平 $\alpha = 0.000 < 0.001$，可以以超过99.9%的置信度判断"稻粒是否成熟"和"稻粒是否空壳"两个变量间是存在关联的。然而，变量间的关联强度 V $=$ Phi $= 0.252$，依然接近于0而离1较远。这说明对于杂交种"稻粒是否成熟"和"稻粒是否空壳"两个变量间的关联实际上很弱。与前面野生种的检验类似，这可能是由于样本容量较大（N $= 1086$）的原因。

情形二：计入脱粒后仍连结在枝梗上的稻粒

首先考虑野生种情形。统计结果如下：

野生种		空壳 EW	饱满 FW
	成熟 MW	183	324
	未成熟 IW	269	1366

χ^2 - Tests

野生种		Value	df	Asymp. Sig.（2-sided）
	Pearson Chi-Square	89.680[a]	1	.000
	Likelihood Ratio	82.422	1	.000
	N of Valid Cases	2142		

[a] 0 cells（.0%）have expected count less than 5. The minimum expected count is 106.99.

Symmetric Measures

野生种			Value	Approx. Sig.
	Nominal by Nominal	Phi	.205	.000
		Cramer's V	.205	.000
	N of Valid Cases		2142	

结论：$\chi^2 = 89.680$，自由度 df $= 1$，对应的显著水平 $\alpha = 0.000 <$ 0.001，可以以超过 99.9% 的置信度判断"稻粒是否成熟"和"稻粒是否空壳"两个变量间是存在关联的。然而，变量间的关联强度 Phi $= 0.205$，接近于 0 而离 1 较远。这说明"稻粒是否成熟"和"稻粒是否空壳"两个变量间的关联很弱。与前类似，这可能是由于样本容量较大（N $= 2142$）的原因。

进一步考虑杂交种的情形，统计结果如下：

杂交种		空壳 EC	饱满 FC
	成熟 MC	243	365
	未成熟 IC	266	447

χ^2 – Tests

杂交种		Value	df	Asymp. Sig. (2-sided)
	Pearson Chi-Square	.980ᵃ	1	.322
	Likelihood Ratio	.980	1	.322
	N of Valid Cases	1321		

ᵃ 0 cells (.0%) have expected count less than 5. The minimum expected count is 234.48.

Symmetric Measures

杂交种			Value	Approx. Sig.
	Nominal by Nominal	Phi	.027	.322
		Cramer's V	.027	.322
	N of Valid Cases		1321	

结论：$\chi^2 = 0.980$，自由度 df $= 1$，对应的显著水平 $\alpha = 0.322$，可以以 32.2% 的置信度接受"稻粒是否成熟"和"稻粒是否空壳"两个变量无关的假设。此时，变量间的关联强度 Phi $= 0.027$，非常接近于 0，表明"稻粒是否成熟"和"稻粒是否空壳"两个变量间的关联是非常弱的。

比较分析上述各种情形下的统计结果，基本可以认为，对于各稻种而言,"稻粒是否成熟"和"稻粒是否空壳"这两个变量之间的关联强度都是很弱的。虽然在某些情形下 χ^2 检验的结果显示可以以很高的置信度判断它们是存在关联的,但这有可能是因为很大的样本容量放大了变量间较弱的关联性而导致的结果。

（2）突出型小穗基盘与不成熟属性的关联

突出型小穗基盘的形态比较特殊,不同研究者对其性质有不同认识,有一种观点认为该形态很大程度上代表了尚未成熟就被收割的稻粒。本实验特别关注了突出型小穗基盘在不同稻群中所占的比例（图7.6）。结果显示：① 突出型小穗基盘在不成熟收获和成熟收获的稻群中都出现；② 突出型小穗基盘在 5 份未成熟收割的样品中都仅占 1%不到,仅在 1 份未成熟收割的样品中达到 35%；③ 突出型小穗基盘所占比例最显著的是在 6 份成熟收割的驯化稻中,基本都在 70% 以上,最少的一份样品中也有 40%,比例都大于未成熟收割样品中的突出型穗轴比例。根据上述统计数据可知,突出型小穗基盘与未成熟收获的稻粒之间没有表现出明确的关系,而似乎与稻种的驯化程度关系较密切。本实验的结果表明突出型小穗基盘是粗糙型小穗基盘当中非常典型的一类。

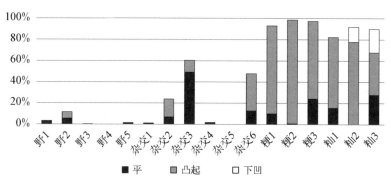

图 7.6　粗糙小穗基盘各形态在不同稻群中的比例

3. 小穗基盘形态与人工脱粒方式的关联性

从实验原始数据可以看到,不论是野生种还是杂交种,在收获后脱粒前已经自然脱落（即小穗底部与枝梗分离）的小穗基盘都是光滑的（被采样的驯化种中没有不受外力就自动落粒的现象）。因此，三个不同类型稻种中，粗糙型小穗基盘都是在收获、脱粒过程中受到外力（机械力）以某种方式作用而产生的。

下面检验各稻种在收获和脱粒过程中受外力作用而脱落的稻粒，其小穗基盘形态与外力作用方式是否具有关联性。

提出原假设 H_0 和备选假设 H_1：

H_0：假设"外力作用方式"和"小穗基盘形态"两个变量间没有关联；

H_1：假设"外力作用方式"和"小穗基盘形态"两个变量间存在关联。

为了排除水稻品种对统计结果的可能影响，对各稻种中具有多份的相同品种水稻进行检验（事实上，对实验样本中的杂交种这个分组，根据实验数据可以检验出杂交品种和稻粒小穗基盘形态有较强的关联性，检验方法类似，此处从略）。需要说明的是，一般而言，由于 χ^2 检验需要期望值低于 5 的单元格的比例不超过 20% 才更为有效[42]，在下面的检验过程中这个比例有时高达 50%（如对野生种、杂交种以及籼稻样品）。因此，这里的统计检验结果仅作为一个初步的参考。

首先考察 3 份茶陵野生种样品（每份样品分别采用一种方式收获与脱粒）：

		光滑 S	粗糙 T
野生种	方式 A 割穗 + 击打脱粒	204	1
	方式 B 割穗 + 抡打脱粒	261	0
	方式 C 割穗 + 手搓脱粒	308	9

$$\chi^2 - \text{Tests}$$

		Value	df	Asymp. Sig. (2-sided)
野生种	Pearson Chi-Square	10.524[a]	2	.005
	Likelihood Ratio	12.589	2	.002
	N of Valid Cases	783		

a 3 cells (50.0%) have expected count less than 5. The minimum expected count is 2.62.

Symmetric Measures

			Value	Approx. Sig.
野生种	Nominal by Nominal	Phi	.116	.005
		Cramer's V	.116	.005
	N of Valid Cases		783	

结论：$\chi^2 = 10.524$，自由度 df = 2，对应的显著水平 $\alpha = 0.005$，可以以超过 99% 的置信度拒绝"外力作用方式"和"小穗基盘形态"两个变量无关的假设。然而，变量间的关联强度 Phi = 0.116，很接近于 0，这表明"外力作用方式"和"小穗基盘形态"两个变量间的关联实际上是非常弱的。

接着考察杂交种中的 3 份野生种与籼稻品种明恢 - 86 的杂交种(每份样品采用一种方式收获与脱粒)：

		光滑 S	粗糙 T
杂交种	方式 A 拍打收获	239	3
	方式 B 割穗＋击打脱粒	180	5
	方式 C 割穗＋抢打脱粒	45	0

χ^2 - Tests

	Value	df	Asymp. Sig. (2-sided)
Pearson Chi-Square	2.205[a]	2	.332
Likelihood Ratio	2.827	2	.243
N of Valid Cases	472		

[a] 3 cells (50.0%) have expected count less than 5. The minimum expected count is .76.

Symmetric Measures

			Value	Approx. Sig.
杂交种	Nominal by Nominal	Phi	.068	.332
		Cramer's V	.068	.332
	N of Valid Cases		472	

结论：$\chi^2 = 2.205$，自由度 df $= 2$，对应的显著水平 α $= 0.332$，可以以 33.2% 的置信度接受"外力作用方式"和"小穗基盘形态"两个变量无关的假设。变量间的关联强度 Phi $= 0.068$，十分接近于 0，这表明"外力作用方式"和"小穗基盘形态"两个变量间的关联是非常弱的。

最后考察驯化种，分为粳稻（3 份日本晴）和籼稻（3 份明恢 - 86）两组进行。

粳 稻		光滑 S	粗糙 T
	方式 A 击打脱粒	16	74
	方式 B 抡打脱粒	3	33
	方式 C 手捋脱粒	9	81

χ^2 - Tests

粳 稻		Value	df	Asymp. Sig. (2-sided)
	Pearson Chi-Square	3.233[a]	2	.199
	Likelihood Ratio	3.206	2	.201
	N of Valid Cases	216		

[a] 1 cells (16.7%) have expected count less than 5. The minimum expected count is 4.67.

Symmetric Measures

粳 稻			Value	Approx. Sig.
	Nominal by Nominal	Phi	.122	.199
		Cramer's V	.122	.199
	N of Valid Cases		216	

结论：$\chi^2 = 3.233$，自由度 df $= 2$，对应的显著水平 α $= 0.199$，可以以 19.9% 的置信度接受"外力作用方式"和"小穗基盘形态"两个变量无关的假设。变量间的关联强度 Phi $= 0.122$，很接近于 0，这表明了"外力作用方式"和"小穗基盘形态"两个变量间的关联是很弱的。

籼稻		光滑 S	粗糙 T
	方式 A 击打脱粒	4	194
	方式 B 抡打脱粒	2	136
	方式 C 手捋脱粒	6	222

χ^2 – **Tests**

籼稻		Value	df	Asymp. Sig.（2-sided）
	Pearson Chi-Square	.594[a]	2	.743
	Likelihood Ratio	.613	2	.736
	N of Valid Cases	564		

[a] 3 cells（50.0%）have expected count less than 5. The minimum expected count is 2.94.

Symmetric Measures

籼稻			Value	Approx. Sig.
	Nominal by Nominal	Phi	.032	.743
		Cramer's V	.032	.743
	N of Valid Cases		564	

结论：$\chi^2 = 0.594$，自由度 df $= 2$，对应的显著水平 $\alpha = 0.743$，可以以 74.3% 的置信度接受"外力作用方式"和"小穗基盘形态"两个变量无关的假设。变量间的关联强度 Phi $= 0.032$，非常接近于 0，这表明了"外力作用方式"和"小穗基盘形态"两个变量间的关联是非常弱的。

综合以上的检验结果，基本可以认为，各稻种在收获与脱粒时受到外力作用的方式与稻粒小穗基盘形态的关联是很弱的。在野生种情形下，统计结果虽然以较高的置信度拒绝了原假设"外力作用方式和小穗基盘形态无关联"，但是变量间的关联强度很接近于 0。

4. 小穗基盘形态与稻群驯化程度的关联性

从百分比统计直观地来看，所有的野生种都表现出了很强的落粒性，即使是三份未成熟收获的样品经露天干燥后脱粒，光滑基盘的比例也都达到98%以上,其中抢打脱粒的光滑基盘比例达到了100%。威尔考克斯(G. Willcox)对小麦的脱粒实验报道过类似的结果[43],刘莉等曾以此例推测同为禾本科的水稻也有同样现象[18],本实验证明了这个推测。杂交种的表现比较复杂。有三份样本的落粒性与野生种一样强,同样都达到98%以上,手捋收获的成熟杂交种中粗糙基盘占到23.75%,手捋脱粒的未成熟籼野杂交种粗糙基盘占47.87%,处理方式不明的粳野杂交种中粗糙基盘达60.39%(图7.7)。这组数据反映了中间型的落粒性比野生种稍弱。所有的驯化种都表现出了很弱的落粒性。

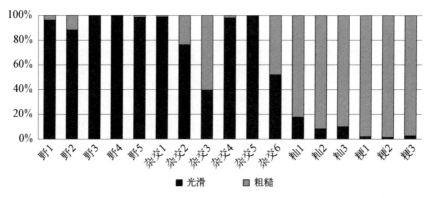

图 7.7　小穗基盘形态类型在各稻群中的比例

　　笔者进一步用统计学方法检验了小穗基盘形态与稻群驯化程度的关联性,检验的变量为稻种和小穗基盘形态。稻种以水稻驯化的程度分类,具体分为三种情形:野生种、杂交种、驯化种,小穗基盘形态分为两种情形:光滑、粗糙。根据实验数据,上述两个变量的交叉列联表如下(经脱粒操作后仍然未与枝梗分离的稻粒以及小穗基盘形态难以判定的稻粒均未计入统计数据):

	光滑 S	粗糙 T
野生种 W	2029	43
杂交种 C	872	216
驯化种 D	40	740

　　根据上述数据作出的条形图（图 7.8）直观地显示出"稻种"和"小穗基盘形态"两个变量具有明显的关联性，即野生种、杂交种及驯化种中，小穗基盘光滑的比例依次递减。

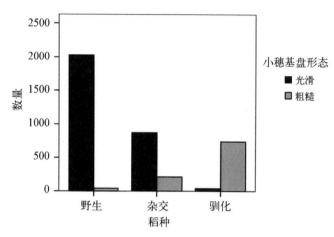

图 7.8　各稻种小穗基盘形态光滑/粗糙数量对比示意图

首先提出原假设 H_0 以及备选假设 H_1：

H_0：假设"稻种"和"小穗基盘形态"两个变量间没有关联；

H_1：假设"稻种"和"小穗基盘形态"两个变量间存在关联。

利用 SPSS 软件进行 χ^2 检验，结果如下：

χ^2- Tests

	Value	df	Asymp. Sig. (2-sided)
Pearson Chi-Square	2602.324[a]	2	.000
Likelihood Ratio	2643.370	2	.000
N of Valid Cases	3940		

　　[a] 0 cells (.0%) have expected count less than 5. The minimum expected count is 197.77.

Symmetric Measures

		Value	Approx. Sig.
Nominal by Nominal	Phi	.813	.000
	Cramer's V	.813	.000
N of Valid Cases		3940	

结论：$\chi^2 = 2602.324$，自由度 $df = 2$，对应的显著水平 $\alpha = 0.000 <$
0.001，故在显著性 0.001 的水平上拒绝原假设 H_0，可以以超过 99.9%
的置信度判断稻种和小穗基盘形态之间是存在关联的。$V = 0.813$，十
分接近于 1，这说明稻种和小穗基盘形态之间的关联性是比较强的，这与
χ^2 检验中以较高的置信度拒绝原假设 H_0 是吻合的。

另一方面，我们利用所谓的 PRE 度量（Percentage of Reduced Error）
来考察变量间的关联程度。粗略地说，PRE 度量就是将"在知道了自变量
的取值后对预测应变量取值误差的降低程度"作为两个变量之间关联程度
的度量。PRE 值的变化范围在 0 到 1 之间，其值越大表示变量间的关联性
越强。需要注意的是，PRE 值是不对称的，即两个变量中自变量和应变量
互换后得出的 PRE 值一般来说是不同的[42]。由于计算方法不一样，常用
的 PRE 值有 λ-系数和 Goodman and Kruskal τ 系数，它们及其显著水平可
以由 SPSS 软件分析得出。对于本节考虑的例子，结果如下：

Directional Measures

			Value	Asymp. Std. Error[a]	Approx. T[b]	Approx. Sig.
Nominal by Nominal	Lambda	Symmetric	.487	.013	27.677	.000
		稻种	.373	.012	27.137	.000
		小穗基盘形态	.701	.015	27.338	.000
	Goodman and Kruskal tau	稻种	.297	.009		.000[c]
		小穗基盘形态	.660	.014		.000[c]

a Not assuming the null hypothesis; b Using the asymptotic standard error assuming the null hypothesis; c Based on chi-square approximation.

上表显示,如果把小穗基盘形态作为自变量,$\lambda = 0.701$,显著水平 $\alpha = 0.000 < 0.001$,这表明在知道了小穗基盘形态以后,稻种的预测误差减少的比例为 70.1%(相应的 $\tau = 0.660$,此时误差减少比例为 66.0%),故而小穗基盘形态和稻种的关联程度是比较高的。这与 χ^2 检验得出的稻种和小穗基盘形态之间有较强的关联性的结论吻合,也说明了通过观察小穗基盘形态有助于提高预测稻种准确率。

前文的数据分析表明,稻种(野生种、杂交种及驯化种)与其小穗基盘形态(光滑、粗糙)有较强的关联性。另一方面,从原始实验数据可以看到,不论是野生种还是杂交种,在收获后脱粒前已经自然脱落的稻粒小穗基盘都是光滑的。因此,三个不同类型稻种中的粗糙型小穗基盘都是受到外力(机械力)以某种方式作用后产生的。把自然脱落的稻粒计入统计数据(如前文分析的情形)会增加野生种、杂交种中小穗基盘光滑个体的比例。

作为比较分析,笔者另考察实验样本中仅在外力作用下脱落的稻粒,来检验稻种与小穗基盘形态是否仍然呈现出与前文类似的较强关联性。交叉列联表如下(收获后脱粒前已经自然脱落的稻粒,经外力作用后仍然未与枝梗分离的稻粒以及小穗基盘形态难以判定的稻粒均未计入统计数据):

	光滑 S	粗糙 T
野生种 WH	1250	43
杂交种 CH	688	216
驯化种 DH	40	740

利用 SPSS 软件统计分析结果如下:

χ^2- Tests

	Value	df	Asymp. Sig. (2-sided)
Pearson Chi-Square	1883.064[a]	2	.000
Likelihood Ratio	2112.044	2	.000
N of Valid Cases	2977		

[a] 0 cells (.0%) have expected count less than 5. The minimum expected count is 261.75.

Symmetric Measures

		Value	Approx. Sig.
Nominal by Nominal	Phi	.795	.000
	Cramer's V	.795	.000
N of Valid Cases		2977	

结果显示 $\chi^2 = 1883.064$，自由度 $df = 2$，$V = 0.795$（接近于 1），对应的显著水平 $\alpha = 0.000 < 0.001$，故在显著性 0.001 的水平上拒绝原假设 H_0。因此，不考虑收获后脱粒前自然脱落的个体时，依然可以以超过 99.9% 的置信度判断稻种和小穗基盘形态之间是存在关联的，并且它们之间的关联性是比较强的。

5. 样本容量检验

前面各种关联性检验表明，水稻小穗基盘形态比例与成熟程度、收获和脱粒方式的关联很弱，而与稻群驯化程度有着很强的关联，因此，本实验的小穗基盘形态比例可以为判断未知样本驯野属性提供参考。而将统计数据应用于确定农业是否发生时，原则上需要避免将野生种群判为驯化种群。五份野生样本中粗糙小穗基盘比例的最高值（11.67%）被作为种群离开野生状态趋向驯化的底线，也就是说粗糙小穗基盘比例高于 11.67% 的种群可能为驯化，也可能为野生，而低于 11.67% 的被视作野生种。而杂交样本中存在粗糙小穗基盘比例远小于 11.67% 的个案，说明依这一标准有可能将一部分驯化种群判断为野生。同时成熟的杂交样本中粗糙小穗基盘比例高于 11.67% 的最低值为 23.75%，笔者认为这是一个比较合适的反映人类已介入控制稻群落粒性的值，它足以表明粗糙小穗基盘比例大于 23.75% 的稻群已经在驯化过程中。因此，11.67% 和 23.75% 是对判断驯野比较关键的两个值，考虑到本实验样本数非常有限，而实际上水稻品种的多样性会使粗糙小穗基盘比例有波动，这两个值暂被调整为 10% 和 20%。由此形成初步的判断标准：当一份小穗基盘样本中粗糙型比例在 10% 以下，它代表的稻群可被安全地判断为野生；当样本中粗糙基盘比例在 20% 以上，基本可以认为稻群已受到来自人类的选择压力；当样本中粗造基盘比例在 10%—20% 之间，无法对其驯化属性作出判断。

　　基于上述通过小穗基盘形态的观察和比例统计判断未知水稻样本的驯野属性的想法，进一步可以提出下面两个问题。

　　（1）对于一个已经获得的水稻样本，如何通过其粗糙型小穗基盘所占的比例来推断该样本所属稻群总体粗糙型小穗基盘的比例？（当然，也可以考察光滑型小穗基盘的比例，这在数学上是等价的。）这在统计学上是一个总体参数估计的问题。在推测出该水稻总体的粗糙型小穗基盘的比例后，我们可以根据前述的基准来初步判断该总体中水稻的驯野属性。

　　简单起见，样本中（可辨认的）小穗基盘形态属性分为光滑和粗糙两种，我们认为每颗稻粒的小穗基盘光滑与否是相互独立的，因而样本中小穗基盘的形态满足一个二项分布。根据统计学理论，假设样本所属的总体中，粗糙型小穗基盘的比例为 P，而我们得到的容量为 n 的样本中粗糙型小穗基盘的比例为 p，那么，可以用 p 作为 P 的点估计量，$\sigma = \sqrt{\dfrac{p(1-p)}{n}}$ 作为 P 的标准差的估计。如果要求对 P 的区间估计的置信度为 $(1-\alpha)$，那么 P 的区间估计为 $\left[p - Z_{\frac{\alpha}{2}}\sqrt{\dfrac{p(1-p)}{n}},\ p + Z_{\frac{\alpha}{2}}\sqrt{\dfrac{p(1-p)}{n}} \right]$，其中 $Z_{\frac{\alpha}{2}}$ 是使标准正态函数的累积概率函数 $\Phi(Z) = 1 - \dfrac{\alpha}{2}$ 的值。总体比例数 P 的估计的相对误差为 $d = \dfrac{Z_{\frac{\alpha}{2}}\sqrt{p(1-p)/n}}{p}$。上述的统计公式适用于总体实体数 N 很大的情形，如果 N 不是很大，则上述公式需要适当修正，这里不再赘述[42]。一般而言，可以认为稻米总体包含的稻粒数 N 往往比较大。

　　下面以长江下游的跨湖桥、罗家角和田螺山等 3 处遗址出土水稻小穗基盘形态的观察数据为例[38]来说明上面的方法。郑文中，3 个遗址出土的稻谷遗存所见的小穗基盘可分为粳稻型（粗糙型）和野生型（光滑型）两种类型，分别计算三个样本的粗糙型（粳型）小穗基盘的比例 p，标准差

σ，以及以 95%（α = 0.05）的置信度对样本来源的水稻总体粗糙型小穗基盘比例 P 的区间估计（此时 $Z_{\frac{\alpha}{2}}$ = 1.96），结果列表如下：

表 7.3　跨湖桥、罗家角和田螺山粗糙型小穗基盘的参数估计

遗址	野生型（光滑）	粳型（粗糙）	合计	p	σ	P 的置信度为95%的区间估计	d	判断结果
跨湖桥	70	50	120	0.417	0.045	[0.329，0.505]	0.211	驯化
罗家角	49	51	100	0.51	0.05	[0.412，0.608]	0.192	驯化
田螺山	172	179	351	0.51	0.027	[0.458，0.562]	0.102	驯化

　　以上三个遗址出土稻谷的小穗基盘形态统计结果显示，每个遗址都有粗糙型的小穗基盘，其稻米总体粗糙型小穗基盘比例 P 的 95% 置信度的区间估计的下限均在 20% 以上，可以认为在我国长江下游地区距今 8000—6000 年已经存在人类栽培的并已表现出驯化性状的水稻，这同郑文直接根据样本的粗糙型小穗基盘比例 p 的判断结果是一致的。从对总体比例数 P 的区间估计也可以看出，跨湖桥遗址水稻小穗基盘的粗糙型比例比其他两个遗址低，光滑型小穗基盘比例比其他两个遗址高，表明跨湖桥遗址出土的古稻在驯化程度上比罗家角和田螺山的古稻都要低，而罗家角和田螺山两处的古稻大致处于相同的驯化阶段，这个结果可与三处遗址的年代相互印证，与郑文的判断结果也是吻合的。

　　从上面的例子可以看到，虽然罗家角和田螺山遗址粗糙型小穗基盘的比例相等，但是其相同置信度下的区间估计的相对误差不同，样本容量 n 越大，相对误差 d 越小。事实上，可以在给定置信度（1 − α）和相对误差容忍度 d 的条件下求出为了估计总体中粗糙型小穗基盘比例 P 最少所需抽取的样本数目 $n = Z_{\frac{\alpha}{2}}^{2} \dfrac{p(1-p)}{d^2}$。如果样本的比例数 p 未知，则可以先随机抽取一个小样本，用这个小样本的 p 代入上述公式计算出 n，正式抽样后再来检验小样本的比例数 p 是否可以接受[42]。

　　（2）一般而言，只有增加样本容量 n，才能提高对总体估计的置信度和精密度，而这是以多支出人力、物力和财力为代价的，考古发掘的过程

中由于客观条件所限,有时甚至难以获得大容量的样本。因此,一个合理、经济又保证一定准确度的抽样方案对考古发掘工作具有积极的意义。

同前,假设稻米总体包含的实体数 N 很大,我们希望能给出一个抽样方案 (n, A_c),随机采集容量为 n 的稻粒样本。① 当样本中粗糙型小穗基盘的个数 t 小于或等于 A_c 时,可以以较高的置信度(如95%)认为总体中粗糙型小穗基盘比例在 10% 以下,它代表的稻群可被安全地判断为野生种;② 当样本中粗糙型小穗基盘的个数 t 大于 A_c 时,可以以较高的置信度(如90%)认为稻米总体中粗糙型小穗基盘比例在 20% 以上,基本可以认为该稻群已受到来自人类的选择压力。

上述问题可以看成是统计学中的抽样检验的问题。抽样检验是指从一批产品(总体)中随机抽取少量产品(样本)进行检验,以判断该批产品是否合格的统计方法和理论。本书中仅讨论最简单的一次抽样检验模型。该方法的基本原理简述如下(图 7.9)[44][45][46]。通常把样品的不合格品率记为 p,首先规定两个参数 p_0 和 p_1 满足 $p_0 < p_1$,p_0 是接收上限(称为生产方风险质量),p_1 是拒收下限(称为使用方风险质量)。对于一个抽样检验方案,我们希望对满足 $p \leq p_0$ 的产品批以尽可能高的概率(一般认为大于等于 95%)接收,并且对满足 $p \geq p_1$ 的产品批以尽可能高的概率(一般认为大于等于 90%)拒收。人们常用 L(p) 表示当不合格品率为 p 时抽样方案被接受的概率,称为抽检特性函数。抽样检验是通过样本去判断总体的统计推断过程,因此可能出现两类错判,第一类错判是指可能把合格的产品批错判为不合格的产品批;第二类错判是指可能把不合格的产品批判为合格品。若规定 $p \leq p_0$ 的产品批为质量好的产品批,$p \geq p_1$ 的产品批为质量差的产品批。由于存在着上述两类错判,所以 $p \leq p_0$ 的产品批不能排除拒收的可能性,其大小用 $\alpha = 1 - L(p_0)$ 来表示,称为第一类错判率(又称为生产方风险)。同样 $p \geq p_1$ 的产品批不能排除接收的可能性,其大小用 $\beta = L(p_1)$ 表示,称为第二类错判率(又称为使用方风险)。p_0、p_1、α、β 这 4 个参数反映了一个抽检方案和理想方案的接近程度。根据这四个参数,统计学可以给出一个标准型抽样方案,该抽样检验方案如下:

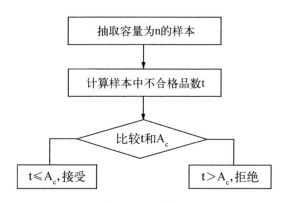

图 7.9 标准型一次抽样计数检验方法

结论：如果 $t \leqslant A_c$，则接受该产品（以 $1 - \alpha$ 的概率认为该批产品 $p \leqslant p_0$）；如果 $p \geqslant p_1$，则拒绝该产品（以 $1 - \beta$ 的概率认为该批产品 $p \geqslant p_1$）。根据 p_0、p_1、α、β 求 (n, A_c) 的过程计算比较复杂[47]，在实际应用中，我们往往可以通过查表来完成。例如，国家标准 GB - T13262—2008《不合格品百分数的计数标准型一次抽样检验程序及抽样表》[48]，就给出了当给定 $\alpha = 0.05$，$\beta = 0.10$，p_0，p_1 时的标准型一次抽样计数检验的方案 (n, A_c)。

把上述产品抽样检验的模型应用于我们所考虑的情形，总体是指某遗址的稻米全体，样本是从该稻米总体的一个随机抽取的子集，"不合格产品"对应于粗糙型小穗基盘，"合格产品"对应于光滑型小穗基盘。第一类错判率 α 是指满足 $p \leqslant p_0$ 的稻群被判为驯化种的概率，第二类错判率 β 是指满足 $p \geqslant p_1$ 的稻群被判为野生种的概率。例如，我们可取 $\alpha = 0.05$，$\beta = 0.10$，$p_0 = 0.1$，$p_1 = 0.2$，查国标表 GB - T13262 - 2008 可知，最接近于上述参数设置的抽样检验方案为：

方案一：$\alpha = 0.05$，$\beta = 0.10$，$p_0 = 0.105$，$p_1 = 0.21$，$(n, A_c) = (105, 16)$；

方案二：$\alpha = 0.05$，$\beta = 0.10$，$p_0 = 0.095$，$p_1 = 0.21$，$(n, A_c) = (82, 12)$。

如采用方案一，可以随机采集容量为 105 的稻粒样本，当样本中粗糙型小穗基盘的个数小于或等于 16 时,可以以 95％的概率认为总体中粗糙型小穗基盘比例在 10.5％以下,根据前面的标准,它代表的稻群可被安全地判断为野生种;当样本中粗糙型小穗基盘的个数大于 16 时,可以以 90％的概率认为稻米总体中粗糙型小穗基盘比例在 21％以上,基本可以认为该稻群已受到来自人类的选择压力。方案二的意义可以类似地解释。两个方案的错判概率 α、β 是相等的,相比而言,方案二对接受为野生种的要求更严格一些（$p_0 = 0.095 < 0.105$）,同时它的采样数量比方案一要小一些（$n = 82 < 105$）。

四、实验结论

本实验表明小穗基盘形态可以用来作为判断水稻驯化程度的依据,它可以通过在体视显微镜下的观察被分为粗糙型和光滑型两类,以这两类的各自计数或百分比判断稻群性质的定量标准有三种:

（1）对于一份已经获得的水稻小穗基盘样本,若其粗糙型个体比例小于 10％,可判为属于野生种群;若其粗糙型个体比例大于 20％,可判为属于驯化种群;若其粗糙型个体比例为 10％—20％,其属性不可判断。该方法的缺点是无法给出判别的置信度。

（2）对于一份已经获得的水稻小穗基盘样本,已知其粗糙型个体的比例,可以用公式求出在比较高的置信区间内（如 95％）其所代表的稻群全体中粗糙小穗基盘的比例,然后与 10％和 20％的判别标准相对照来得出判断结果。

（3）对于尚未获得的水稻小穗基盘样本,有两种抽样方案：第一种是随机观察 105 粒小穗基盘的基盘形态,如粗糙型个体小于或等于 16 个,可以 95％的概率认为其所属稻群为野生种,如粗糙型个体大于 16 个,可以 90％的概率认为其所属稻群为驯化种;第二种是随机观察 82 粒小穗基盘的形态,如粗糙型个体小于或等于 12 个,可以 95％的概率认为其所属稻群为野生种,如粗糙型个体大于 12 个,可以 90％的概率认为其所属稻群为驯化种。

这个实验的采样和处理过程受到许多因素的限制,分析结果并不能完满解决由小穗基盘形态判断稻群驯野属性的问题,但是它在一定程度上证实了一些理论假设,同时也启示我们去思考一些新发现的问题,因此它可以作为一个通过现生种实验资料建立古稻小穗基盘判别依据的开始。

综合考虑上述各鉴定方法的有效性与不足之处,下文的讨论将水稻小穗基盘形态比例作为确定古稻材料驯野属性的首要标准,扇形植硅石和孢粉分析能在此基础上提供一些进一步的线索,炭化稻谷或稻米的形态测量数据则无法提供信度较高的鉴定结果。以下的材料分析以此为依据展开。

第四节　研究区域内古水稻的性质和分布

基于以上各鉴定方法优劣的甄别和实验考古的发现,本节将评估研究区域内以这些方法鉴定的水稻种群的属性以及它们与人类的共生关系。作者系统梳理了长江下游出土的全新世早中期水稻遗存资料(图7.11)。首先,以遗址为基本单位对每个文化出土水稻的概率进行统计,结果显示在下面的柱状图中(图7.10,附录4)。

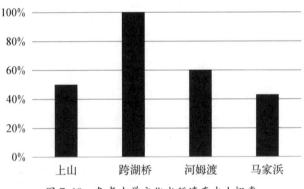

图 7.10　各考古学文化水稻遗存出土概率

如前所述,植物遗存的出土受到许多因素的影响和制约,目前为止尚未报道发现水稻遗存的地点事实上并不一定没有相关遗存存在。因此,这里的出土概率百分比大小与水稻在各时期(或各文化的人群)被利用或

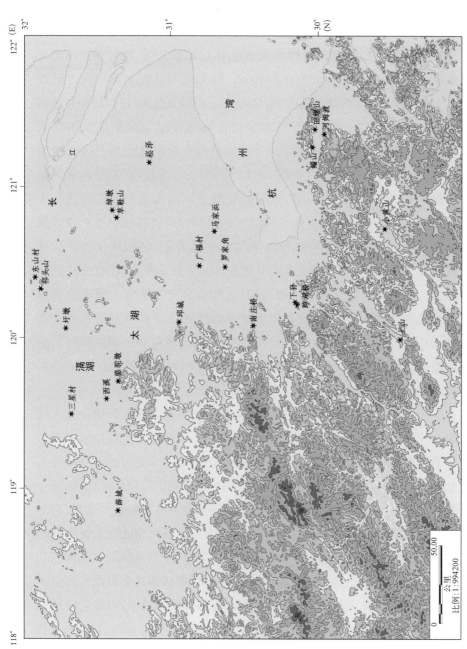

图 7.11　长江下游距今 10000—6000 年出土水稻遗存的遗址分布

栽培的真实广泛程度有比较大的偏差。上山文化的 18 处遗址中,出土了
与上山遗址极为相似的以炭化稻壳和稻茎为羼料的陶片,但目前尚缺乏
完整的分析和报道,在此暂拟水稻遗存出土概率 50%,很可能上山文化
水稻遗存实际出土概率大大高于 50%。目前已知的河姆渡文化古稻遗
存来自田螺山、河姆渡和鲻山,实际上傅家山遗址也出土了羼有大量稻
谷壳的夹炭陶[49]。因此,河姆渡文化古稻遗存出土概率也当不低于
80%。马家浜文化的情形更甚于此,虽然出土概率显示本书研究的遗
址中出土古稻遗存的仅占 40%,看似小于另三个文化,但遗址绝对数量
达到了 15 处,远多于另三者,这已经能够表明马家浜先民普遍地将水
稻作为一种不可忽略的生计资源纳入到社群的经济体系中来。可以想
象,一些早年发掘的遗址在当时并没有专门关注、收集或分析古稻材
料,另一些新近发掘的遗址还来不及进行这类系统研究,还有一些遗址
的材料处于研究和发表的过程当中,这些都可能造成出土概率数据偏
低。总之,尽管这批古稻遗存出土概率数据并不能对应地代表真实情
景,但它恰恰从另一个侧面提示我们,该区域全新世早中期人类与水稻
的关系比较密切,当时人类对水稻资源的开拓利用应当比已知的更加
普遍和多样。

长久以来,相当一部分学者认为全新世海平面大幅上升使大量大陆
架上的早期遗址淹没海底,而其中很可能存在更新世末全新世初人类最
早驯化水稻的证据。本区最早稻属遗存的发现记录来自位于冲绳海槽的
东海地质钻孔 DG9603,这里是古长江的入海口(图 7.12)。吕厚远等在
距今 13900—13000 年的岩芯中检测出稻属植物特有的扇形植硅石,扇形
底部侧面具有 8—14 个鳞片状的纹饰,被认为是驯化种区别于野生种的
特征。他们认为这些扇形植硅石可能是从长江中下游地区随水流沉积到
此,提供了当时古人类稻作活动的线索[50]。作者认为这个发现具有启示
意义,DG9603 孔中的扇形植硅石极少见于海相沉积当中,因此它暗示了
距今 13900—13000 年长江下游有稻属植物生长。

上山文化古稻遗存性质至今不能确定,但是已开展了一系列有益的
探索。唯一的稻谷尺寸数据来自上山遗址夹炭陶中一枚可测量的完整稻

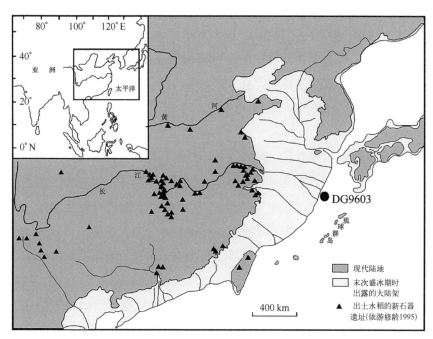

图 7.12　东海 DG9603 地质钻孔位置示意图[50]

壳印痕,长 7.73 毫米,宽 2.86 毫米,这一孤例不足以佐证上山古稻群的
驯野属性[51]。上山遗址的系统浮选发现了 10 余粒炭化稻米和一些炭
化小穗基盘,其中真正属于距今 10000—8000 年的非常少,它们是否来
自被人类栽培而受选择压力的种群还有待进一步确定[52]。对上山和小
黄山两处夹炭陶所羼稻壳及印痕的观察都表明小穗基盘同时包含野生
型与驯化型,但样本数量仍不足以说明古稻群的属性[38]。扇形植硅石
形态分析表明上山与小黄山的古稻都近似于热带粳稻[51]。以上证据综
合反映了,上山文化先民已广泛地利用稻属植物,它们可能是野生的,
也可能已受到人类照管,处于驯化过程中。水稻是上山人非常重要的
制陶原料,也是食谱的组成部分,可能与这些活动相关的是,人类对水
稻生理、生态特征的了解和利用也随这种逐渐密切的互动关系而得到
加强。

　　跨湖桥和下孙遗址的古稻遗存包括炭化稻谷、稻米、稻壳、小穗基盘
和植硅石,它们综合证明跨湖桥文化的稻群已处于驯化过程中。这些材

料来自第 5—9 层与湖Ⅲ、Ⅳ层，但绝大多数（94%）来自第 8、9 层与湖Ⅲ、Ⅳ层。扇形植硅石分析表明其形态大而厚，接近现代的热带型粳稻。尽管炭化稻粒尺寸大小和长宽比已不被视作区分驯野的可靠标准，但仍然暗示了种群表型性状变异的信息。稻谷平均长 6.98 毫米，宽 2.58 毫米，稻米平均长 5.13 毫米，宽 1.99 毫米，两者相比，稻米长度比稻谷小26.5%，宽度比稻谷小 22.8%，可见稻米颗粒比稻谷小得多，这在正常发育的现生驯化种中不常见。郑云飞等还注意到跨湖桥稻谷与野生稻谷相比，显得粒型较短，其形态变异范围比野生稻群要大[53]。笔者将这些现象解读为该稻群表型性状变异的增大，它可能恰恰说明跨湖桥先民与水稻之间的驯化关系已经发展起来了。小穗基盘形态为确定该稻群的驯野属性提供了可靠依据。对 120 个跨湖桥出土的水稻小穗基盘观察结果显示，41.7% 为撕裂产生的粗糙断面，58.3% 为光滑断面[38]（图 7.13），根据郑云飞等的阐释和笔者脱粒实验的检验结果，粗糙型穗轴的百分比完全足以说明该稻群已受到人类的选择压力，处于人类的管理和控制之下，绝不是自然的野生稻群。对出土陶片残留物中淀粉颗粒的分析也提供了一项水稻为驯化种的佐证，一般野生稻平均粒径比驯化稻略小，野生稻最大径仅为 10 微米，驯化稻可达到 12 微米，而实验提取出的跨湖桥稻属淀粉

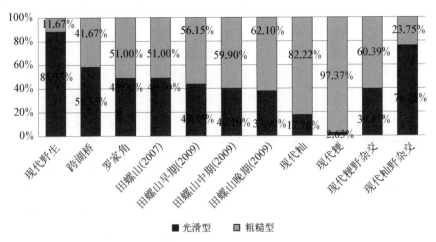

图 7.13　现生与考古水稻小穗基盘形态比例

颗粒直径为 12 微米,可能来自驯化种[54]。此外,克劳福德教授采用翻模技术和扫描电镜找到了陶片中清晰的稻壳印痕(见图 7.14、7.15、7.16),表明水稻除了作为食物以外,还是重要的制陶原料。

图 7.14　跨湖桥陶片稻壳印痕扫描电镜照片 A

1、3. 稻壳印痕翻模效果　2. 现生稻壳表面　4. 陶片内的稻壳印痕

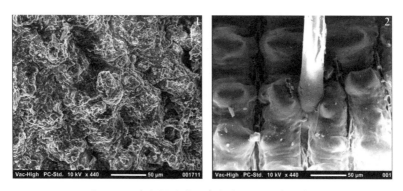

图 7.15　跨湖桥陶片稻壳印痕扫描电镜照片 B

1. 稻壳印痕翻模效果　2. 现生稻壳表面

图 7.16　跨湖桥陶片稻壳印痕扫描电镜照片 C

　　出自田螺山的古稻遗存从多个方面证明河姆渡文化已拥有处于驯化过程中的稻群(图 7.13)。郑云飞观察的田螺山出土水稻小穗基盘中,49%为基盘光滑的野生型,51%为基盘粗糙或从基盘连结的小枝梗下部折断的粳型(根据脱粒实验,后者可以被视作驯化型),其驯化型比例更高于跨湖桥,充分表明田螺山稻群不仅受到人类驯化,而且驯化程度比1000年前的稻群要高。这个发现很好地满足了水稻落粒性随着人类与水稻种群之间驯化关系的加强而逐渐减弱的理论假设。傅稻镰等提供的数据同样富有探讨价值。他们把突出的小穗基盘判为不成熟,但脱粒实验表明突出型基盘应当更合理地判为驯化型,因此本书把这部分比例与傅稻镰等原先报道的驯化型比例合并(即 domestic + immature)作为一个样本中的驯化型比例来考察。结果发现:(1)合并后的驯化型比例比郑云飞等报道的略高(55%—60%),但差异在合理的范围内;(2)驯化型比例随时间从早到晚逐渐增长,到田螺山晚期,这个比例已接近现代粳野杂交种,可见水稻种群落粒性在逐渐减弱,体现了人类与水稻之间驯化关系逐渐加强的趋势(图 7.13)。扇形植硅石形态分析表明该驯化种群比较接近现代粳稻[55]。田螺山遗址揭示的古水田遗迹见证了当时先民的稻作活动,可能包括烧荒、翻地、播种、收获等多种行为。但是水田内没有灌溉设施,水稻生长所需水分很可能依赖降雨或湿地本身的储水,大量湿地杂草种子的出土也表明先民很少为水田除草,因此这种水田管理的劳力和物质投入都还比较有限。根据植硅石密度折算的水稻产量为早

期(距今 7000—6500 年)830 公斤/公顷,总计 6.3 公顷水田可产出
5000 公斤,晚期(距今 6000—4500 年)950 公斤/公顷,总计 7.4 公顷水
田可产出7000 公斤[56]。晚期较早期在水田单位产量、总产量和耕作面
积等多方面的增长与水稻小穗基盘所体现的驯化关系强化是一致的。
田螺山的古水田耕作在孢粉谱中表现为本地禾本科花粉大尺寸颗粒的
出现和比例升高[57],这一现象也见于河姆渡[58][59]和鲻山[60]的孢粉组
合,表明这两处遗址先民很可能也已将类似于田螺山模式的水稻栽培
包括在生计方式内。

马家浜文化同样出土了处于驯化中的水稻遗存和水田遗迹。出自
罗家角遗址的水稻小穗基盘形态比例显示断面粗糙的驯化型占 51%,
断面光滑的野生型占 49%,这一比例与年代相同的田螺山小穗基盘比
例一样,表明罗家角古稻也是具有较高驯化程度的稻群(图 7.13)。诸
遗址扇形植硅石分析显示,罗家角[61]和马家浜[62]的古稻接近现代籼
稻,草鞋山[63][64]、邱城[62]、绰墩[65][66]、东山村[67][68]、广福村[69]、薛城[70]
的古稻接近现代粳稻,而南庄桥在早中期表现为尚未出现籼粳分化,晚
期向粳稻方向演化[71]。根据沃恩等对水稻驯化路线的推测,这种情形
可能暗示了早期驯化种与当地野生种杂交后产生的栽培品种多
样化[41]。

草鞋山和绰墩两处揭示的古水田遗迹体现了当时稻作管理的方式、
规模和强度。绰墩遗址水田位于文化层底层以下、生土面以上,从地层上
判断属马家浜早期的稻田(图 7.17)。500 平方米的发掘范围内出土了由
田块、水井、蓄水坑、水沟几类要素构成的水田系统[72]。田块有 46 块,用
突起的田埂围起,一般为近圆形、圆角长方形或不规则形,面积为 1.4—
16 平方米[73]。田块大多分布在地势低洼处,相互有落差,起到引导水流
的作用。往往 2—3 块田块就配有一座水井或蓄水坑,其间通过水路、水
口相联通,形成灌溉系统,控制水口的水流量就可以把握好注入田块的水
量。整个系统在集中耕作、蓄水、输水和排水多种功能方面体现了较高的
水平。孢粉分析和土壤化学分析表明先民还对水田进行除草和经常性的
焚烧。

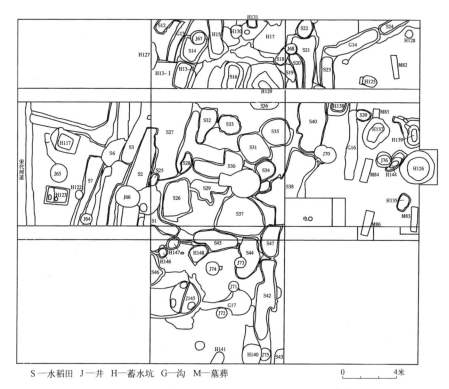

S—水稻田　J—井　H—蓄水坑　G—沟　M—墓葬　　　　　　　0 ⌞ ⌞ ⌞ ⌞ ⌞ 4米

图 7.17　绰墩遗址马家浜文化时期水田分布图[73]

　　草鞋山水田反映了马家浜文化晚期(距今 6000 年左右)的稻田耕作模式[74]。稻作区位于居住村落外围,东、西两片发掘区共出土 44 块水田,遗迹由浅坑(田块)、水井、水沟、水塘以及配套的水口组成(图 7.18)。一般田块的形状为近圆形、椭圆形、圆角长方形或不规则形,面积普遍为 3—5 平方米,小的仅 0.9 平方米,大的达 12.5 平方米。依据灌溉构造的不同设计,水田系统被分为两种类型。一种是以水井为水源的系统,在东区南北长 30 米、东西宽 10—17.5 米的范围内分布有 33 块水田,呈东北—西南向并排的带状排列,北、中、南有三组水井,存水量均可满足周边田块的灌溉需求,田块和水井通过水口串联在一起,互相沟通调节水量。另一种是以水塘为水源的系统,西区的 11 块水田串联在一起,分布在一个大水塘边沿,有些田块通过水口与水塘相联,但田块与水井之间没有内在联系。两类水田系统都具备蓄水、输水、排水的功能。人工灌溉得到了

S—水田　G—水沟　D—水塘
H—灰坑　J—水井

东区　　　　　　　　　　　　　　　　　　西区

图 7.18　草鞋山遗址马家浜文化时期水田分布图[74]

水田区出土陶器的印证,盛水器大多为穿孔牛鼻耳高领罐,这种陶罐胎壁
厚实,容积大,适于放入水井汲水。

　　与田螺山水田相比,这两套马家浜文化的古水田系统体现出功能更
加多样、人工控制程度更强、规划更加复杂周密的特点,下面的表格罗列
了两者之间在人类行为方面的区别(表 7.4)。马家浜水田初具规模的灌
溉系统反映了这种农耕活动在地形选择、田块规划、田地整治、田间维护
管理等多方面投入了大量劳力和智慧。郑云飞等指出这种区别并不是年
代早晚所致,而是地区性差异的表现[54]。如其所言,水稻耕作作为一个
社群生计系统的组成部分之一,是受本地环境多样性、资源丰富性、人类
生态构建能力、社群决策规划水平等多种因素影响和权衡后的结果,早期
水田的差异恰恰是体现不同地区人类生态系统多样性的一个窗口。

表 7.4　田螺山遗址水田与马家浜文化水田特征比较

稻田管理	田螺山	绰墩/草鞋山
地形选择	湖滨、湿地边缘	低洼
田块规划	似有,但不明确	有
地形修整	不明确	堆垒田埂田界
焚　烧	有	有
播　种	有	有
除　草	无	有
灌　溉	雨水和湿地储水	水井、水路和蓄水坑系统

　　试以上述材料来概括全新世早中期长江下游人类与水稻关系的演变,按年代为序的框架如下。距今 10000—8000 年,人类已经开始收获和利用水稻,虽然还不明确水稻的生长繁殖是否受到人类干预,但是水稻已经与人类生产生活发生了密切关系,很有可能存在被人类管理或栽培的种群。距今 8000—7000 年,人类与水稻之间的驯化关系已经有了相当程度的发展,水稻种群明显受到人类选择压力。距今 7000—6000 年,水稻种群的驯化程度比前一阶段更高,水稻田的出现反映该种群的生长繁衍很大程度上需要依赖人类的管理。水稻的驯化作为长江下游植物驯化的典型个案充分表明,人类主动、持久、多样的管理或干预行为是物种驯化最直接的决定因素。

注释

[1] 刘长江,靳桂云,孔昭宸.植物考古:种子和果实研究[M].北京:科学出版社,2008.
[2] Liu, L., & Phillips, S. M. Tribe ORYZEAE [A]. In Wu, Z. Y., Raven, P. H., & Hong, D. Y. (Eds.) *Flora of China: Volume 22* [M]. Beijing: Science Press & St. Louis: Missouri Botanical Garden Press, 2002: 181-187.
[3] Lee, Y.-J., & Park, T.-S. New materials on prehistoric rice cultivation in Korea from the Kawaji Site, Kyongki Province [R]. Nanchang: 2nd International Academic Conference on Agricultural Archaeology, 1997 (in Korean).

[4] 王象坤,孙传清,才宏伟,张居中.中国稻作起源与演化[J].科学通报,1998,43 (22): 2354-2363.

[5] Crawford, G. W. Early rice exploitation in the Lower Yangzi Valley: What are we missing? [J]. *The Holocene*, 2011, 22(6): 613-621.

[6] Xiong, Z., Zhang, S., Wang, Y., Ford-Lloyd, B. V., Tu, M., Jin, X., Wu, Y., Yan, H., Yang, X., Liu, P., Lu, B.-R. Differentiation and distribution of indica and japonica rice varieties along the altitude gradients in Yunnan Province of China as revealed by InDel molecular markers [J]. *Genetic Resources and Crop Evolution*, 2010, 57(6): 891-902.

[7] 赵志军.栽培稻与稻作农业的起源——《南方文物》"栽培稻与稻作农业的起源"专栏主持辞[J].南方文物,2009,(2): 55-58.

[8] Sato, Y. *Origins of Rice and Rice Cultivation Based on DNA Analysis* [M]. Tokyo: NHK Books, 1996.

[9] 游修龄.对河姆渡遗址第4层出土稻谷和骨耜的几点看法[A].见: 浙江省文考古研究所.河姆渡——新石器时代遗址考古发掘报告[M].北京: 文物出版社,2003: 424-428.

[10] 广东农林学院农学系.我国野生稻的种类及其地理分布.遗传学报,1957,(1).

[11] 周季维.浙江余姚河姆渡新石器时代遗址出土稻粒形态分析鉴定[A].见: 浙江省文考古研究所.河姆渡——新石器时代遗址考古发掘报告[M].北京: 文物出版社,2003: 429-430.

[12] 丁颖.中国栽培稻种的分类[A].见: 丁颖稻作论文选集编辑组(编).丁颖稻作论文选集[M].北京: 农业出版社,1983: 74-93.

[13] 王象坤.中国稻作起源研究中几个主要问题的研究新进展[A].见: 王象坤,孙传清(主编).中国栽培稻起源与演化研究专集[M].北京: 中国农业大学出版社,1996: 2-7.

[14] 张文绪,裴安平.炭化米复原及其古稻特征的研究[J].作物学报,2000,26(5): 579-586.

[15] 傅稻镰,秦岭,胡雅琴.稻作农业起源研究中的植物考古学[J].南方文物,2009,(3): 38-45.

[16] 郑云飞,游修龄,徐建民,边其均,俞为洁.河姆渡遗址稻的硅酸体分析[J].浙江农业大学学报,1994,20(1): 81-85.

[17] Fuller, D. Q., Harvey, E., & Qin, L. Presumed domestication? Evidence from wild rice cultivation and domestication in the Fifth Millennium BC of the Lower Yangtze Region [J]. *Antiquity*, 2007, 81: 316-331.

[18] Liu, L., Lee, G.-A., Jiang, L., & Zhang, J. Evidence for the early beginning (c. 9000 cal. BP) of rice domestication of China: a response [J]. *The Holocene*, 2007, 17(8): 1059-1068.

[19] Crawford, G. W., 陈雪香,王建华.山东济南长清区月庄遗址发现后李文化

时期的炭化稻[A].见:山东大学东方考古研究中心(编).东方考古(第3集)
[M].北京:科学出版社,2006:247-251.

[20] Thompson, G. B. Archaeobotanical indicators of rice domestication: a
      critical evaluation of diagnostic criteria [A]. In Ciarla, R., & Rispoli, F.
      (Eds.) *South-East Asian Archaeology 1992* [M]. Rome: Instituto Italiano
      per il Medio ed Estremo Orientale: 159-174.

[21] 赵志军,顾海滨.考古遗址出土稻谷遗存的鉴定方法及应用[A].见:湖南省文
      物考古研究所(编).湖南考古辑刊[M].长沙:岳麓书社,2009:257-267.

[22] Harlan, J. R. *Crops and Man* (Second Edition) [M]. Madison: American
      Society of Agronomy/Crop Science Society of America, 1992.

[23] Pan, Y. Immature wild rice harvesting at Kuahuqiao, China?. *Antiquity*,
      2008, 82(316): Project Gallery. Article number: AN20080070.

[24] Rovner, I., & Gyulai, F. Computer-assisted morphometry: a new method
      for assessing and distinguishing morphological variation in wild and domestic
      seed populations [J]. *Economic Botany*, 2007, 61(2): 154-172.

[25] Fujiwara, H. Research into the history of rice cultivation using plant opal
      phytoliths [A]. In Pearsall, D. & Piperno, D. (Eds.) *Current Research in
      Phytolith Analysis: Applications in Archaeology and Paleoecology* [M].
      MASCA Research Papers in Science and Archaeology, Vol. 10. Philadelphia:
      University of Pennsylvania, 1993: 147-159.

[26] Zhao, Z. *Rice Domestication in the Middle Yangtze Region, China: An
      Application of Phytolith Analysis* [D]. Ph. D. dissertation. Columbia City:
      University of Missouri-Columbia, 1996.

[27] Pearsall, D. M., Piperno, D. R., Dinan, E. H., Umlauf, M., Zhao, Z., &
      Benfer, R. A. Jr. Distinguishing rice (*Oryza sativa Poaceae*) from wild *Oryza*
      species through phytolith analysis: results of preliminary research [J].
      Economic Botany, 1995, 49(2): 183-196.

[28] 顾海滨.水稻硅酸体的研究及应用[A].见:周昆叔,宋豫秦(主编).环境考古
      研究(第二辑)[M].北京:科学出版社,2000:165-175.

[29] 顾海滨.遗址水稻硅质体籼粳性质判别方法综述[A].见:湖南省文物考古研
      究所(编).湖南考古辑刊[M].长沙:岳麓书社,2009:268-276.

[30] Huan, X., Lu, H., Wang, C., Tang, X., Zuo, X., Ge, Y., & He, K.
      Bulliform phytolith research in wild and domesticated rice paddy soil in South
      China [J]. *PlosOne*, 2015, 10(10): e0141255.

[31] Ma, Y., Yang, X., Huan, X., Wang, W., Ma, Z., Li, Z., Sun, G.,
      Jiang, L., Zhuang, Y., & Lu, H., Rice bulliform phytoliths reveal the
      process of rice domestication in the Neolithic Lower Yangtze River region
      [J]. *Quaternary International*, 2016, 426(28): 126-132.

[32] Zhao, Z., Pearsall, D. M., Benfer, R. A. Jr., & Dolores R. Piperno, D. R. Distinguishing rice (*Oryza sativa Poaceae*) from wild Oryza species through phytolith analysis, II: finalized method [J]. *Economic Botany*, 1998, 52 (2): 134-145.

[33] Zhao, Z. The Middle Yangtze region in China is one place where rice was domesticated: phytolith evidence from the Diaotonghuan Cave, Northern Jiangxi [J]. *Antiquity*, 1998, 72: 885-897.

[34] Wu, Y., Jiang, L., Zheng, Y., Wang, C., Zhao, Z. Morphological trend analysis of rice phytolith during the early Neolithic in the Lower Yangtze [J]. *Journal of Archaeological Science*, 2014, 49: 326-331.

[35] 张文绪.水稻的双峰乳突、古稻特征和栽培水稻的起源[A].见：裴安平，张文绪.史前稻作研究文集[M].北京：科学出版社,2009: 216-229.

[36] 张文绪.中国古栽培稻的研究[J].作物学报,1999,25(4): 408-417.

[37] 吕烈丹.考古遗址出土野生和栽培稻的鉴定问题[J].南方文物,2009,(3): 72-74.

[38] 郑云飞,孙国平,陈旭高.7000 年前考古遗址出土稻谷的小穗轴特征[J].科学通报,2007,52(9): 1037-1041.

[39] Fuller, D. Q., Qin, L., Zheng, Y., Zhao, Z., Chen, X., Hosoya, L. A., & Sun, G. The domestication process and domestication rate in rice: spikelet bases from the Lower Yangtze [J]. *Science*, 2009, 323: 1607-1610.

[40] Li, C., Zhou, A., & Sang, T. Rice domestication by reducing shattering [J]. *Science*, 2006, 311: 1936-1939.

[41] Vaughan, D. A., Lu, B.-R., Tomooka, N. The evolving story of rice evolution [J]. *Plant Science*, 2008, 174: 394-408.

[42] 陈铁梅.定量考古学[M].北京：北京大学出版社,2005.

[43] Willcox, G. H. Archaeobotanical significance of growing Near Eastern progenitors of domestic plants at Jalès, France [A]. In Anderson, P. C. (Ed.) *Prehistory of Agriculture* [M]. The Institute of Archaeology, University of California: 103-117.

[44] 程幼明.计数抽样方案的设计[J].管理工程学报,1997,11(2): 101-108.

[45] 程万影,徐毅,郝雪颖.用 OC 曲线对抽样方案的评价.国防技术基础,2008,5: 26-30.

[46] 骆建国.浅谈抽样方案选取的影响因素及 OC 曲线的概念[J].大众标准化,2009,2: 85-87.

[47] 张玉柱.产品质量检验标准选择与方案制定[M].北京：中国标准出版社,2005.

[48] GB/T 13262－2008.不合格品百分数的计数标准型一次抽枯检验程序及抽样表[S].北京：中国标准出版社,2008.

[49] 宁波市文物考古研究所.傅家山:新石器时代遗址发掘报告[N].北京:科学出版社,2013.

[50] Lu, H., Liu, Z., Wu, N., Berné, S., Saito, Y., Liu, B., & Wang, L. Rice domestication and climatic change: phytolith evidence from East China [J]. *Boreas*, 2002, 31: 378-385.

[51] 郑云飞,蒋乐平.上山遗址出土的古稻遗存及其意义[J].考古,2007,(9): 19-25.

[52] 赵志军.植物考古学与稻作农业起源研究[A].见:湖南省文物考古研究所(编).湖南考古辑刊(第8辑)[M].长沙:岳麓书社,2009:242-249.

[53] 郑云飞,蒋乐平,郑建明.浙江跨湖桥遗址的古稻遗存研究[J].中国水稻科学, 2004,18(2):119-124.

[54] 杨晓燕,蒋乐平.淀粉粒分析揭示浙江跨湖桥遗址人类的食物构成[J].科学通报,2010,55(7):596-602.

[55] 宇田津彻朗,郑云飞.田螺山遗址植物硅酸体分析[A].见:北京大学中国考古学研究中心,浙江省文物考古研究所(编).田螺山遗址自然遗存综合研究[M].北京:文物出版社,2011.

[56] Zheng, Y., Sun, G., Qin, L., Li, C., Wu, X., & Chen, X. Rice fields and modes of rice cultivation between 5000 and 2500 BC in east China [J]. *Journal of Archaeological Science*, 2009, 36: 2609-2616.

[57] 金原正明,郑云飞.田螺山遗址的硅藻、花粉和寄生虫卵分析[A].见:北京大学中国考古学研究中心,浙江省文物考古研究所(编).田螺山遗址自然遗存综合研究[M].北京:文物出版社,2011.

[58] 孙湘君,杜乃秋,陈明洪."河姆渡"先人生活时期的古植被、古气候[J].植物学报,1981,23(2):146-151.

[59] 李春海,唐领余,万和文,王苏民,姚书春,张殿发.晚更新世以来浙江余姚地区植被变化及人类活动[J].微体古生物学报,2009,26(1):48-56.

[60] 王洪根,张卫东,王海明.浙江鲻山遗址孢粉组合与先人活动的关系[J].上海地质,2001,78(2):20-24.

[61] 郑云飞,芮国耀,松井章,宇田津彻朗,藤原宏志.罗家角遗址水稻硅酸体形状特征及其在水稻进化上的意义[J].浙江大学学报(农业与生命科学版),2001, 27(6):691-696.

[62] 郑云飞,藤原宏志,游修龄,俞为洁,刘斌,丁金龙,王才林,宇田津彻朗.太湖地区新石器时代的水稻(*O. sativa* L.)硅酸体形状特征及其稻种演变初探[J].农业考古,1998,(1):156-162.

[63] 宇田津彻朗,汤陵华,王才林,郑云飞,柳泽一男,佐佐木章,藤原宏志.中国的水田遗构探查[J].农业考古,1998,(1):138-155.

[64] 汤陵华,佐藤洋一郎,宇田津彻朗,孙加祥.中国草鞋山遗址古代稻种类型[J].江苏农业学报,1999,15(4):193-197.

［65］　曹志洪,杨林章,林先贵,胡正义,董元华,章钢娅,陆彦椿,尹睿,吴艳宏,丁金龙,郑云飞.绰墩遗址新石器时期水稻田、古水稻土剖面、植硅体和炭化稻形态特征的研究[J].土壤学报,2007,44(5):838-847.

［66］　汤陵华.绰墩遗址的原始稻作遗存[J].东南文化(绰墩山——绰墩遗址论文集),2003,增刊1:46-49.

［67］　萧家仪,钱公麟,丁金龙,张照根.江苏张家港东山村遗址中的古水稻植物蛋白石[J].农业考古,1994,(3):98-100.

［68］　王才林,丁金龙.张家港东山村遗址的古稻作研究[J].1999,(3):88-97.

［69］　王才林,丁金龙.吴江广福村遗址的古稻作研究[J].2001,(3):97-103.

［70］　王才林,周裕兴,王志高,张金喜.江苏高淳县薛城遗址的植物蛋白石分析[J].农业考古,2002,(3):55-61.

［71］　郑云飞,刘斌,松井章,宇田津彻朗,藤原宏志.从南庄桥遗址的稻硅酸体看早期水稻的系统演变[J].浙江大学学报(农业与生命科学版),2002,28(3):340-346.

［72］　谷建祥.绰墩遗址马家浜文化时期水稻田[J].东南文化(绰墩山——绰墩遗址论文集),2003,增刊1:42-45.

［73］　苏州市考古研究所(编).昆山绰墩遗址[M].北京:文物出版社,2011.

［74］　谷建祥,邹厚本,李民昌,汤陵华,丁金龙,姚勤德.对草鞋山遗址马家浜文化时期稻作农业的初步认识[J].东南文化,1998,121(3):15-24.

第八章 植物遗存的量化分析

第一节 跨湖桥遗址

对跨湖桥植物遗存的多次浮选都获得以尺寸为 1 毫米以上的种子、果核等为主的组合，未能大量发现个体较小的反映人源干扰的杂草型种子（比如禾本科、莎草科、蓼科等），因此这批材料更多反映了跨湖桥先民开拓食物资源的模式。浮选获得的植物种实包括菱、芡实、水稻、桃、梅、南酸枣、柿子、壳斗科坚果、蓼、眼子菜、薸草、葎草、芽苞、草茎、块茎等[1]。浮选同样收集到一些动物遗存，包括鱼骨、龟甲、蟹壳以及少量未知种属的牙齿和碎骨，无机产物包括炭屑、陶片、红烧土和小石块。

发掘者按地层将跨湖桥遗址文化层分为三个阶段，第一阶段包括第 10、11 层，年代距今 8200—7800 年；第二阶段包括第 8、9 层，年代距今 7700—7300 年；第三阶段包括第 4—7 层，年代距今 7200—7000年[2]。

一、植食结构与历时变迁

由于逐层浮选的取样范围仅为 1 米见方，考古背景非常有限，因此结果无法代表宏观的历时变化趋势。但是，由于该地点位于古人集中废弃垃圾的区域，浮选产物仍然透露了一些有关古食谱构成的线索[3]。壳斗科坚果是各地层中最常见和最大量的物种，芡实和菱角数量略少于壳斗科，保持比较稳定的比例，桃、梅等水果在略微晚近的地层中也出现了，没有发现水稻。这暗示，很可能壳斗科坚果是主食资源的主要成分，芡实和菱角也在一定程度上提供淀粉质营养，但是很难根据浮选结果判断这三者哪个更重要一些(表 8.1)。

表 8.1　跨湖桥遗址 T0410 探方逐层浮选结果

		第⑦层	第⑧层	第⑨层	第⑩层
植物	壳斗科	63	45	160	502
	芡实	20	5	28	32
	菱角	3	9	11	53
	梅	2	1		
	桃	1			
	杂草籽	1			
动物	鱼骨	√	√	√	
	鸟类		√	√	
	哺乳类		√	√	√
	贝类		√	√	
	蟹	√	√	√	√
	碎骨	√	√		√
其他	炭屑	√	√	√	√
	陶片	√	√	√	√
	红烧土	√	√	√	√
	石		√	√	√

　　在正式发掘期间随机出土的一系列植物遗存来自 21 个不同的单位或地层,涵盖了第 4 层到第 11 层的堆积,基本上能够反映植物资源利用的总体模式和历时变迁。在绝对数量上(图 8.1),壳斗科坚果最多,其次是两种水果——南酸枣和桃,菱和芡实位居其后,蓼作为常见的杂草,也有一定数量。但是,绝对数量在很大程度上受到埋藏、采样和实验处理等许多因素的影响,从而带有偏差,并不能真正反映物种被人类利用的广泛程度。

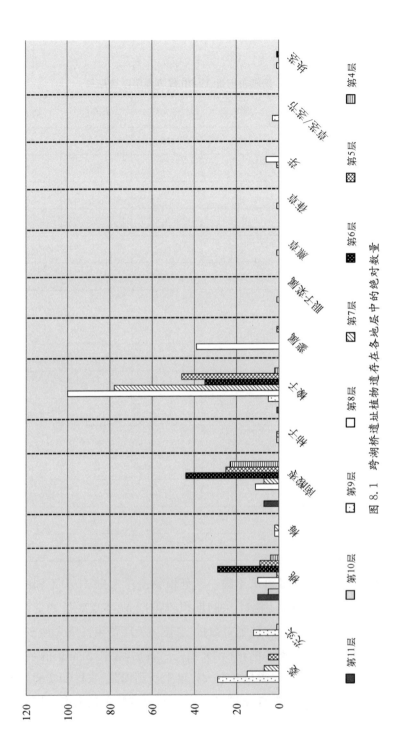

图 8.1 跨湖桥遗址植物遗存在各地层中的绝对数量

出土概率统计能够反映出物种在遗址出现的频繁程度,它在一定程度上代表了资源利用的广泛性,本书对跨湖桥遗址各类植物遗存总体出土概率和各时期出土概率都进行了统计(图8.2)。结果显示,在21份样品中总体出土概率最高的三种植物依次为壳斗科坚果、南酸枣和桃。其次,菱和鱼骨也较普遍。在T0410的逐层浮选结果和绝对数量上都与菱数量相差无几的芡实在出土概率上并不占优势,它与梅、柿子、块茎、芽苞和蓼的出土概率都为10%左右。

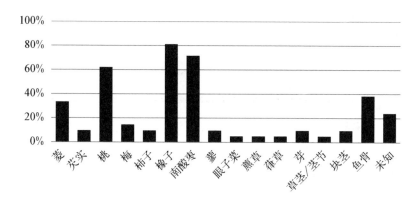

图8.2 跨湖桥遗址各类植物遗存总体出土概率

出土概率统计结果显示(图8.3),壳斗科坚果、南酸枣、桃三个种类在所有时期都被利用,鱼骨也见于全部三个时期,这与总体出土概率所显示的结果相一致。壳斗科坚果与桃的出土概率最为突出,是在所有时期都超过50%的两个物种。但是壳斗科坚果的高峰出现在第二阶段,有一个先增长后减少的变化过程,而桃呈现历时增长的趋势。南酸枣在第一和第三阶段都超过50%,第二阶段略微少见。鱼骨的出土概率一直没有超过50%,但在每个阶段都保持稳定。这些物种之间的差异可能是由资源波动所造成的。菱、梅、柿子和块茎仅出现于距今8200—7700年的第一、二阶段,它们一致地表现出第二阶段出土概率大于第一阶段的特点,这合理地表明,资源利用的频繁程度在历时增长。其中菱的出土概率在第二阶段超过80%。几乎所有类型都见于第

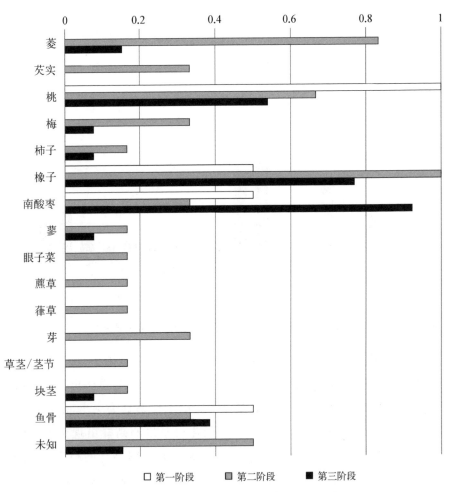

图 8.3　跨湖桥遗址各时期植物遗存出土概率

二阶段,这是跨湖桥植物利用的另一大特点。植物组合的出土概率表明,遗址被居住的中期(即距今7700—7300年)可能是人类开发植物资源最活跃的阶段,这与遗址剖面孢粉所揭示的人源干扰活跃期有重合的特征。

　　跨湖桥各地层都出土了处于驯化过程中的水稻,表明它已经受到人类的选择压力。然而,我们仍需要考虑水稻在当时人类的资源体系中处于什么地位。将水稻与其他植物遗存的绝对数量进行对比发现,其数量仅在早中期占有明显优势。一进入后期,水稻遗存数量骤减,而且明显少于其他植物(图8.4)。从水稻遗存与其他遗存数量比值的历时变化来看,水稻相对于其他物种在食谱中的地位似乎在降低。水稻在最早阶段为其他种类的16倍之多,到早期晚段已经降到5倍左右。到中期晚段,虽然水稻在数量上达到最大值,但是与其他物种的比值仅为2.37。从第7层以后,伴随着水稻数量的逐渐减少,其在食谱中所占的份额已经被其他物种赶超,最后仅为其他物种的10%(图8.5)。这一变化趋势表明,虽然跨湖桥水稻在驯化程度上已经达到了比较高的

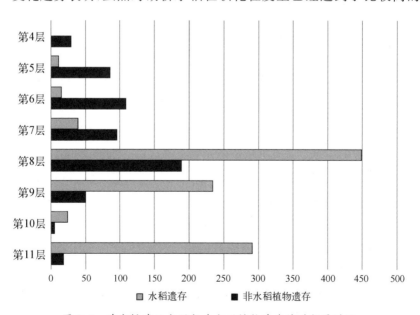

图8.4　跨湖桥遗址水稻与非水稻植物遗存绝对数量对比

水平,但是驯化的加强与它在栽培规模上的扩张并不同步。驯化是人
与特定物种之间一种特定的、一对一的互动共生关系,而同样的栽培行为
则可以对不同物种进行管理。水稻是跨湖桥遗址出土的明确的驯化物
种,对于其他物种而言,作用于水稻的栽培行为很可能也应用到了对它们
的开拓和管理上。

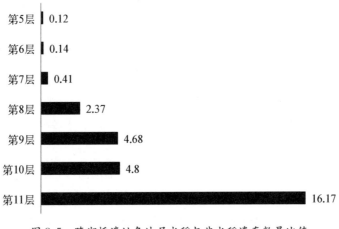

图 8.5　跨湖桥遗址各地层水稻与非水稻遗存数量比值

二、不同类型生境开拓变化的分析

　　为了了解人类在资源利用过程中对不同生境进行开拓的背景,作者
统计了生长在不同类型生境中的资源比例的历时变化(图 8.6)。跨湖桥
植物遗存组合中的物种可以被分为三类,水生环境中的草本植物、陆生环
境的草本植物以及陆生林地边缘的果树。菱、芡实、水稻、眼子菜、蓼草属
于水生草本,桃、梅、南酸枣、柿子、壳斗科坚果属于林缘果树,蓼、葎草属
于陆生草本。结果显示,陆生草本的比例一直很低,而且蓼和葎草一般是
以伴人杂草的形式进入文化堆积,不是人类主要利用的资源类型,尤其不
是作为食物来利用。资源利用模式的变化主要表现在水生草本和林缘
果树的比例消长上。在人类居住早期,林缘果树类资源的比例仅 10%
不到,中期略有增长,到晚期猛增至 80%。水生草本类资源的变化恰恰
与之相反,其早期比例超过 90%,到中期下降了约 10%,晚期表现出大

幅减少。这个分析结果有两个意义：（1）补充性地说明了水稻相对于其他物种数量比值历时减小的原因，是由于林缘果树类资源的开拓得到了加强，其他水生草本和陆生草本对这一比值减小的贡献相当微弱；（2）反映了人类在定居早期主要从水生环境中获取资源，而后由于某些原因，对湿地生境的开拓规模缩小了，获取资源的投入逐渐转向丘陵与山坡的林缘地带。结合当地古水文及古地形演变的地质背景来考虑，人类湿地开发的规模缩小很可能与湿地本身的淡水环境被破坏有着密切关系。跨湖桥遗址晚期生存环境因海侵而逐渐恶化，人类无法以原有的湿地管理系统来获取资源，转而向高地寻求资源是合理的回应。但是，作者不赞成将这种行为转变描述为因驯化物种的栽培不堪维系退而求其次地回头"采集"野生果实。相反，开拓林缘地带的技术早已是人类在水稻栽培和湿地管理过程中已经具备的，比如烧荒、修枝、储藏等，人类已经了解如何通过这些行为来增加林缘果实的可获量和收获的可靠性，正如通过栽培来保证对水稻的收获一样，而不是被动地"采集"果实。因此，跨湖桥后期林缘果树资源的猛增可被视作当时先民已经具备的生态位构建行为系统在开拓管理山地或高地环境中成功的延伸，或者说，对林缘资源的管理原本就是其农事活动中的一个组成部分。

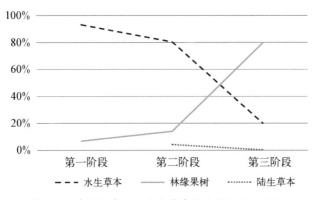

图 8.6　跨湖桥遗址不同生境资源比例的历时变化

第二节　田螺山遗址

对田螺山遗址植物遗存的分析以 2004—2007 年发掘季节文化层广泛浮选与湿筛所得的部分样品为材料基础,数据综合了三批被分开鉴定和报道的植物遗存材料[4][5]。综合的结果是大型植物遗存浮选产物中的主要部分,植物标本尺寸都在 1 毫米以上,因此它与跨湖桥类似,也以反映资源利用模式,特别是植食结构为主。

田螺山地层年代依发掘者的报告划分为三期,第 7、8 层为河姆渡一期,第 5、6 层为二期,第 3、4 层为三期[6]。本书将略早于第 8 层的 K3 第 7 层也计入一期。根据目前掌握的测年数据,居住区所对应的年代框架为,第一期的上限在距今 7000 年左右,下限不会早于距今 6700—6800 年,第二期的上限在距今 6700—6600 年,第三期的下限在距今 6100—6000 年。

一、植物资源结构与历时变迁

目前所知的田螺山遗址出土植物遗存包括 61 个科,107 属/种,以及无法明确鉴定科属的芽苞、块根、坚果仁等(图 8.7,表 8.2)。从总体绝对数量来看,壳斗科坚果和菱都达到了 13000 以上的个体计数,壳斗科以完整果实为主,菱以果壳碎片为主,因此壳斗科的完整个体数量应更大于菱。即使如此,菱的消费量也已经非常可观了。据此可知,以淀粉质为主要营养成分的壳斗科坚果和菱是最主要的两种主食资源。其次,榕属、芡实、稻、柿四类的种子数量都在 1000 以上,表明这几种植物具有非常重要的经济地位。其中,芡实和稻是仅次于坚果和菱的淀粉类主食,而榕属和柿则是糖分含量很高的水果。再次是葫芦科,种子达到近 500 枚,它是陆生草本中数量最多的一种,但是葫芦、菜瓜等果实本身就多籽,因此种子的绝对数量大并不一定代表果实个体数量在同一数量级上的量多。主要的植食资源应当就是由这几类物种构成的。

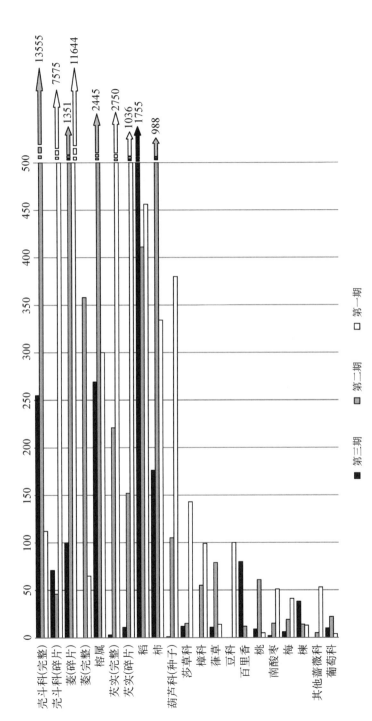

图 8.7 田螺山各期植物遗存绝对数量柱状图

表 8.2　田螺山遗址植物遗存绝对数量

生境类型	植物种类	第一期	第二期	第三期	总计
林缘果树	壳斗科(完整)	112	13555	255	13922
	壳斗科(碎片)	7575	46	71	7692
	梅	41	19	6	66
	桃	5	61	9	75
	其他蔷薇科	53	4	0	57
	楝	13	14	38	65
	南酸枣	51	15	2	68
	柿	334	988	176	1498
	樟科	99	55	0	154
	构树属	0	0	5	5
	野鸦椿	3	0	0	3
	荚蒾	3	0	0	3
	榕属	300	2445	269	3014
	豆科	100	1	0	101
	杨梅	1	0	0	1
	松	6	0	0	6
	桦	1	0	0	1
陆生草本	葡萄科	4	22	10	36
	葎草	14	79	11	104
	白屈菜	0	13	5	18
	沙参	0	1	2	3
	百里香	0	12	80	92
	葫芦科(种子)	380	105	1	486
	葫芦科(果皮/蒂)	6	3	0	9
	紫苏	1	0	0	1
	苍耳	0	0	1	1

续　表

生境类型	植物种类	第一期	第二期	第三期	总计
陆生草本	藜	2	0	0	2
	茄科	1	0	0	1
	当归	2	0	0	2
	拉拉藤	5	2	0	7
	其他禾本科	10	4	2	16
水生草本	稻	456	411	1755	2622
	莎草科	143	15	12	170
	块茎	1	1	0	2
	灯心草科	1	0	0	1
	莲	7	0	0	7
	芡实(完整)	2750	221	3	2974
	芡实(碎片)	1036	152	11	1199
	菱(完整)	65	358	0	423
	菱(碎片)	11644	1351	100	13095
	毛茛	1	0	0	1

　　种子数超过 100 的种类还包括莎草科、樟科、葎草、豆科、百里香。莎草科是比较典型的湿地草本,尤其有些种类是常见的稻田杂草,诸如本遗址鉴定到的藨草、荸荠、水莎草等。因此它的出现不太可能是因为被食用,而应当是被夹杂在其他大量湿地物种——如菱、芡实、稻当中收获、加工而进入植物组合。此外,它也有可能是作为编织材料被有意采收回来,但是目前出土的人工制品中尚未发现以莎草科植物茎叶为原料的编织物。葎草虽属陆生,但在用途和属于伴人杂草这两方面与莎草科有共性,由于它的匍匐茎生长蔓延很快,常缠绕在作物或果树上,因而很容易夹杂在其他陆生草本或灌木果实中被一起收获。樟树和豆科黄檀种子的出现也可能不是因为它们被食用,考虑到樟科是田螺山木材分析中为数最多的种类,同时黄檀木材亦有出土,种子很可能是伴随大量木材的使用进入考古背景。在中美洲史前,

豆类是人类食谱中蛋白质的一大来源,它与富含淀粉的玉米、富含植物纤维的葫芦科果实组合提供了比较完整的营养结构[7]。与之相比,田螺山植食中能提供蛋白质的豆类在食物构成上居于非常次要的地位,这表明先民很可能主要从动物资源当中摄取蛋白质。百里香是这几类中最有可能被食用的,它的茎、叶、种子都可用于调味,香气较为柔和,而且非常适合与肉类一起炊煮。居于榕属和柿之后的水果是以桃、梅为代表的蔷薇科果实、南酸枣和葡萄。其他的种类绝对数量都不足 20,难以对它们在经济结构中的作用进行评估。

　　各主要物种绝对数量的分期统计提供了更细致的有关资源利用方式的情况,本书着重考察了壳斗科坚果、菱、芡实、稻、榕属、柿这几种植物的历时变化与组合(图 8.8)。壳斗科坚果在第一期时以碎片为主,完整果实非常少,表明当时大量坚果在收获后很快被食用,几乎没有长期储藏。第二期的组合以大量完整果实为主,碎片很少,这与第一期的情形恰好相反,表明坚果主要用于储备,而非当季食用。到第三期,无论完整果实还是果壳碎片数量都极少,它在植食中已经没有什么重要性了。菱的完整果实在三个时期都非常低,仅在第二期有微量的增长,表明菱主要是在收获当季被食用完毕,它一直以来都不是长期储藏的粮食物资,这与菱被采摘后菱肉会快速失水收缩从而丧失可食性的特点是一致的。但是,菱的果壳或果实碎片变化很明显,它大量出现于第一期,到第二期数量骤减至原先的 1/10,第三期又减至第二期的 1/10,被食用的菱越来越少,最终退出主食行列。芡实在总体上也经历了与菱类似的变化过程,其遗存组合在第一期以大量完整种子为主,种皮碎片也有相当数量,表明当时芡实既在采收当季被食用,也是一种长期储藏的食物,储藏的份额略多一些。在第二期,其完整种子与种皮碎片数量都大幅减少,分别为原先的 1/10,但是两者之间的比例没有明显改变,总体上仍然以储藏为主。到第三期,芡实数量仅为个位数,不仅算不上是主食,而且几乎完全退出食谱。稻与前三种淀粉类植物形成对比的是它在数量上的持续稳定与明显增长。从已知地层的植物组合可知,稻在第一期和第二期都保持着稳定而适中的数量,到第三期猛增了 3 倍。虽然起初它在主食中显得不如另三种坚果重要,但是始终占有不可忽视的份额,至少从未被有意排斥过,而最终它成

为众多物种当中保持数量长期稳定并增长的极少数种类之一。特别需要
说明的是，在作者未知其所属地层的 4 个灰坑中还有总计 888 颗稻的遗
存（其中 H34 含 240 颗，H29 含 1 颗，H26 含 560 颗，H36 含 87 颗），虽然
在将它们加入现有的计数后会改变历时增减的曲线，但可能的模式变化
无论如何都不会改变稻始终在食谱中占有一席之地的事实。榕属和柿作
为最主要的两种水果，数量的变化过程非常相似。在第一期，它们都有一

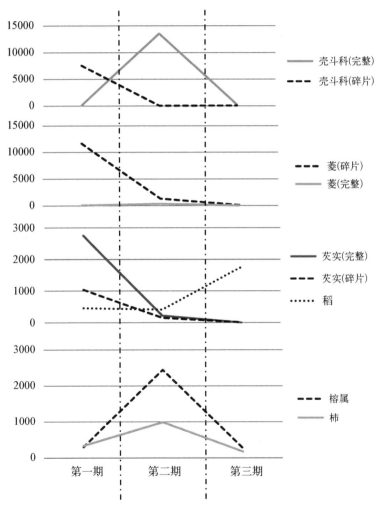

图 8.8　田螺山遗址出土菱、壳斗科坚果、芡实、
稻、榕属、柿各类遗存数量的历时变化

定量被食用,到第二期两者数量倍增,尤其是由于榕属的果实极为多籽,种子计数的增长幅度大于柿,到第三期,它们的数量又有所减少,略低于第一期的水平。这表明榕属和柿在食谱中的地位也相对比较稳定,从未退出过食谱,但在第二期其开拓与食用的规模有过明显扩张。

在总结绝对数量历时变化的基础上,本研究对这六种植食在田螺山遗址三个时期食谱中的规模与某些种类的"消费—储藏"之间的关系作了整体的动态分析(图 8.9)。在第一期,最主要的淀粉类植食由壳斗科坚果、菱、芡实和稻组成。其中壳斗科和菱是实际食用量最大的两个种类,储藏的部分中仅有少量未被食用。芡实和稻也被食用,但数量大大少于前两种,很大一部分储藏的芡实最终未被食用,它可能不如前两种食物受欢迎,又或者是为应付其他食物不足而保留下来的备份。稻是否有大量的储藏目前无法知晓,因为未炭化稻粒中的颖果会在饱水的埋藏环境中完全分解掉,这使我们无法辨识出土遗存中未炭化稻壳究竟属于被储藏的堆积,还是脱壳后的废弃物,还是真正的秕谷。但是当时有一小部分稻谷被保留下来用作来年播种则是合理的推测,否则小穗的落粒性减弱是得不到强化的。榕属和柿的果实也有一定量被食用。在第二期,壳斗科坚果、菱和芡实的实际食用量已明显少于第一期,同时,壳斗科坚果从第一期的食用为主变成储藏为主,菱的储藏比例也提高了,也就是说,三种坚果都成为以储藏为主的种类。水稻尽管在数量上没有增长,但它在主食资源中的份额相应提高了,这个变化是这一时期的主要特点。此外,榕属和柿的食用规模明显扩大了。由此可推测当时先民即使不以淀粉类坚果为主食,其碳水化合物摄入也应该是充足的。第三期已接近本书讨论年代跨度的下限,约为距今 6000—6100 年左右,壳斗科坚果、菱、芡实、榕属、柿的消费规模都大幅减少,唯独水稻不降反升,最终在植食中脱颖而出成为占主导的淀粉类食物。这一显著变化表明,田螺山水稻的强化开拓或生产规模扩大在此时已露出端倪。总的来看,以上对主要植食遗存的综合分析显示了距今 6900—6000 年间田螺山先民主食资源从以湿地与陆生坚果为主逐步偏向以水稻为主的动态过程,其中包含了人类在各资源的消费、储藏等多种利用策略之间进行选择与平衡的复杂博弈过程。

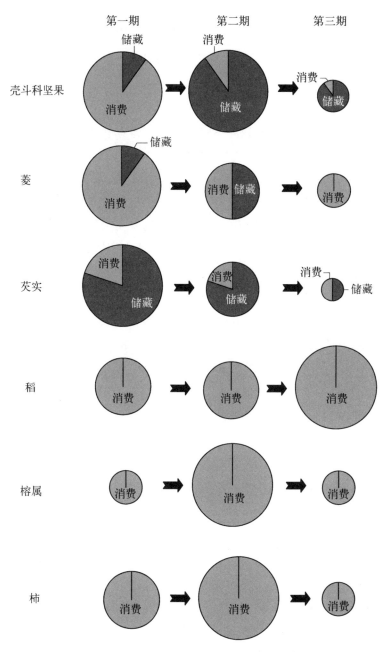

第一期　　　　　第二期　　　　　第三期

壳斗科坚果

菱

芡实

稻

榕属

柿

说明：该图仅作示意用，圆饼的大小表示利用规模的多少对比，圆饼内的面积分割仅示意份额的显著多寡，并不对应准确的百分比数值。

图 8.9　田螺山各主要植食资源的消费与储藏比例历时变化示意图

　　这个过程的背后有许多偶然与必然因素交织与推动,下文暂从最基本的物种生物特性入手,结合经济学原则寻找一些比较直观浅显的解释。壳斗科坚果和菱可以看作最初被优先选择的物种,它们的果实个体比芡实和水稻都要大,而且可食的果实更容易被观察和发现,从觅食回报率来看它们显然比后两者更能满足果腹的需要。同为湿地中生长的果实,菱总是先于芡实被食用,它不便于长期储藏的确是一大因素,但菱与芡实相比还有两大优势。一是菱的收获季节较长而且收获时机有很大的灵活性,整个盛夏直到入秋(7—11 月)只要果熟都可以收获,而芡实一定要到10 月底或 11 月果熟才能收获,来不及收获的果实会因重力沉入湖中,这使得对菱的依赖更加可靠。二是在烹饪方法上,菱比芡实容易煮得酥软,而且吃法更多样。根据一般的生活经验,菱肉水煮 30 分钟即可,芡米煮120 分钟也未必软烂,因此煮菱比煮芡实花费的时间与燃料都更少。菱可生食,生鲜或夹生芡米的口味不佳。因此菱的采食规模一直大于芡实,并且大部分芡实一直作为储藏的备用食物就非常合理了。真正的难题在于:是什么因素使水稻最终脱颖而出?从回报率来看,水稻显然不如壳斗科坚果、菱和芡实。但是与这三者相比,水稻又有其自身的优势。它不像壳斗科坚果那样含有毒的鞣酸物质,因此口味更好,它的储藏期比菱长得多,而把它煮到熟烂又比芡实要容易得多。分析至此看似走入困境,但这困境恰恰彰显出问题的棘手与复杂。我们也由此可以想见,先民所面临的两难处境不是如何挑选一个完美的主食物种,而是如何挑选最适合自身生计经济形势的物种。

　　二、各类生境开拓的历时变化

　　不同生境类型资源比例的分析帮助我们了解人类在环境管理方面的作为对资源结构的内在影响(图 8.10)。统计结果显示,陆生草本类资源在所有植物中所占的比例一直都非常低,不超过 4%,变化幅度也非常小。这可能跟田螺山植物组合中大部分可食的坚果、肉果、颖果不来自这种环境有关。在北美的考古记录中陆生草本的种类非常丰富,最典型的是像黑莓、蔓越莓、草莓、蓝莓之类的浆果,这些种类在田螺山的出土遗存中是比较罕见的。主要的资源生境演变模式体现在水生草本和林缘果树的消长。第一期,水生草本的比例最高,超过60%,而林缘果树的比例不到40%。与上面的绝对数量统计相对照可发现,虽然壳斗科坚果数量很多,但是菱与芡实两类对水生草本的贡献远远超过它。这在总体上表明,湿地与林缘地带是先民开展各种管理活动、获取资源的主要环境。在第二期,林缘果树的比例猛增至80%以上,而水生草本比例则降低到20%以下。将该数据与绝对数量结合起来分析可以认为,林缘地带的管理在规模和技术上都得到了长足发展,壳斗科坚果、榕属、柿、桃等果实数量的同步快速增长体现了成功的收获和储藏,表明先民促进林带边缘果树结实产量的手段比前一期更加娴熟,规模也更大。同时,水生草本的比例下降并不一定表示湿地管理规模的萎缩,有可能是管理的对象资源向水稻集中的一种表现[8]。到第三期,水生草本比例又增到60%以上,林缘果树减少到30%左右。在这个转变中,水稻数量的实际增长对水生草本比例有着很大贡献,林缘果树的比例下降与相应果实实际数量的减少是一致的。可能的解释是:经过数百年的填淤,淡水湿地变浅,而水域面积则有所扩大,水深可能已经达不到芡实和菱生长的需求,因而逐渐减少。水稻对生境变异的适应性比较强,水域的扩大又增加了水滨、年度泛滥区、半干湿区这类环境斑块的分布频率,这类地形很容易被改造成为人工水田。

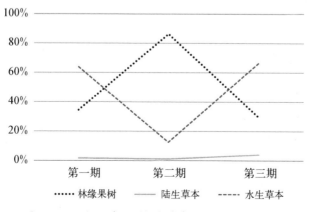

图 8.10　田螺山遗址不同生境资源比例的历时变化

然而,在尝试将上面这套数据与田螺山水田发掘区[9]植物与环境指示物数据相互对照后,两套分别独立进行研究设计和数据统计的材料无法契合。从上述资源变迁的分析可知,推测的水稻生产规模开始扩大的时段为第二、第三期,年代大致落在距今 6700—6000 年的范围内。但是,水田发掘区分析的结果却提示,该遗址早期水稻栽培为距今 7000—6500 年,距今 6500—6000 年间因海侵而无法种植水稻[9]。两个序列中只有距今 6700—6500 年是重合的水稻生产的时段。这个问题目前还无法得到解决,两套材料的差异可能是由取样方法、取样地点、统计方法等多种因素造成的。这也许也正提醒了所有的研究者,在对同一遗址、同一背景的不同考古材料开展平行的独立研究时,需要加强方法与材料的合作交流。

三、植物材料的处理与遗址内部功能区初析

长期以来,植物遗存的量化分析大多集中在对总体数量与比例的观察和食谱推测上,而有关个别种类的加工、烹饪、废弃方式以及这些饮食活动在遗址内部的空间分布等更加细致有趣的问题被讨论得很少。这种缺乏一方面是因为材料本身提供的信息有限,另一方面是因为解决这类问题还没有普遍适用的方法,需要研究者针对特定的数据和考古背景制定相应的方案,而最终的方案往往繁复不堪。田螺山遗址的植物遗存分析做得非常系统详尽,为探索植物材料的加工消费与遗址内部功能区提供了可能的基础。

笔者首先对自行鉴定的一小部分植物遗存作了炭化与未炭化个体的比例分析,炭化与否能够表明该材料在最终进入埋藏背景以前是否经过火烤。若其经过火烤,那么有以下几种可能性:(1)当食物在容器内炊煮时果核或种子随汤汁漫溢出容器而落入火塘;(2)植物在加工或食用后产生的垃圾被投入火塘;(3)某些种子随着作为燃料的木材主体一起被炭化;(4)偶然落入火塘。若植物遗存未经过火烤,则表明其食用前没有经过炊煮,废弃时没有进入火塘。可见,植物遗存炭化与否包含着丰富的人类活动信息。此外,笔者假设地认定各种植物的消费方式是大体稳定的,也就是说对某一部分植物遗存炭化与未炭化比例的考察结果可以合

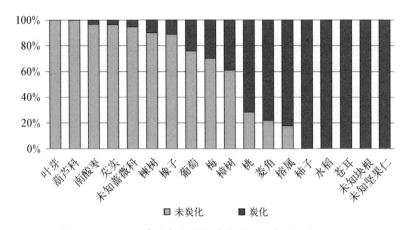

图 8.11　田螺山遗址部分植物遗存炭化与未炭化个体比例

理地代表该遗址植物材料一般的炭化与未炭化的比例模式。

　　在以上这些假设的基础上，田螺山植物炭化与未炭化个体比例分析提示了一些规律性的线索（图 8.11）。在以未炭化个体为主的类型中，葫芦科的种子、南酸枣的果核、楝的果核、壳斗科坚果的果壳、葡萄的种子都不以投入火塘的方式来废弃，同时葫芦和葡萄种子极低的炭化率也表明葡萄和葫芦科的果实一般是不经炊煮就食用的，否则这些种子小而多的种类接触火塘的机会就会大得多。芡实的果壳碎片都是未炭化的，而芡米却常以被炭化的圆球状颗粒出现（未知坚果仁）。由此可知，芡实主要是去壳后炊煮食用，证据表明它有不被磨粉就直接烧煮的情况，也有可能被磨碎后再煮。柿子和水稻是两个种子完全炭化的种类。水稻必须在煮熟后食用是显而易见的。柿子籽尺寸比较大，也比较重，炊煮时漫溢的汁水不一定足以托起它们，而且即使柿子籽是在炊煮过程中落入火塘的，那也应该有一部分未炭化。因此，作者推测柿子在食用前或食用时去籽，种子最终被投入火塘废弃，这一推测不排除柿子被烧煮后再食用的可能性。桃、梅和另一些蔷薇科果核炭化程度相差比较大，它们受到火烤的原因可能有许多随机性。以炭化个体为主的樟树籽就显得比较难以判断。樟木在田螺山是最重要的建筑用木材，可能原木被砍削加工后，带有果实的小枝就作为燃料被权宜地投入火堆。另一种可能是考虑到樟树籽能够榨油，因此它也可以在这个过程中落入火塘。目前无法对这个问题作更精确的判断。菱是这批材料中因样本过小而产生明显误差的一个案例,虽然这个小样本中炭化个体占多数,在整个遗址出土的菱壳遗存中未炭化的占绝大多数,菱肉也有少数炭化碎片。这表明菱是去壳后被食用,一部分菱是煮熟后食用的,而菱壳不被投入火塘废弃。这个初步的分析结果可能提示了该地区史前饮食习俗中的一些传统。

遗址功能区分析以各类植物物种在各探方的出土密度为基础。出土密度是计算每单位浮选土样中出土遗存个体数的方法,因为它包含对两个变量的考量,要比绝对数量和出土概率两个计算值更能客观地反映不同种类之间的多寡。本书根据现有的资料,对稻、菱、壳斗科坚果、芡实、柿、葎草、莎草科这几类作了出土密度的分期空间分析(图8.12—8.14)。

各类植物总的分布规律可总结出几个共同点:(1)大多数种子分布似乎以 T103、T104 和 T203、T204 两组探方中间的南北向隔梁为界,在西侧出现的频率和数量都比东侧要多。(2)西侧的种子较多见围绕独木桥遗迹分布,但疏密程度各有不同。(3)东侧的种子较多见于 T302 和 T304 两个探方,在 T203、T204、T205 三个探方中极为罕见。目前尚无法判断这是由于它们本身含植物遗存较少,还是采样偏差造成的。

综合稻、菱、壳斗科坚果、芡实、柿这五种主食的空间分布来看,绝大多数的果壳、种子、果核都集中在西侧,比如炭化稻米、菱壳、橡子壳、芡实壳、柿子籽在独木桥周围分布得较多。值得注意的是,完整的壳斗科坚果在第二期以储藏坑的形式高度密集地出现在 T003、T006、T104 和 T205 探方内。这些现象表明,遗址西侧的独木桥结构和水域是食物的初级加工区和主要的储藏区,附近的其他木结构有可能是为了满足这一功能而设置的。东侧较少见植物遗存,而且有明确的干栏式木构件,表明这一部分是先民起居、进食的主要区域。同时,东侧也有菱壳、壳斗科坚果、芡实壳与柿子籽分布,应当是食用后被废弃的垃圾。从废弃的痕迹在东西两侧没有悬殊差异可以推测,当时先民还没有设置固定的废弃地点,可以说是吃到哪里,做到哪里,扔到哪里。基于这些初步的观察和推测,我们可以进一步发现,葎草不见于东侧,而莎草科仅有少量出现在 T302 探方。

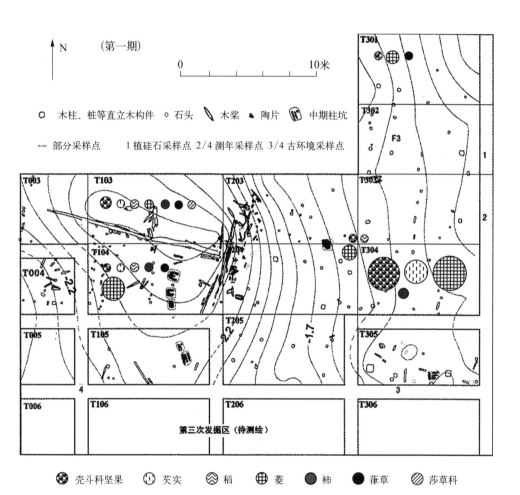

图 8.12 田螺山遗址第一期部分植物种子密度分布示意图

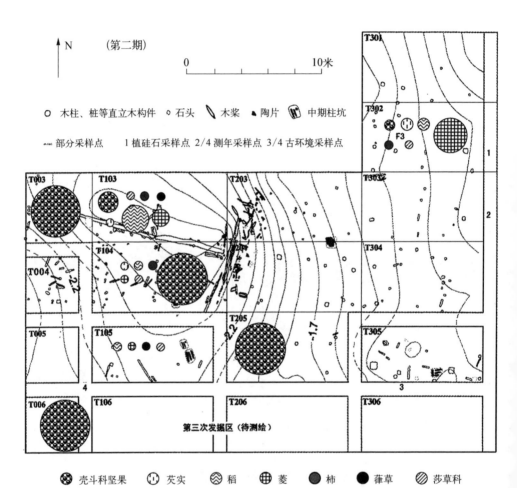

图 8.13　田螺山遗址第二期部分植物种子密度分布示意图

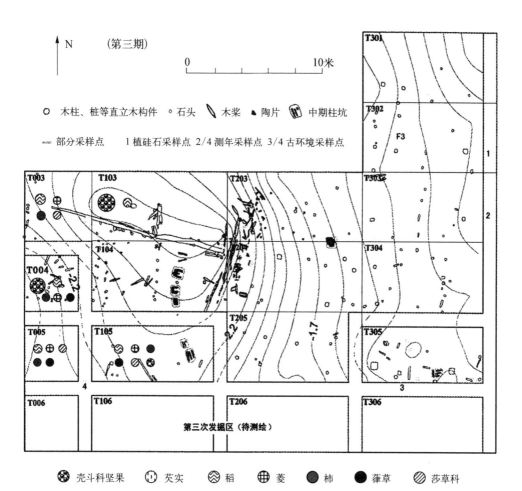

图 8.14　田螺山遗址第三期部分植物种子密度分布示意图

前者可视为陆地草本中杂草种的代表，后者可视为湿地草本中杂草种的代表，它们依赖人类的活动进入村落日常生活的背景，但这种"旅行"却止步于食材加工区，几乎没能在进食区域留下痕迹，这表明它们的确不是被食用的物种。

　　总的来看，作者推测，田螺山的村落遗址的确存在功能分区的现象，西侧为原料加工储藏区，东侧为起居区域（图 8.15）。该遗址的发掘者原本对功能分区的初步判断是，已揭露的区域可分出村庄的内外空间，以 T103、T204 和 T203、T204 南北向隔梁处的木柱为界，西侧为村落外部，东侧为村落内部，寨门外环绕着一条河，西侧长而粗的木梁是村落通往外界的桥梁[6]。但是，这里的东西之别不应该是村落的内外之别，而应当是村落内部居住区域和劳作区域的分别，这两个区域所代表的古人日常行为共同构成了村落生活的有机整体。当然，这一初步的分析还需要经受更加细致的检验推敲。

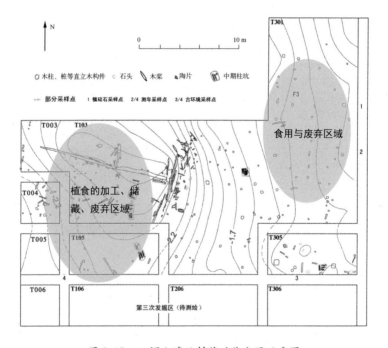

图 8.15　田螺山遗址村落功能分区示意图

第三节　小　结

一、跨湖桥与田螺山的植物资源都以水生草本和林缘果树为主，这与人类对湿地和林缘地带长期的生态管理有着密切关系。这两处遗址展现了不同的植物资源历时演变模式。湿地的维护和管理是生计资源的重要保证，菱、芡实、水稻、芦苇、香蒲都来自湿地。在跨湖桥，林缘地带管理和开拓是持续扩大的。在田螺山，林缘地带资源起先受到重视和强化利用，但后来被水稻所取代。

二、就跨湖桥与田螺山两处植物组合的分析而言，水稻在钱塘江流域新石器早中期人类生计中的地位不应被高估，它经历了一个波动和逐渐转变的过程。在跨湖桥，水稻仅仅是湿地资源当中的一种，且其经济上的重要性似持续降低。距今 7000 年后，它逐渐跻身主要的淀粉类植食。距今 6000 年左右，它才真正在与其他多种湿地资源共同利用的过程中脱颖而出，比较明确的持续扩大水稻种植规模的迹象出现，但这只是强化利用的开始。

三、对长江三角洲的马家浜文化，我们知道得太少，目前没有一套完整的定量数据可供分析。

注释

[1]　植物遗存中还有楝树籽和李核，但是包含它们的两份样品丢失了出土单位记录，因此本书不将这两个样品列入定量分析。

[2]　浙江省文物考古研究所，萧山博物馆. 跨湖桥[M]. 北京：文物出版社，2004.

[3]　陈淳，潘艳，魏敏. 再读跨湖桥[J]. 东方博物. 2008，27：14-25.

[4]　郑云飞，陈旭高，孙国平. 田螺山遗址出土植物种子反映的食物生产活动[A]. 见：北京大学中国考古学研究中心，浙江省文物考古研究所(编). 田螺山遗址自然遗存综合研究[M]. 北京：文物出版社，2011.

[5]　傅稻镰，秦岭，赵志军，郑云飞，细谷葵，陈旭高，孙国平. 田螺山遗址的植物考古学分析：野生植物资源采集、水稻栽培和水稻驯化的形态学观察[A]. 见：北京大学中国考古学研究中心，浙江省文物考古研究所(编). 田螺山遗址自然遗存综合研究[M]. 北京：文物出版社，2011.

[6]　浙江省文物考古研究所，余姚市文物保护管理所，河姆渡遗址博物馆. 浙江余

姚田螺山新石器时代遗址 2004 年发掘简报[J]. 文物, 2007, 618 (11): 4-
      24, 73.
[7]   Flannery, K. V. （Ed.） *Quilá Naquitz: Archaic Foraging and Early
      Agriculture in Oaxaca, Mexico* [M]. Orlando: Academic Press, 1986.
[8]   本研究对田螺山遗址出土水稻数据的掌握还很不完整。
[9]   Zheng, Y., Sun, G., Qin, L., Li, C., Wu, X., & Chen, X. Rice fields
      and modes of rice cultivation between 5000 and 2500 BC in east China [J].
      Journal of Archaeological Science, 2009, 36: 2609-2616.

第九章　人类生态位构建及其对长江下游农业探源的意义

第一节　湿地维护与资源和土地的可持续开发

一、植物群落

湿地是长江下游距今 10000—6000 年新石器文化发展中的重要特征。湿地群落的演替模型能够帮助我们来理解人类对这种生境的影响。湿地植物可以依生长的水深不同而分为挺水植物、浮水植物和沉水植物[1]（图 9.1）。挺水植物的根扎在水底的淤泥当中，而茎、叶和生殖器官都腾空。水稻、芦苇和香蒲是典型的挺水植物。浮水植物如芡实和菱角，其叶和生殖器官都浮在水面上，根长在泥质基底当中。沉水植物的全部

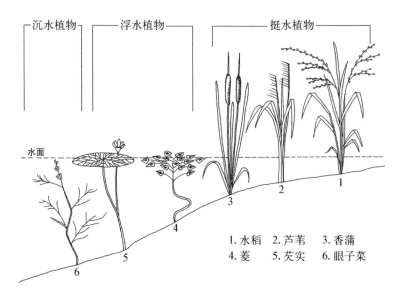

图 9.1　湿地植物生境示意图

植株沉没在水下,它的整个生命周期都在水面以下完成。这些植物呈同心圆状分布在水体边缘,随着有机质的积累,水滨会慢慢向水面深处推进,水面范围慢慢缩小,最后被填为陆地。在这个过程中,浅水的种群会逐渐替代深水的种群[2](图9.2)。许多因素都会影响到湿地的演替,人源因素在本书研究的湿地环境中需要被强调。

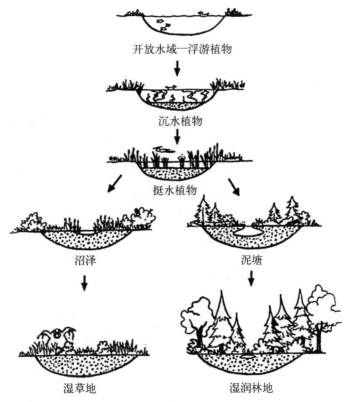

开放水域—浮游植物

沉水植物

挺水植物

沼泽

泥塘

湿草地

湿润林地

图9.2 湿地植物群落演替示意图[3]

植物遗存反映出三种湿地植物具有明显的生态意义,它们是水稻、菱和芡实。舒军武等的研究证明,火是跨湖桥遗址先民维护自己生境和资源来源的主要工具,但未必是一种典型的刀耕火种,而应是周期性的温和的烧荒,这有助于提高整个生态系统的生产量[4][5]。泰国北部班清地区的民族学研究表明,早期的水稻农作并不需要太多耕犁、地形改造或大劳力投入的灌溉。倒是季节性降雨所带来的规律性年度泛滥对早期水稻栽培至关重要,因为一年生水稻是多年生普野对年度泛滥长期适应的进化结果。这种自然的降水周期促使水稻在田地中的生长形成了一种长期的生物能量平衡机制,因此一年一度的泛滥允许人类以最小的投入种植水稻并通过这种可持续的水稻生产来建立永久性的稻田[6]。长江下游的气候正是以夏秋的集中降雨为特征,全新世早中期先民的稻作模式很可能与泰国班清地区的案例有相似之处。

同时,对一年生水稻非常重要的年度泛滥对菱和芡实也是必不可少的生长要素。这两种植物需要借助季节性的水位上涨来生长茎秆以将叶片送到水面上,然后开花结果。它们的生境与水稻紧相毗邻,大量植物遗存的出土证明它们也是长江下游史前人类感兴趣的水生植物。水稻栽培中所包含的湿地管理知识并不仅限于针对水稻这一个物种,其他水生植物也应当被同时管理,只是在具体表现出来的行为方式上略有差异。比如,这两个物种的果实都能成熟后落水自生,不需要人类进行储藏和播种。重要的是,人必须进入水中才能收获它们。一种方法是乘坐在小船或木盆里划入菱塘或芡塘,另一种方法是也可以直接赤足涉水,但采菱似乎不得不采取前一种方法。这些活动不可避免地对湿地产生了适度的扰动,从而促进生物量的增长。此外,一种称为"环境维护策略"(environmental conservation strategy)的手段也可能被采用,即人类为了保持每年可持续的收获量,有可能刻意地遗留一些菱和芡实,让它们来年在水中发芽生长。虽然这种维护策略很难在实证材料上得到确认,但是为了长期可持续的收获而对收获活动进行限制和规范在许多民族学记录中都能见到[7]。

从这一点也可发现,水稻在长江下游早期资源生产的研究中被过分强调了。哈兰按植物对人依赖关系的亲疏把植物分为四类:野生的、被允许的(tolerated)、被鼓励的(encouraged)以及驯化的[8]。从这个角度来看,菱和芡实应当可算是"被鼓励的作物",它们应当是湿地作物制度中的组成部分。此外,水稻驯化研究的确不能不考虑一般的湿地生态知识。湿地不仅为人类提供食物资源,也提供日常用品的制造原料,比如芦苇和香蒲,它们被证明广泛用于长江下游全新世早中期的建筑营造和编织,其植被很可能也受到人类的管理。

二、鸟类组合

鸟类遗存也是湿地生态的一项重要指标。跨湖桥的鸟类组合提供了有关季节性和人类湿地管理的线索。其中大多数种类是大中型涉禽和水禽,林禽比较少见,但其中有猛禽,不见雀形目之类的小型林禽。涉禽和水禽基本上都是冬候鸟,旅鸟(即过路鸟)较少,猛禽为旅鸟(表9.1)。这些鸟类构成的特点表明湿地在跨湖桥的生态系统中扮演着重要角色。

表 9.1　跨湖桥遗址所见鸟类的迁徙习性与生境

	居留型	生态型
丹顶鹤	冬候鸟	涉　禽
灰　鹤	冬候鸟	涉　禽
雁	冬候鸟	水　禽
鸭	冬候鸟	水　禽
天鹅	冬候鸟	水　禽
雕	旅　鸟	林　禽
鹰	旅　鸟	林　禽
鸻形目	旅鸟/冬候鸟	涉　禽

从地理位置上看,杭州湾和长江口地区沿海湿地是鸟类"东亚—澳大利亚"迁徙路线上重要的中途休息地,而整个长江下游是某些种类的越冬地[9]。因此跨湖桥的湿地在鸟类迁徙的版图上独特而重要。从季节性上看,在这条迁徙路线上,鸟类北迁与南迁选择的路径和停留策略是不一样的。当春季鸟类从南半球往北飞时,经过长达5000公里甚至更远距离的不间断飞行后,最有可能选择杭州湾与长江河口作为停歇的第一站。而秋季南迁时,大规模鸟群更可能在中国东北部或朝鲜半岛停留,只有少数体质较弱的鸟才到此临时休息[10][11]。因此跨湖桥春季的鸟类数量多于秋季,再加上有些冬候鸟会一直待到次年4月才离去[12][13],可以想象春季的鸟类资源是一年中最丰富的。此外,又由于鸟类通常在北方繁殖,在南方越冬,因而此处春季的鸟多为在南方越冬地度过了完整生长发育期

的成鸟[14]。对长江口滨海湿地现代猎户的跟踪调查表明,春季捕获的涉禽数量确实大于秋季[9]。尽管考古报告没有提供有关鸟类成幼的具体数据,但如果今后注意收集鸟类骨骼发育数据并加强考古标本鉴定的精细度,那就能对人类捕鸟的季节性了解得更加深入。

根据孢粉等微化石材料和植物遗存提供的信息,跨湖桥的湿地为水鸟提供了良好的栖息环境,沼泽、光滩、草甸、芦苇丛等是它们的宿营地,藨草的地下球茎、泥滩的底栖动物、淡水中的鱼类和水草是它们的主食。相反,某些湿地生境的改变是水鸟不能适应的,比如水位下降、芦苇或藨草沼泽面积缩小、鱼类被过分捕捞、秋季割光芦苇或春季烧荒不当等等,都会破坏水鸟的食物资源和隐蔽条件[12],因此人类只有维护好湿地生境才能成功招引鸟类。尽管就物质证据和遗迹现象而言,我们目前对跨湖桥先民管理湿地的方式还知之甚少,因为这类小规模社会管理环境的方式往往模拟自然的生态过程,很难在考古现象中分辨清楚,然而,考虑到在长达千年的过程中,复杂的水文和地质情况可能使湿地发生很多变化,甚至消失,而跨湖桥的人类栖居却始终没有离开对湿地的依赖,不能说这种可持续性与积极的人源干扰没有关系。所以,作者认为鸟类在跨湖桥动物组合中的长期持续存在不仅代表了它们在人类生计经济中的特殊地位,也暗示了人类长期管理和维护湿地生境的努力。

一个平衡的水生生态系统由植物群落间复杂而多样的互动、水位变化、季节性降水、动物行为尤其是人源干扰这些因素构成,作者认为在距今 6000 年后长江下游更加系统化和规模化的水田农业的出现实际上正是从前期普遍发展起来的湿地管理系统演化而成的。

第二节　资源生产的季节性

长江下游史前的人类生态位构建是一套复杂的行为系统,各项活动安排要顺应动植物的生命周期,还要灵活应对某些偶发情况,因此其成功运作还具有鲜明的季节性特征(图 9.3)。然而,需要指出的是,这种季节性与狩猎采集经济的季节性有着本质上的不同。狩猎采集者觅食具有流动性的特点,他们需要跟随食物在不同时间出现的不同地点而迁移,因而没有长期停留的居址。而跨湖桥先民根据资源的季节性来安排有关食物及资源生产的活动内容,加强了生计经济的可预测性和可靠性,从而使长期定居成为可能。

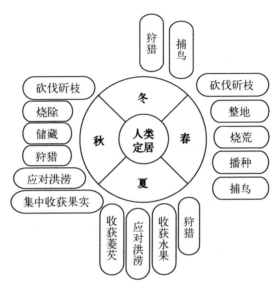

图 9.3　复原跨湖桥先民生计活动的季节性

　　再次以跨湖桥为例,鸟类与植物资源互补的时空特征对跨湖桥先民的生计安排极为重要(图 9.4、9.5)。春季是跨湖桥地区一年中食物最缺乏的时期,上一年秋季收获和储藏的草籽与坚果基本消耗完毕,可是大量水生、陆生的坚果和浆果还处于萌芽和生长阶段,虽然仍可以猎鹿和其他哺乳动物为食,但是这些动物身上储存的营养在越冬过程中也已大幅消耗,此时南来及尚未北归的成年鸟类无疑成为脂肪和蛋白质的最佳来源。根据长江口滨海湿地的现代生态学研究,一个生态健康的湿地(如崇明东滩)每年可招引数万只水鸟,而九段沙湿地可容纳涉禽的理论数量更是达十几万至几十万只[9]。可以据此推测,水鸟能为跨湖桥人类的食谱提供相当可观的食物量,如果湿地环境受到破坏,人类就有可能面临冬末春初食物难以为继的困境。也正是由于大量候鸟的如期到来为全年的食物供应增加了保障,跨湖桥先民才能够过上定居的生活。

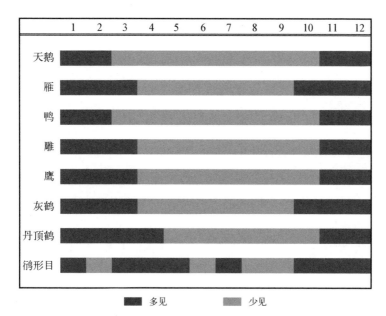

图 9.4　跨湖桥遗址可见鸟类的季节性

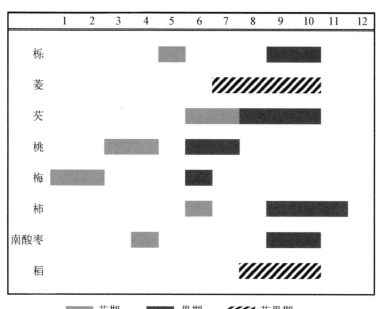

图 9.5　跨湖桥遗址所见植物种类的季节性

第三节　遗址域与资源管理系统

基于对研究区域聚落形态、资源利用模式和生境管理系统的了解,可以对各考古学文化土地利用的差异以及环境的人源影响进行总结。

上山文化时期,人类利用的植物资源以淀粉类物种为主,虽然目前我们已知的种类还很有限,但其中已包括来自林缘果树和水生草本的种类,前者以栎果为代表,后者以水稻为代表。这表明人类已经对不同种类和特征的生境进行开拓,这些生境包括湿地、开阔的林缘地带。水稻尚不能确定是否被驯化,但是有许多线索暗示水稻跟人类关系密切,很有可能已经受到人类的选择了。从聚落规模和遗迹分布来看,人对环境的改造和人工环境的长期维持一定存在,只是影响程度和范围还很局限。

跨湖桥文化时期,人类利用的植物资源种类大大增加,利用方式和目的非常丰富,与之相应开拓的生境类型也明显多样。人群已经拥有处于驯化过程中的物种,并能够掌握一套复杂、成熟并且有效的环境改造策略,在长期维持其周边资源可获性方面表现出极大的成功。在聚落形态方面,虽然目前已知的遗址仅有两个,但是它们位于同一个狭长的河谷之中,资源与范围有重合的现象存在。这暗示当时的微生境已经受到具有一定强度的人类活动的干扰和改变。

河姆渡文化时期,人类的生物资源管理系统在资源种类、生境类型、人为控制与改造的方式和强度上都达到了比较高的一致性、整合性和成熟度。单个遗址资源域的远近分配初具雏形,地形景观表现出以遗址为中心的人源干扰影响逐步递减的迹象。在此基础上,同一流域内的聚落之间在中远程觅食半径上有所重合,也就是说,即使在距遗址较远的范围内,其环境也会因受到多个人群的周期性扰动而表现出对人源影响的回应。

马家浜文化时期,资源开发的方式可能从先前略显粗放的管理调节策略转向对人工生境的专门开辟和依赖。以系统的水田出现为标志,虽然其规模和强度不一定很大,但是它体现出先民已经能够通过一整套复杂的技术和行为流程在一定程度上掌控环境、物种与自身之间的相互关系。聚落形态与分布反映出社群之间对资源域范围有一定的预见性和规划性,当时被马家浜文化人群所栖居的长江三角洲地区已普遍地受到来自人类活动的影响。

第四节　人类：生态系统的主动力

人类行为的研究框架为我们提供了一个理想的窗口来观察人与环境之间的互动如何造就一个稳定和可持续的生存系统。对于考古材料的生态重建应当包括对人源影响和不同生境背景中生态位构建的检视。

长江下游距今 10000—6000 年间人类生态位构建的内容可以概括为对两类生境的管理:以湿地为代表的水生环境和以林缘为代表的陆生环境。湿地是人类获得冬春时期动物性食物和碳水化合物的主要区域,还有一些可能用于编织和建筑的原材料如芦苇、香蒲、蔍草等也从中来。人类对湿地物种及环境的干预至少包括三类行为:(1)通过对水稻长期的反复收获和播种,使种群的落粒性发生由强到弱的改变。水稻在人类的持续干预和有效选择压力下走上了驯化的道路。(2)在水生植物果实的收获中可能刻意采取一种不竭泽而渔的方式,注意控制收获的数量,维护一定数量可在次年萌发生长的种实或繁殖体。(3)维护湿地特有的植被,掌握水文动态,为迁徙的涉禽与水禽开辟理想的栖息地。

林缘地带以及具有相同生态特征的生境提供了多种大中型哺乳动物和丰富的水果,人类在这一生境中的活动往往能同时促进多个动植物物种的生长与繁殖。笔者认为至少有两类行为模式:(1)有计划有控制地实施烧除,促进耐火植被的果实产量,提高哺乳动物种群的数量和质量;(2)适度地砍伐、斫枝和修剪植被。

布鲁斯·史密斯在评价人类生态位构建不同于其他生物生态位构建的特点时强调人类行为的多样性与深远的潜在影响[16]。以跨湖桥遗址的人类资源系统为例(图 9.6),人类开发多种多样的生境。生态过渡带因为跨多种生境而具有丰富的变异,从而具备了高生产力、高生物量的特征,能生产出更多种类的资源,产出更加可靠。人类活动进一步放大了生态过渡带当中的变异,这些活动包括狩猎、采集、渔捞、捕禽、植物栽培、动物饲养、烧荒、地面清除以及储藏。以适当的强度和频率扰动环境通常可以促进生物多样性,小型社群对资源和生境可持续的利用与管理可导致对生物多样性的保护,甚至通过开辟出镶嵌式的生境斑块来增进生物多样性[7]。

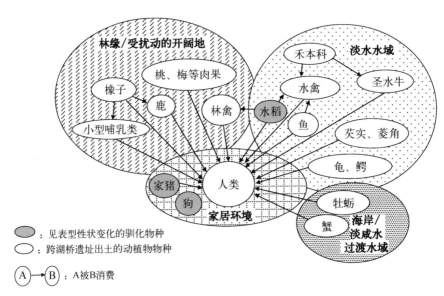

图9.6 跨湖桥遗址古人类生态位构建示意图[15]

由此可见,人类对该区域具有代表性的生态过渡带——湿地的管理和干预,在长江下游文化演进宏观过程中所起的作用是不可忽视的。自良渚以来基于水稻种植的强化农业经济应是从全新世早中期这些本地化的湿地管理系统中脱胎发展而来的。本研究已表明,水稻开始驯化的最初三四千年内,在人类的食物结构中始终不是很显眼,它逐渐转变为淀粉类主食应当是距今6000年以后发生的。虽然早期高度灵活的多元化农业生产模式与晚期强化的稻作农业模式在生产技术、资源配置、人工管理、成本投入等多方面均有鲜明差异,但不可否认,这两者间有一条一以贯之的湿地生态为线索,将其紧密关联起来。本地全新世早中期的先民通过数千年的摸索、积累、见习、传授等社会性学习活动了解湿地,掌握了一整套与湿地互动共处的知识,这奠定了此后社会政治经济发展并进入酋邦乃至国家形态的基础。只有在充分理解这一人类生态系统或过程的基础上,崧泽、良渚、钱山漾、广富林,乃至马桥时期社会变迁的内在逻辑和多因素联动的动力机制才能得以合理的剖析和理解。

综上所述,长江下游距今 10000—6000 年间的先民以多种技术手段对环境的管理将其生态系统维持在一种生产力水平较高的开放状态,这些构成了全新世早期该地区的资源生产体系。

第五节　农业起源动力机制阐释模型的探讨

人类生态学思想框架描述的资源生产图景只能说明农业最初如何发生,而不能解释农业为何发生。在认识了驯化的发生始于人与其他物种之间同步进化关系的建立后,这个问题更合理的表述可能应是:人类为何改变自身与其他物种的关系?在对"如何"这个过程问题给予一定厘清的基础上,我们可以尝试评估各种农业起源机制理论提出的合理性。

一、气候变化

更新世末的新仙女木事件曾被广泛用来解释旧大陆的狩猎采集者转变为农民的原因,但是后来经过修正的树轮校正年代显示,新仙女木事件结束于距今 11500 年,而考古记录中所见最早的农业证据都不会比距今11000 年更加古老,也就是说,农业发生时,严寒早已结束,那么因气候突变而可能施加于人类的食物压力已经不存在。赵志军认为新仙女木事件在长江中下游地区不是表现为单纯变冷,而是年均降水量的增加和季节性的加强,这为稻属植物的演化和人类选择行为间的互动创造了条件[17]。本书研究区域的古气候资料没有显示出距今 10000—8000 年间存在气温降低的迹象,反而是表现出转暖的趋势。年均降水量和季节性因素则需要进一步研究才有可能获得确切的证据和全面的认识。

二、人口增长

聚落形态分析表明,在明确的驯化物种出现以前,即上山文化阶段,该地区人口密度比较小。而后,跨湖桥文化已知的两处遗址间距离非常近,他们共同开发湘湖地区的狭长河谷地带,居住密度比上山要大,而且其定居生活愈趋稳定和成熟。紧随其后的河姆渡与马家浜文化时期,聚落数量骤增,居住的密度无论是小区域还是大区域的尺度都达到一定的密集程度。因此,考古材料显示人口增长是在驯化物种出现一段时间以后才明显表现出来的,它不是先民采纳和逐步强化农业经济在生计形态中比重的原因,而应是农业形态发展起来以后的结果。实证材料不支持人口增长导致对食物更多的需求,促使人类开始驯化动植物这种假设。

从水稻驯化和生产的角度来看也能找到一些迹象,本地人口的增长总是略为滞后于水稻栽培的强化与扩张进程,也就是说,先有水稻栽培,然后见人口增长。对此有一种解释的可能性,前面提到水稻比壳斗科坚果、菱、芡实更容易煮烂,虽然成人对这一因素并不敏感,但是婴幼儿显然更加需要这类食物,它们可能在史前婴幼儿的食谱中起到了一些作用。提高婴幼儿食物的品质和安全性,直接提高了人群在发育阶段的营养水平,从而降低低龄个体意外发病的可能性以及死亡率,这使得能够活到青年、成年的个体比例增加,提高了人口的增长率。当然,这仅仅是一项大胆的猜测或想象,但它依然在阐释上具有开放性。

三、资源压力

目前一般是通过食物广谱化和人口病理统计来衡量资源压力,尤其是回报率低的小个体资源的强化开拓能够体现出人地失衡所带来的资源压力。一种被用于充饥的食物应当在数量上体现出强化开拓的显著迹象,但是跨湖桥文化的植物组合却显示驯化水稻相对于其他果实资源在食谱中的地位在逐渐降低。同时,拥有驯化水稻的跨湖桥、河姆渡和马家浜人群的生存环境有着丰富的生物资源。对水稻强化而系统的栽培一直到距今 5000 年以后的良渚文化才发展起来。因此,长江下游距今

10000—6000年的植物遗存组合与利用模式并未反映出显著的资源压力。实证材料不支持资源压力作为动力机制的假设。

四、竞争宴享

海登提出在某些基于富裕的资源环境而发展出复杂化属性的狩猎采集社会中,一些野心家试图通过向社群成员分发奢侈物品的宴享来控制别人对他的服从与忠诚。驯化物种由于需要投入巨大劳力和反复试验才能获得而具备"奢侈品"的属性,因此竞争宴享是促使人们去驯化一些物种的动力。竞争宴享理论从表面上看来很适合用于解释农业为何在资源丰富的地区出现,但是海登的理论所依据的材料有一些偏差。竞争宴享理论基于他对北美西北海岸土著社会的研究,但是当地土著的生计形态是历史发展的结果,受到外部社会许多影响,特别是殖民时代的影响更为复杂,我们不知道其现实社会结构的不平等最初是如何发展起来的。其次,西北海岸考古序列中的农业起源并没有被很好地研究过。第三,海登对其他地区材料的掌握、理解和叙述有偏差。比如,薄荷、牛蒡等并没有被确认在东亚驯化;美洲大陆各地区独立驯化种出现的时间也并不一致。

如果将这一幅既定的图景投射到宁绍平原史前社会中,最显著的共同点就是资源环境的丰富。在海登的民族学案例中资源的富裕与社会复杂化有密切关系,但是,首先,所谓的"富裕"分经济和政治两个方面[18],资源丰富并不一定导向社会结构必然复杂化。其次,环境资源的丰富也可能是人类控制的结果。宴享的证据可能存在,但宴享的目的并不一定就是夸富、分发有借贷性质的奢侈品或特殊礼物的交换。它可以有除了政治以外的很多目的,北海道阿伊努人的宴享祭熊[19][20]、旧石器晚期西南亚纳图夫文化中也有宴享是配合缅怀逝者的仪式[21]。关于如何辨别早期社会中个体角色分化的迹象还没有一种很系统的方法,也没有充分讨论和确认[22]。而反观长江下游地区全新世早中期社会结构的特点,它还没有表现出明确的社会分层的迹象。河姆渡与马家浜文化的墓葬并没有显示出明显的财富和社会地位的差异,聚落中居住范围也没有表现出等级或贫富的差别。从装饰品来看,似乎是有一些,比如三星村、河姆渡、田螺山等遗址出土的线刻图案的象牙片，吴家浜遗址出土的象牙梳，一大批遗址出土的珍罕石料加工饰品，它们可能被社群中的少数人控制。但是到目前为止，我们还不明确它们被占有的形式究竟是怎样的，对其使用的过程也知之甚少，也许这是需要努力开拓的一个方面。因此，从严谨的论证来看，至少到目前为止，长江下游的材料还不能使我们拼合出像海登描述的那种农业起源竞争宴享模式的演进过程。

五、风险抵御

风险抵御的观点在许多农业起源研究者的文章中都被表述过，他们普遍认为，尽管农业最初发生都是在资源条件比较丰富的生境当中，但是环境风险对史前人类来说是不可预测和不可控制的，它们有可能导致某些食物或其他原材料的短缺危机，从而影响到生计基础的可持续性。人类最初开展一些农事活动正是为了对这种突发的、不可预计的短期危机有所准备。目前看来，这种假设是比较合理的。对于长江下游地区而言，复杂的水文环境可能是先民生存需要面对的主要难题之一，水患的发生往往突然而难以预计，更严重的是它会影响到原有的资源基础，从而使短期的灾害事件产生长期的后果。跨湖桥和田螺山遗址的材料中都明确显示出资源基础因海水侵入而发生转变的现象，如果对本区的一手材料详加分析，可能会发现更多此类线索。

此外，海登在 2009 年发表的文章当中对宴享的功能作了很大补充，提出宴享不仅具有社会政治方面的意义，也能使人类在体质健康方面受益，它具有抵御风险的作用，又由于宴享天生具有催化物质需求膨胀和生产的强大推动力，因此会导向动植物驯化[23]。从他对观点的修正中可见，宴享的政治经济功能不再像过去那样被强化了。

第六节　小结与反思

最后，我想从两个层面再次阐述一下人类生态学视野对未来考古学的农业探源具有的启示和潜力。一是人类生态位构建理论如何针对长江下游全新世早中期考古的具体问题和特点发挥作用，二是该理论在考古学的全球农业起源研究中具有哪些独特的优势和指导意义。

　　首先，本研究的收获之一，并不是对长江下游农业起源的动因直接作答，而是通过对人类与环境和物种互动关系的详细解读，排除明显不可能的因素，把可探索的方向集中到某一范围内，同时使更多此前未曾认真考虑却又无法回避的问题凸显出来，从而为将来的考察开辟空间。

　　研究表明，迄今为止，尚没有证据支持长江下游的早期农业形式是由当地更新世狩猎采集群的适应方式演变而来的。实证材料指向恰恰相反，该地区距今 10000 年先民甫一登场时，就已经是成功的资源生产者，而以湿地维护和开发为代表的人类生态位构建体系到距今 8000 年时已相当稳定。这使长江下游的农业起源问题更加复杂，我们在思考是什么原因促使农业发生的同时，还要考虑这些农业因素是本地起源还是外部传播来的。从目前的考古材料来看，这两种情况都无法轻易排除。纵观本书所涉考古学文化之间的关系，尽管我们目前已掌握的证据表明它们的绝对年代先后相续，但这是否意味着真实的文化继承关系？比如，跨湖桥文化究竟是上山文化的后继者，还是可能来自现今已淹没在海平面以下大陆架上的先民的后代？跨湖桥与河姆渡在生态位构建模式上的相似之处，是后者继承前者的结果，还是该区域早期社群与环境互动的必然选择或普遍表现？跨湖桥文化可谓长江下游同时代史前文化的翘楚，如此成功的社群为什么快速消失了？马家浜文化有没有可能与河姆渡文化有过交流？为什么从马家浜到崧泽、良渚有明显的传承关系，河姆渡却最终走向衰落？对这些问题，恐怕我们还没有充分的证据来作答。但与缺乏证据相比，更加棘手的难点在于缺少论证问题的思路，因而本质上是方法论的匮乏。

　　人类生态位构建理论恰恰提供了一个具有高度整合性的框架，以人类行为为核心，把形态各异的材料统摄到同一个人类生态系统中，使研究者得以摆脱因研究手段不同造成的认知壁垒，而能够在背景一致的前提下更直接、客观地评估人类行为的性质、目标和强度。人类生态学视角的高度整合性，也要求研究过程中必须时刻带着一种全局观步步推进，这对从田野发掘的样本采集、提取,到实验室处理,再到数据分析和解释,都提出了比较高的要求。但在中国考古学的大多数实践中,这一点是相当忽略的,即不同领域的研究者往往各自为政。这一不足也体现在长江下游早期农业的考古实践中,导致即使在材料积累长足发展的情况下,仍会因各分支之间缺乏对同一问题的基本共识——诸如年代和空间的分辨率不一、生物性状鉴定标准不一、遗迹现象记录规范不一等——而无法有效整合各套数据。这意味着,研究者不仅需要在自身擅长的范围内开展分析工作,同时也应当顾及自己所掌控的材料与同一遗址、乃至同一区域内其他材料之间的兼容性,使不同研究者提供的信息具有相互弥补、交叉检验的可能性。此外,还特别需要指出的是,要有效地开展这样的探索,就应批判性地采纳中国传统的类型学方法,不能再一味拘泥于以陶器形态比较和谱系排列为唯一或最重要的标准来确认社群之间的关系。相反,所有出土材料,包括房屋、陶器、石器、木器、动植物遗存等,都应当作为人类主动影响或改造环境的标识物,与生态系统的管理和操纵联系起来解读。最终,唯有在理解人类生态位构建模式的基础上,对史前社群生活方式予以整体性复原,才能真正厘清不同社群之间在遗传、文化、生态这三个不同层面的继承或类比关系。

其二,由于农业起源是一个全球性的文化演进问题,因此它的理论框架既要有普适性,以便帮助研究者揭示和提炼最根本的原则,又要能够充分包容个案的独特性,使得回避相对主义的跨区域、跨物种比较研究成为可能。生态位构建理论的确很好地满足了学界的理论期待,以下笔者结合自身的研究体验,就该理论的优越性和启发性做三点简论。

(1)农业起源包含了人类的生物性与文化性两个方面,长久以来,考古学家——尤其是人类学背景下成长起来的一批学者一直在探寻能阐释这两方面在人类文化演进中共同作用机制的切入点。生态位构建理论主张,生态位构建过程是通过生物遗传和文化遗传两个并行的途径共同实现的,前者基于生物体的遗传基因,后者则基于社会性学习。无论是以往更强调环境决定或限制作用的文化生态论,还是颇有宿命论意味的进化考古学,都不如该理论充分认识并合理阐释社会文化因素的作用。因此,它满足了考古学实践对理论模型辨证性、完整性和可行性的期待。

（2）无论在什么地区与时代，农业起源研究不应局限于以表型性状定义驯化物种，人类行为才是最重要的参考标准。农业的意义更多是生态上的，意味着人类与物种种群建立起了比较紧密的共生关系。对许多驯化物种而言，在可观察的驯化性状出现以前，人类早已开始对物种的生命周期或繁殖种群进行长期持续的干预。因此，仅仅依靠物种性状来探索早期农业起源的过程和原因是远远不够的，而应该把视野向前延伸到人类已经开始主动管理环境而物种驯化性状却还不明显，甚至观察不到的阶段。虽然由于这一阶段的人类行为往往模仿自然的生态过程，而在考古学材料中难以辨认，但它们对理解和阐释农业起源有着莫大的价值，值得我们不懈挑战。

（3）农业探源不应关注单一物种的驯化，而应当关注多个物种，尤其是为我们今天所习见的农作物以外的物种，以及它们的组合关系。个别驯化物种的出现应当被视为一种有用的提示，启发研究者由此思考人类对宏观环境和其他物种的管理是否也达到了一定强度，并对人类的生存有所贡献。研究者应当循着这条线索寻找更广泛的人类行为模式的变化，评估各类生境及其物种与人类之间关系的整体面貌，考察人类在生态系统中的作用。

本书在理论和实证上的大胆尝试使笔者感到，人类生态位构建理论提供了一个开放性的理论框架，使考古材料、民族学材料和现代生态学研究的有机结合能够最大限度地复原和阐释已经逝去的人类行为。因而，在农业探源中，它对深入理解这一过程中人类行为的长程规律和演变轨迹有较大的价值和潜力。

注释

[1] Cronk, J. K. & Fennessy, M. S. *Wetland Plants: Biology and Ecology* [M]. Washington, D.C.: Lewis Publishers, 2001.

[2] Odum, E. P. *Fundamentals of Ecology* [M]. Philadelphia: W. B. Saunders, 1953.

[3] Weller, M. W. *Freshwater Marshes: Ecology and Wildlife Management* [M].

Minneapolis: University of Minnesota Press, 1981.

[4] Shu, J., Wang, W., Jiang, L., Takahara, H. Early Neolithic vegetation history, fire regime and human activity at Kuahuqiao, Lower Yangtze River, East China: New and improved insight [J]. *Quaternary International*, 2010, 227: 10-21.

[5] Shu, J.-W., Wang, W.-M., & Jiang, L.-P., Did alder (Alnus) fires trigger rice cultivation in the lower reaches of the Yangtze river, East China? [J]. *Palaeoworld*, 2012, 21: 69-73.

[6] White, Joyce C. Modeling the development of early rice agriculture: ethnoecological perspectives from Northeast Thailand [M]. *Asian Perspectives*, 1995, 34 (1): 37-68.

[7] Smith, E. A., & Wishnie, M. Conservation and subsistence in small-scale societies [J]. *Annual Review of Anthropology*, 2000, 29: 493-524.

[8] Harlan, J. R. *Crops and Man* [M]. Madison: American Society of Agronomy, Crop Science Society of America, 1992.

[9] 葛振鸣,王天厚,王开运,王小明.长江口滨海湿地生态系统特征及关键群落的保育[M].北京:科学出版社,2008: 141,158.

[10] Tomkovich, P. S., Breeding distribution, migrations and conservation status of the Great Knot Calidris tenuirostris in Russia [J]. *Emu*, 1997, 97(4): 265-282.

[11] Ma, Z. J., Tang, S. M. Lu F., & Chen, J. K. Chongming Island: a less important shorebird stopover site during southward migration? [J]. *Stilt*, 2002, 41: 35-37.

[12] 中国动物志编辑委员会,中国科学院.中国动物志: 鸟纲(卷 5)[M].北京: 科学出版社,2006: 27-56.

[13] La Touche, J. D. D. *A Handbook of the Birds of Eastern China (Chihli, Shantung, Kiangsu, Anhwei, Kiangsi, Chekiang, Fohkien, and Kwangtung Provinces): Vol. 2* [M]. London: Taylor and Francis, 1925-1930: 294-295, 297-298.

[14] Battley, P. F., Piersma, T., Rogers, D. I. et al. Do body condition and plumage during fuelling predict northward departure dates of Great Knots Calidris tenuirostris from north-west Australia? [J]. *Ibis* 146: 46-60.

[15] Pan, Y., Zheng, Y., & Chen, C. Human ecology of the Neolithic Kuahuqiao Culture in East China [A]. In Habu, J., J. Olsen & P. Lape (Eds.) *Handbook of East and Southeast Asian Archaeology* [M]. New York: Springer, 2017.

[16] Smith, B. D. Niche construction and the behavioral context of plant and animal domestication [J]. *Evolutionary Anthropology*, 2007, 16: 188-199.

[17] 赵志军.季节性的增强与栽培稻的起源[A].见:中国社会科学院考古研究所(编).21世纪中国考古学与世纪考古学[M].北京:中国社会科学出版,2001:569-575.

[18] Grier, C., Kim, J., & Uchiyama, J. (Eds.) *Beyond Affluent Foragers: Rethinking Hunter-Gatherer Complexity* [M]. Oxford: Oxbow Books, 2006.

[19] Kitagawa, J. M. Ainu Bear Festival (Iyomante) [J]. *History of Religions*, 1961, 1(1): 95-151.

[20] Kimura, T. Review: bearing the 'bare facts' of ritual. A critique of Jonathan Z. Smith's study of the bear ceremony based on a study of the Ainu Iyomante [J]. *Numen*, 1999, 46(1): 88-114.

[21] Munro, N. D., & Grosman, L. Early evidence (ca. 12,000 B.P.) for feasting at a burial cave in Israel [J]. *Proceedings of the National Academy of Sciences of the United States of America*, 2010, 107(35): 15362-15366.

[22] Spikins, P. 'The bashful and the boastful': prestigious leaders and social change in Mesolithic societies [J]. *Journal of World Prehistory*, 2008, 21: 173-193.

[23] Hayden, B. The proof is in the pudding: feasting and the origins of domestication [J]. *Current Anthropology*, 2009, 50(5): 597-601.

附录1 河姆渡文化聚落基本信息统计

遗址	海拔*(米)	面积(平方米)	发掘面积(平方米)	遗迹类型								发掘性质	出处	堆积性质备注
				房址	用火痕迹	稻田	墓葬	沟	井	储藏坑	灰坑(废弃物)			
鲻山	-0.8	不明	306	√					√		√	发掘	[1]	河姆渡一、二、三期,良渚等,以河姆渡为主
河姆渡	-2—-1.5	50000	2630	√	√		√	√		√	√	发掘	[3][2]	河姆渡一至四期
鲞架山	1—7	14000	550		√		√				√	发掘	[4][2][7]	河姆渡二、三、四期,春秋战国,河姆渡三、四期内容多
田螺山	-1.2	30000	300	√	√	√	√			√	√	发掘	[5]	河姆渡一至四期
傅家山	-0.2—-0.5	20000	725	√	√							发掘	[6]	河姆渡一、二、四期

* 遗址生土面海拔＝古文化堆积顶面今海拔高度－堆积厚度

注释

[1] 浙江省文物考古研究所,厦门大学历史系.浙江余姚市鲻山遗址发掘简报[J].考古,2001,(10):14-25.

[2] 孙国平.宁绍地区史前文化遗址地理环境特征及相关问题探索[J].东南文化,2002,155(3):16-23.

[3] 浙江省文物考古研究所.河姆渡——新石器时代遗址考古发掘报告[M].北京:文物出版社,2003.

[4] 浙江省文物考古研究所,河姆渡遗址博物馆.余姚市鲞架山遗址发掘报告[A].见:半坡遗址博物馆(编).史前研究 2000 年专刊[M].西安:三秦出版社,2000:385-426.

[5] 浙江省文物考古研究所,余姚市文物保护管理所,河姆渡遗址博物馆.浙江余姚田螺山新石器时代遗址 2004 年发掘简报[J].文物,2007,618(11):4-24,73.

[6] 宁波市文物考古研究所,傅家山:新石器时代遗址发掘报告[N].北京:科学出版社,2013.

[7] 河姆渡遗址博物馆考古调查组.浙江余姚市鲞架山新石器时代遗址调查[J].考古,1997,(1):37-39,94.

附录 2 马家浜文化聚落遗迹基本信息

遗址	遗迹类型						坑			发掘性质	出处	堆积性质备注
	房址	红烧土	稻田	墓葬	沟	井	一般灰坑	特殊用灰坑	蚌壳铺地			
马家浜	√	√		√			√	√		发掘	[1]	马家浜
吴家浜	√	√		√			√			发掘	[2]	马家浜
罗家角	√	√					√	√		发掘	[3]	马家浜
新桥	√	√					√			试掘	[4]	马家浜
大坟塘										调查	[5]	含马家浜至春秋战国
坟桥港										发掘	[5]	马家浜
张家埭										调查	[5]	马家浜
吴家埠	√	√		√			√			发掘	[6]	马家浜
邱城	√	√			√		√	√		发掘	[7]，[8]，[9]	含马家浜、马桥至东周
狮子山										抢救清理	[10]	马家浜

续　表

| 遗址 | 遗迹类型 | | | | | | 坑 | | 蚌壳铺地 | 发掘性质 | 出处 | 堆积性质备注 |
	房址	红烧土	稻田	墓葬	沟	井	一般灰坑	特殊用灰坑				
草鞋山	√	√	√	√						发掘	[11]、[12]	含马家浜、崧泽、良渚、春秋多个时期遗存
圩墩	√	√		√	√	√	√			调查、试掘、发掘	[13]、[14]、[15]、[16]、[17]	发掘成果以墓葬区占绝大多数;含马家浜和崧泽两个时期,马家浜居多
邱头山	√	√		√			√			发掘	[18]、[19]、[20]	含马家浜和历史时期遗迹,马家浜占绝大多数
广福村	√	√		√	√					发掘	[21]	马家浜
骆驼墩	√	√		√				√	√	发掘	[22]、[23]	堆积的主要部分为马家浜文化
绰墩	√	√	√	√			√			发掘	[24]	马家浜堆积只是一部分,还有崧泽、良渚、马桥
三星村	√	√		√			√		√	发掘	[25]	马家浜
彭祖墩	√	√		√			√			发掘	[26]、[27]	马家浜和商周时期都有
崧泽	√	√		√		√	√			发掘	[28]、[29]、[30]	主要堆积为崧泽文化,下层才是马家浜文化

续 表

遗址	遗迹类型						坑		蚌壳铺地	发掘性质	出处	堆积性质备注
	房址	红烧土	稻田	墓葬	沟	井	一般灰坑	特殊用灰坑				
梅堰	√	√							√	发掘	[31]	上层为良渚文化,下层为马家浜文化
北渚荡										试掘	[32]	马家浜
东山村	√	√		√						发掘	[33]	有崧泽和马家浜两个时期的堆积,以马家浜为主
凤凰山							√			发掘	[34]	有马家浜和青铜时代两种堆积,以青铜时代为主
潘家塘										试掘	[35]	有马家浜和崧泽中层两个时期堆积,崧泽占多数
神墩	√	√		√	√		√			发掘	[36]	有马家浜、崧泽-良渚、商周时期等时代堆积,以马家浜为主
许庄										调查、试掘	[37],[38]	遗址地层只有良渚、崧泽,但采集陶器包含马家浜文化类型,推此处应曾有过马家浜先民
南庄桥											[39]	遗址地层有马家浜和良渚

续 表

遗址	遗迹类型									发掘性质	出处	堆积性质备注
	房址	红烧土	稻田	墓葬	沟	井	坑		蚌壳铺地			
							一般灰坑	特殊用灰坑				
薛城	√	√					√	√		发掘	[40]	包括马家浜、北阴阳营和崧泽三个时期堆积，前两期出土物丰富
西溪	√	√		√	√		√		√	试掘、发掘	[41]、[42]	包括马家浜、良渚、商周、唐末堆积，主体为马家浜
江家山	√			√	√					发掘	[43]、[48]	包括马家浜、崧泽、良渚、马桥、目前报道以马家浜居多
越城				√	√		√			发掘	[44]	包含马家浜、良渚、春秋三个时代遗存
荀山东坡										调查	[45]	含良渚和马家浜堆积
福泉山							√			发掘	[46]	含马家浜、崧泽、良渚、战国及历史时期遗存
庙前										发掘	[47]	含马家浜和良渚遗存，主要为良渚，且马家浜居址为良渚人的到来而破坏
马家坟										试掘	[47]	含马家浜和良渚

说明：表中加灰色背景的遗址为考古报告中没有提供遗迹现象信息分析统计。

注释

[1] 浙江省文物管理委员会. 浙江嘉兴马家浜新石器时代遗址的发掘[J]. 考古, 1961, (7).

[2] 嘉兴吴家浜遗址发掘简报[A]. 见: 嘉兴市文化局(编). 马家浜文化[M]. 杭州: 浙江摄影出版社, 2004: 35-44.

[3] 罗家角考古队. 桐乡县罗家角遗址发掘报告[J]. 见: 浙江省文物考古所(编著). 浙江省文物考古所所学刊[M]. 北京: 文物出版社, 1981: 1-42.

[4] 张梅坤. 桐乡新桥遗址试掘报告[A]. 见: 嘉兴市文化局(编). 马家浜文化[M]. 杭州: 浙江摄影出版社, 2004: 81-89.

[5] 葛金根. 嘉兴平湖大坟遗址及其他[A]. 见: 嘉兴市文化局(编). 马家浜文化[M]. 杭州: 浙江摄影出版社, 2004: 90-93.

[6] 浙江省文物考古研究所. 余杭吴家埠新石器时代遗址[A]. 见: 浙江文物考古研究所(编). 浙江省文物考古研究所所学刊[M]. 北京: 科学出版社, 1993: 55-83.

[7] 梅福根. 江苏吴兴邱城遗址发掘简介[J]. 考古, 1959, (9): 479.

[8] 浙江省文物管理委员会. 浙江吴兴县邱城遗址1957年发掘报告初稿[A]. 见: 浙江文物考古研究所所学刊(第七辑)[M]. 北京: 科学出版社, 2005: 1-65.

[9] 浙江省文物考古研究所. 浙江省湖州市邱城遗址第三、四次发掘报告[A]. 见: 浙江省文物考古研究所所学刊(第七辑)[M]. 北京: 科学出版社, 2005: 66-92.

[10] 长兴县博物馆. 浙江长兴狮子山遗址[A]. 见: 嘉兴市文化局(编). 马家浜文化[M]. 杭州: 浙江摄影出版社, 2004: 120-125.

[11] 南京博物院. 江苏吴县草鞋山遗址[A]. 见: 嘉兴市文化局(编). 马家浜文化[M]. 杭州: 浙江摄影出版社, 2004: 126-133.

[12] 谷建祥, 邹厚本, 李民昌, 汤陵华, 丁金龙, 姚勤德. 对草鞋山遗址马家浜文化时期稻作农业的初步认识[J]. 1998, 121(3): 15-24.

[13] 常州市博物馆. 江苏常州圩墩村新石器时代遗址的调查和试掘[J]. 考古, 1974, (2): 109-115.

[14] 吴苏. 圩墩新石器时代遗址发掘简报[J]. 考古, 1978, (4): 223-240.

[15] 常州市博物馆. 常州圩墩新石器时代遗址第三次发掘[J]. 史前研究, 1984, (2): 69-81.

[16] 常州市博物馆. 1985年江苏常州圩墩遗址的发掘[J]. 考古学报, 2001, (1): 73-110.

[17] 江苏省圩墩遗址考古发掘队. 常州圩墩遗址第五次发掘报告[J]. 东南文化, 1995, 110(4): 69-89.

[18] 南京博物院, 无锡市博物馆, 江阴博物馆. 祁头山[M]. 北京: 文物出版社, 2007.

[19] 杭涛, 陆建方, 唐汉章. 江阴祁头山遗址考古获新突破[N]. 中国文物报, 2001, 2(28): 1.

[20] 陆建芳,张童心,左骏.祁头山文化遗址.南楼崧泽文化遗址的发掘与思考[J].见:浙江省文物考古研究所(编).浙江省文物考古研究所学刊(第八辑)[M].北京:科学出版社.2006: 158-176.

[21] 苏州博物馆,吴江市文物陈列室.江苏吴江广福村遗址发掘简报[J].文物,2001,(3): 41-51.

[22] 南京博物院考古研究所.江苏宜兴市骆驼墩新石器时代遗址的发掘[J].考古,2003,(7): 3-9.

[23] 南京博物院,宜兴市文物管理委员会.江苏宜兴骆驼墩遗址发掘报告[J].东南文化,2009,211(5): 26-44.

[24] 南京博物院.绰墩山——绰墩遗址论文集(东南文化2003增刊)[M].2003.

[25] 江苏省三星村联合考古队.江苏金坛三星村新石器时代遗址[J].文物,2004,(2): 4-26.

[26] 南京博物院,无锡市博物馆,锡山区文物管理委员会.江苏无锡锡山彭祖墩遗址发掘报告[J].考古学报,2006,(4): 473-508.

[27] 南京博物院,无锡市博物馆,锡山市文物管理委员会.无锡彭祖墩遗址马家浜文化层[A].见:嘉兴市文化局(编).马家浜文化[M].杭州:浙江摄影出版社,2004: 210-218.

[28] 上海市文物保管委员会.崧泽——新石器时代遗址发掘报告[M].北京:文物出版社.1987.

[29] 上海市文物管理委员会.1987年上海青浦县崧泽遗址的发掘[J].考古,1992,(3): 204-219.

[30] 崧泽遗址考古队.上海青浦崧泽遗址考古发掘获重要成果[N].考古,1963,(6): 308-318.

[31] 江苏省文物工作队.江苏吴江梅堰新石器时代遗址[J].考古,1963,(6): 308-318.

[32] 刘兴,刘建国.金坛北渚荡发现马家浜文化遗址[J].考古,1985,(8): 750-752,763.

[33] 张照根,姚蕊.张家港东山村遗址发掘的主要收获[J].东南文化,1999,124(2): 28-38.

[34] 凤凰山考古队.江苏丹阳凤凰山遗址发掘报告[J].东南文化,1990,(Z1): 269-317.

[35] 武进县文化馆,常州市博物馆.江苏武进潘家塘新石器时代遗址调查与试掘[J].考古,1979,(5): 404-407.

[36] 南京博物院,常州市博物馆,溧阳市文化局.江苏溧阳神墩遗址发掘简报[J].东南文化,2009,211(5): 45-58.

[37] 苏州博物馆,张家港市文管会.江苏张家港许庄新石器时代遗址调查与试掘[J].考古,1990,(5): 390-397.

[38] 王晶庆.张家港市许庄新石器遗址[J].东南文化,1990,(5): 309-312.

[39] 郑云飞,刘斌,松井章,宇田津彻朗,藤原宏志.从南庄桥遗址的稻谷硅酸体看早期水稻的系统演变[J].浙江大学学报(农业与生命科学版),2002,28(3): 340-346.

[40] 南京市文物局,南京市博物馆,高淳县文管所.江苏高淳县薛城新石器时代遗址发掘简报[J].考古,2000,(5): 1-20.

[41] 南京博物院, 宜兴市文物管理委员会. 宜兴西溪遗址试掘简报[J]. 东南文化, 2002, 163(11): 6-10.
[42] 南京博物院, 宜兴市文物管理委员会. 江苏宜兴西溪遗址发掘纪要[J]. 东南文化, 2009, 211(5): 59-62.
[43] 浙江长兴江家山遗址抢救性发掘获重要收获[N]. 中国文物报.
[44] 南京博物院. 江苏越城遗址的发掘[J]. 考古, 1982, (5): 463-473.
[45] 浙江省文物考古研究所. 余杭良渚遗址调查简报[J]. 文物, 2002, (10).
[46] 上海市文物管理委员会. 福泉山——新石器时代遗址发掘报告[M]. 北京: 文物出版社, 2000.
[47] 浙江省文物考古研究所. 庙前[M]. 北京: 文物出版社, 2005.
[48] 楼航, 梁奕建. 长兴江家山遗址发掘的主要收获[A]. 见: 浙江省文物考古研究所(编). 浙江省文物考古研究所学刊(第八辑)[M]. 北京: 科学出版社, 2006: 586-599.

附录 3 马家浜文化遗址面积 数据分析

本书研究的 35 个马家浜文化遗址中,4 个遗址缺少面积数据,列为面积不明,其余 31 个遗址面积的数据如下:

遗址面积（平方米）	频数	百分比	有效百分比	累计百分比
3000.00	2	6.5	6.5	6.5
10000.00	1	3.2	3.2	9.7
15000.00	2	6.5	6.5	16.1
16000.00	1	3.2	3.2	19.4
20000.00	1	3.2	3.2	22.6
30000.00	3	9.7	9.7	32.3
40000.00	3	9.7	9.7	41.9
50000.00	1	3.2	3.2	45.2
60000.00	4	12.9	12.9	58.1
65250.00	1	3.2	3.2	61.3
70000.00	1	3.2	3.2	64.5
80000.00	1	3.2	3.2	67.7
100000.00	1	3.2	3.2	71.0
120000.00	1	3.2	3.2	74.2
150000.00	2	6.5	6.5	80.6
180000.00	1	3.2	3.2	83.9
200000.00	1	3.2	3.2	87.1
250000.00	2	6.5	6.5	93.5

遗址面积 （平方米）	频数	百分比	有效百分比	累计百分比
400000.00	1	3.2	3.2	96.8
450000.00	1	3.2	3.2	100.0
合　计	31	100.0	100.0	

对上述数据利用统计软件 SPSS 作基本统计分析可知：

N（遗址数量）	Valid	31
	Missing	0
Mean 平均值（平方米）		98298.3871
Median 中值（平方米）		60000.0000
Std. Deviation 标准差（平方米）		111196.79288
Skewness 偏度系数		1.899
Std. Error of Skewness 偏度系数标准误		.421
Kurtosis 峰度系数		3.422
Std. Error of Kurtosis 峰度系数标准误		.821
Sum 遗址总面积（平方米）		3047250.00

进一步，我们可以画出遗址面积分布的直方图以及箱线图：

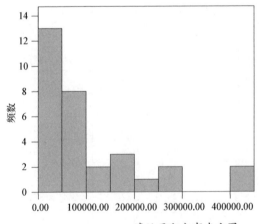

遗址面积分布直方图

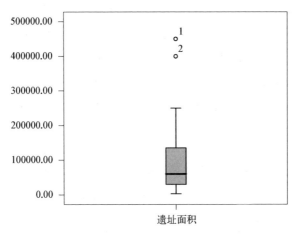

遗址面积分布箱线图

从上述图表我们可以粗略地看到，31 个遗址大多数面积偏小（小于100000 平方米），造成平均面积偏大的原因是其中两个遗址面积特别大（分别为 400000 以及 450000 平方米）。

遗址面积分布的正态性检验。进一步的，我们可以运用统计学方法考察马家浜文化遗址面积分布的形状指标。

首先，我们从遗址面积分布的偏斜程度和陡峭程度进行分析，这两个指标分别由偏度系数（Coefficient of Skewness）和峰度系数（Coefficient of Kurtosis）来描述。其中，偏度系数用来度量数据分布是否对称（正态分布左右是对称的，其偏度系数为 0，较大的正值表明该分布具有右侧较长尾部，较大的负值表明有左侧较长尾部）；峰度系数用来度量数据在中心的聚集程度（在正态分布情况下峰度系数等于 0。正的峰度系数说明观察量更集中，有比正态分布更长的尾部；负的峰度系数说明观测量不那么集中，有比正态分布更短的尾部，类似于矩形的均匀分布）。偏度系数与其标准误（Std. Error）的比值以及峰度系数与其标准误的比值均可以用来检验变量分布的正态性。一般来说，如果其比值绝对值大于 2，可以认为拒绝了正态性。上表中的数据表明，遗址面积分布的偏度系数和峰度系数均为正值且与其各自标准误的比值都大于 2，由此我们可以认为马家浜文化遗址面积数据的分布不满足正态分布。

需要指出的是，上述方法一般而言需在观测数据的数目足够大的情形下才更有意义。另一方面，利用 SPSS 软件可以对遗址面积分布执行柯尔莫哥洛夫-斯米尔诺夫（Kolmogorov-Smirnov）检验和夏比诺-维尔克（Shapiro-Wilk）检验来判断其经验分布是否接近于正态分布。特别的，夏比诺-维尔克检验更适用于小样本的情形（样本数小于 50）。对于我们的遗址面积样本检验结果如下：

	Kolmogorov-Smirnov[a] 检验			Shapiro-Wilk 检验		
	Statistic	df	Sig.	Statistic	df	Sig.
遗址面积	.246	31	.000	.762	31	.000

[a] Lilliefors Significance Correction

结果表明，两种检验的显著水平均为 0（由于遗址数量等于 31 小于 50，我们以夏比诺-维尔克检验结果为准），故拒绝遗址面积来自正态分布总体的假设。

总而言之，我们可以认为马家浜文化遗址面积的分布不满足正态分布（由前面的箱线图可知，马家浜文化遗址面积数据分布显示出一种偏小的趋势）。

附录 4 研究区域古水稻遗存鉴定资料表

遗址/地点	稻群鉴定结果	炭化稻米	小穗基盘	植硅石 扇形植硅石	植硅石 双峰乳突结构	孢粉	淀粉颗粒	稻壳印痕（制陶羼料）	古水田遗迹
东海DG9603孔	可能已被人类栽培			[1]					
上山	可能属于栽培稻，但属性有待进一步确定	[2]	[2][4]	[3]				[3][4][10]	
小黄山	尚不明确确定是否属驯化种		[4]	[3]				[4]	
跨湖桥	处于驯化过程中，可能是向粳稻方向演化的古栽培稻	[5]	[4]	[3][5]		[6][7]	[8]	克劳福德教授摄扫描电镜图像	
下孙	处于驯化过程中	[9]							
河姆渡	处于驯化过程中，以粳型为主的栽培稻	[11][14][23]		[12]	[42]	[13][16]			
田螺山	处于驯化过程中	[45]	[15][4]	[20]		[17][18]			[18]

续　表

遗址/地点	稻群鉴定结果	炭化稻米	小穗基盘	植硅石		孢粉	淀粉颗粒	稻壳印痕（制陶羼料）	古水田遗迹
				扇形植硅石	双峰乳突结构				
蝙山	存在驯化型的禾本科	[43]			[43]	[19]			
罗家角	处于驯化过程中，与现代栽培稻籼亚种相似	[23]	[4]	[21]	[42]				
南庄桥	马家浜早中期为籼粳尚未分化的栽培稻，晚期向大量为粳的方向演化	[22]		[22]					
草鞋山	粳型栽培种	[23]		[24][26]					[24][25]
马家浜	偏籼型的栽培种			[27]					
邱城	偏粳的栽培稻种			[27]					
绰墩	粳型栽培种	[28][29][30]		[28][30]					[31][32][33]
圩墩	以籼为主的籼粳混合型	[34][35]				[40]			
祁头山	性质不明	[46]							
东山村	粳型栽培种			[36][37]				[36]	
广福村	粳型古栽培稻种			[38]					

续 表

遗址/地点	稻群鉴定结果	炭化稻米	小穗基盘	植硅石		孢粉	淀粉颗粒	稻壳印痕(制陶廮料)	古水田遗迹
				扇形植硅石	双峰乳突结构				
三星村	性质不明	[39]							
松泽	籼粳兼有	[47]						[47]	
薛城	粳型栽培种			[41]					
骆驼墩	非粳非籼非野非栽的古栽培稻种	[44]							
西溪	性质不明	[48]						[48]	

注释

[1] Lu, H., Liu, Z., Wu, N., Berné, S., Saito, Y., Liu, B., & Wang, L. Rice domestication and climatic change: phytolith evidence from East China [J]. Boreas, 2002, 31: 378-385.

[2] 赵志军. 植物考古学与稻作农业起源研究[A]. 见:湖南省文物考古研究所(编). 湖南考古辑刊(第 8 辑)[M]. 长沙:岳麓书社, 2009: 242-249.

[3] 郑云飞,蒋乐平. 上山遗址出土的古稻遗存及其意义[J]. 考古,2007,(9): 19-25.

[4] 郑云飞,孙国平,陈旭高. 7000 年前考古遗址出土稻谷的小穗轴特征[J]. 科学通报,2007,52(9): 1037-1041.

[5] 郑云飞,蒋乐平,郑建明. 浙江跨湖桥遗址的古稻遗存研究[J]. 中国水稻科学,2004,18(2): 119-124.

[6] Zong, Y., Chen, Z., Innes, J. B., Chen, C., Wang, Z., & Wang, H. Fire and flood management of coastal swamp enabled first rice paddy cultivation in east China [J]. Nature, 2007, 449: 459-462.

[7] Shu, J., Wang, W., Jiang, L., Takahara, H. Early Neolithic vegetation history, fire regime and human activity at Kuahuqiao, Lower Yangtze River, East China: New and improved insight [J]. Quaternary International, 2010, 227: 10-21.

[8] 杨晓燕，蒋乐平.淀粉粒分析揭示浙江跨湖桥遗址人类的食物构成[J].科学通报,2010,55(7): 596-602.

[9] 浙江省文物考古研究所，萧山博物馆.跨湖桥[M].北京: 文物出版社,2004.

[10] 盛丹平，郑云飞，蒋乐平.浙江浦江县上山新石器时代早期遗址——长江下游万年前稻作遗存的最新发现[J].农业考古,2006, (1): 30-32.

[11] 游修龄.对河姆渡遗址第 4 层出土稻谷和骨耜的几点看法[A].见: 浙江省文物考古研究所.河姆渡——新石器时代遗址考古发掘报告[M].北京: 文物出版社,2003: 424-428.

[12] 郑云飞，游修龄，徐建民，边其均，俞为洁.河姆渡遗址稻的硅酸体分析[J].浙江农业大学学报,1994,20(1): 81-85.

[13] 孙湘君，杜乃秋，陈明洪.“河姆渡”先人生活时期的古植被,古气候[J].植物学报,1981,23(2): 146-151.

[14] 周季维.浙江余姚河姆渡新石器时代遗址出土稻粒形态分析鉴定[A].见: 浙江省文物考古研究所.河姆渡——新石器时代遗址考古发掘报告[M].北京: 文物出版社,2003: 429-430.

[15] Fuller, D. Q., Qin, L., Zheng, Y., Zhao, Z., Chen, X., Hosoya, L. A., & Sun, G. The domestication process and domestication rate in rice: spikelet bases from the Lower Yangtze [J]. Science, 2009, 323: 1607-1610.

[16] 李春海，唐领余，万和文，王苏民，姚书春，张殿发.晚更新世以来浙江余姚地区植被变化及人类活动[J].微体古生物学报,2009, 26(1): 48-56.

[17] 金原正明，郑云飞.田螺山遗址的硅藻,花粉和寄生虫卵分析[A].见: 北京大学中国考古学研究中心，浙江省文物考古研究所 (编).田螺山遗址自然遗存综合研究[M].北京: 文物出版社,2011.

[18] Zheng, Y., Sun, G., Qin, L., Li, C., Wu, X., & Chen, X. Rice fields and modes of rice cultivation between 5000 and 2500 BC in east China [J]. Journal of Archaeological Science, 2009, 36: 2609-2616.

[19] 王洪根，张卫东，王海明.浙江鲻山遗址孢粉组合与先人活动的关系[J].上海地质,2001,78(2): 20-24.

[20] 宇田津彻朗，郑云飞.田螺山遗址植物硅酸体分析[A].见: 北京大学中国考古学研究中心，浙江省文物考古研究所(编).田螺山遗址自然遗存综合研究[M].北京: 文物出版社,2011.

[21] 郑云飞，芮国耀，松井章，宇田津彻朗，藤原宏志.罗家角遗址水稻硅酸体形状特征及其在水稻进化上的意义[J].浙江大学学报

[22] 郑云飞,刘斌,松井章,宇田津彻朗,藤原宏志.从南庄桥遗址的稻硅酸体看早期水稻的系统演变[J].浙江大学学报(农业与生命科学版),2001,27(6):691-696.

[23] 周季维.长江中下游出土古稻考察报告[J].云南农业科技,1981,(6):1-6.

[24] 宇田津彻朗,汤陵华,王才林,郑云飞,柳泽一男,佐佐木章,藤原宏志.中国的水田遗构探查[J].农业考古,1998,(1):138-155.

[25] 谷建祥,邹厚本,李民昌,汤陵华,丁金龙,姚勤德.对草鞋山遗址马家浜文化时期稻作农业的初步认识[J].东南文化,1998,121(3):15-24.

[26] 汤陵华,佐藤洋一郎,宇田津彻朗,孙加祥.中国草鞋山遗址古代稻种类型[J].江苏农业学报,1999,15(4):193-197.

[27] 郑云飞,藤原宏志,游修龄,俞为洁,刘斌,丁金龙,王才林.太湖地区新石器时代的水稻(O.sativa L.)硅酸体形状特征及其稻种演变初探[J].农业考古,1998,(1):156-162.

[28] 曹志洪,杨林章,林先贵,胡正义,董元华,章钢娅,陆彦椿,尹睿,吴艳宏,丁金龙,郑云飞.绰墩遗址新石器时期水稻田、古水稻土剖面,植硅体和炭化稻形态特征的研究[J].土壤学报,2007,44(5):838-847.

[29] 胡林潮,李夏,刘本民,顾民,代静玉.绰墩农业遗址古碳化稻粒有机结构研究及其起源的可能关系[J].中国科学(D辑):地球科学,2008,38(8):978-985.

[30] 汤陵华.绰墩遗址的原始稻作遗存[J].东南文化(绰墩山——绰墩遗址论文集),2003,增刊1:46-49.

[31] 谷建祥.绰墩遗址马家浜文化时期水稻田[J].东南文化(绰墩山——绰墩遗址论文集),2003,增刊1:42-45.

[32] Cao, Z. H., Ding, J. L., Hu, Z. Y., Knicker, H., Kögel-Knabner, I., Yang, L. Z., Yin, R., Lin, X. G., Dong, Y. H. Ancient paddy soils from the Neolithic age in China's Yangtze River Delta [J]. *Naturwissenschaften*, 2006, 93: 232-236.

[33] Li, C., Zhang, G., Yang, L., Lin, X., Hu, Z., Dong, Y., Cao, Z., Zheng, Y., Ding, J. Pollen and phytolith analyses of ancient paddy fields at Chuodun site, the Yangtze River Delta [J]. *Pedosphere*, 2007, 17(2): 209-218.

[34] 常州市博物馆.1985年江苏常州圩墩遗址的发掘[J].考古学报,2001,(1):73-110.

[35] 陈娟英.试析常州圩墩新石器时代遗址的原始农业因素[J].农业考古,2000,(1):101-103,128.

[36] 萧家仪,钱公麟,丁金龙,张照根.江苏张家港东山村遗址中的古水稻植物蛋白石[J].农业考古,1994,(3):98-100.

[37] 王才林,丁金龙.张家港东山村遗址的古稻作研究[J].1999,(3):88-97.

[38] 王才林,丁金龙.吴江广福村遗址的古稻作研究[J].2001,(3):97-103.

[39] 王根富.稻作农业与人口——从金坛三星村遗址出土的炭化稻谈起.农业考古,1998,(1):263-264.

[40] 萧家仪.圩墩遗址第五次发掘植物孢粉和硅酸体分析[J].东南文化,1996,111(1):47-50.

[41] 王才林,周裕兴,王志高,张金喜.江苏高淳县薛城遗址的植物蛋白石分析[J].农业考古,2002,(3):55-61.

[42] 汤圣祥,张文绪,刘军.河姆渡·罗家角出土稻谷外稃双峰乳突的扫描电镜观察研究[A].见:浙江省文考古研究所.河姆渡——新石器时代遗址考古发掘报告[M].北京:文物出版社,2003:431-439.

[43] 张文绪,王海明.鲻山遗址古栽培稻研究[A].北京:科学出版社,2009:129-135.

[44] 张文绪,林留根.长江下游地区路驼墩、龙虬庄遗址古稻的研究[A].史前稻作研究文集[M].北京:科学出版社,2009:140-152.

[45] 傅稻镰,秦岭,赵志军,郑云飞,细谷葵,陈旭高,孙国平.田螺山遗址的植物考古学分析:野生植物资源采集、水稻栽培和水稻驯化的形态学观察[A].见:北京大学中国考古学研究中心,浙江省文物考古研究所(编).田螺山遗址自然遗存综合研究[M].北京:文物出版社,2011.

[46] 杭涛,陆建芳,唐汉章.江阴祁头山遗址考古获新突破[N].中国文物报,2001,2(28):1.

[47] 上海市文物保管委员会,崧泽——新石器时代遗址发掘报告[M].北京:文物出版社,1987.

[48] 南京博物院,宜兴市文物管理委员会.江苏宜兴西溪遗址发掘纪要[J].东南文化,2009,211(5):59-62.

附录5 外国人名译名索引

后　记

　　这本小书，是以我的博士论文为基础的一份科研成果。虽然数度打磨，仍显青涩，但它满载着我 10 年间埋头探索农业起源的点点滴滴。论文完成至今已历时 5 年，在此期间，作为中国考古学热点问题之一的长江下游农业探源又涌现出了大量新材料和新认识，特别是植硅石和淀粉颗粒分析，为以往不易获得植物遗存的全新世早期提供了宝贵的信息。在修改书稿的过程中，我一方面极大地受益于这些研究，另一方面也为学术前沿推进之迅速而深感望尘莫及。

　　在这里，需要对本书的修改情况略作说明。与原学位论文相比，现有文字的修改篇幅达到 20%，也就是说，至少有两章的内容是重新撰写的。最主要的改动集中在第一章、第三章和第九章，原论文对最关键的理论概念"人类生态位构建"阐述不足，本书对此做了弥补。2011—2015 年间学术界新发表的相关研究成果，是修改过程中最注意吸收的部分，全书各章都有所涉及。此外，对原论文中要素不完备、不准确的图表进行了大幅修改。为了便于专业读者查找相关资料，行文中出现的所有外国人名和地名首次出现时均括注了英文名，其中几位苏联和日本学者，亦括注其学术成果发表时的英文署名。此外，某些易混淆的人名，中文译名出全名。这些处理得到了本书编辑的理解和支持。

　　书稿付梓之际，我想对成稿过程中所有给予帮助的人表示感谢。首先，要感谢我的三位导师。从本科时的莙政项目算起，陈淳教授指导我 10 年有余，他的治学态度和人格魅力始终令我感到仰之弥高。陈老师尤其尊重和体察年轻人的想法，没有门户之见，支持我们独立自由地实现自己的学术理想，这是我从他那里收获的最宝贵的财富。另一位是我留学加拿大期间的导师加里·克劳福德教授，他教给我的不止于考古学的理论和技术。在我毕业后,我们成了朋友和学术上的合作者,通过工作和日常交往对彼此有了更多了解。无论是无助时的温暖鼓励,还是困顿中的严肃鞭策,或是小有斩获后的额手相庆,从他身上,我真正感受到了一个知识分子内心应有的开阔、真诚和优雅,一种不凡的视野和生活态度。而今,陈老师和加里为这份粗疏的作业惠赐前言,我再次感谢他们的扶持之恩!复旦大学生命科学学院的卢宝荣教授是一位学识广博又深具人文情怀的生态学家,在我撰写论文期间,他已经在水稻遗传学方面给予细致的指导,而后又在我苦于无法继续科研道路时,慷慨地接受我加入他的课题组开展博士后研究,他的无私援助和倾力教导使我拓宽了眼界,大大加深了对水稻种质资源、水稻遗传学和作物进化生态的整体认识。

　　多年以来,浙江省文物考古研究所的诸位前辈和专家对我的工作给予了莫大的支持。感谢郑云飞研究员,他热情地接受我参加他主持的田野工作,并在专业上给予指导和支持,无私地分享珍贵的一手材料和他个人的见解。更可贵的是,对我们在学术上的不同观点,他总是耐心地倾听和吸收,风度儒雅。感谢孙国平研究员对我在田螺山遗址开展工作的支持和关照,他兼容并包的学术胸襟尤其令人难忘。感谢蒋乐平研究员在上山文化合作研究项目中慷慨地分享见解,帮助我全面准确地理解最新的一手材料。郑建明研究员亦是陈淳教授的第一名博士,他在科研上勤恳踏实,屡创新绩,为我们树立了榜样,衷心感谢他对我的循循善诱和一路扶助。此外,还要感谢在浙江开展田野工作时帮助过我的所有师长和同行,他们是浙江省文物考古研究所的刘斌所长、方向明副所长、王海明副所长、陈旭高、王永磊、曹晖、章巍,浙江省博物馆的王屹峰,河姆渡遗址博物馆的黄渭金、马晓光,萧山博物馆的施加农、朱倩,跨湖桥博物馆的吴健,浦江县政协副主席盛丹平,浦江博物馆的朱江平、张国萍、何爱民、陈畅捷,永康博物馆的陈景、颜天华等诸位先生和女士。

　　我在攻博期间,曾赴加拿大多伦多大学学习两年,朝夕相处的老师和朋友们给了我热情的帮助和无私的关怀。我要感谢人类学系的戴维·史密斯(David Smith)、希瑟·米勒(Heather Miller)、迈克尔·布兰德(Michael Brand)等教授,技术员黛博拉·伯格(Deborah Berg)老师,秘书玛丽亚·达莫塔(Maria da Mota)女士,植物考古实验室研究助手米歇尔·金(Michelle King)、裴琳达(Linda Bui),当时的博士生埃米莉·霍兰(Emily Holland)、杰弗里·伯西(Jeffrey Bursey)、格雷格·布朗(Greg Braun)。还要感谢皇家安大略博物馆的沈辰教授、日本金泽大学的秦小丽教授、美国俄勒冈大学人类学系的李昺娥教授,以及当时在多伦多大学法医学系就读的方堃杨和郭丁女士。在近年与多大的合作中,我也大大受益于与地理学系约瑟夫·德洛奇(Joseph Desloges)教授和博士生安娜·梅甘斯(Anna Megans),以及人类学系博士生关子平(Daniel Kwan)、娜塔·淳瓦特纳(Nattha Chuenwattana)的共同工作。此外,我想特别感谢多伦多大学人类学系助理教授谢礼晔博士,我们在田螺山遗址的田野工作中相识相交,这些年来切磋互勉,共同进步,令我获益良多。

这本书里的许多工作,还得益于与国内学者在历次学术活动中的沟通,这里特别要感谢赵志军、靳桂云、吕厚远、董广辉诸位教授,陈雪香和吴妍副教授,以及钟华、周云博士等同仁给我的启发和建议。

复旦大学校内许多其他院系的老师和同学也都对我的研究有过贡献。感谢生命科学学院的宋志平教授为水稻小穗落粒实验提供宝贵的稻种材料,赵耀和欧阳东欣博士在漫长的采样和分析过程中对我帮助良多,感谢吴纪华教授允许我在博后期间使用她的显微镜实验室。潘晓云副教授为我补习了植物学、农学、生态学方面的基本知识,并与我分享他多方面的识见与灵感。现代物理研究所的承焕生教授和朱丹、林嘉炜两位硕士为我们检测了跨湖桥遗址陶片的元素构成。历史地理研究所的徐建平副教授指导我使用地理信息系统。在此一并致谢!

在我攻博期间,文博系的多位师友曾在场地与设备条件极为艰苦的情况下协助我开展实验。因此,我特别要感谢陈刚、俞蕙、刘守柔、赵瑜斌等老师,以及同学苏俊杰、魏敏、钟龄慧、殷敏、张政伟、李琴等诸位。近年来,研究生吴双和段继明为上山项目的田野工作也付出了辛劳。

本书几经周折得以顺利出版,还离不开我的两位老同事,现任上海辞书出版社副总编辑童力军先生和编辑徐衍女士的鼎力支持,我由衷地感谢他们的深情厚谊! 同时,还要感谢本书责编吴慧女士和编审老师付出的辛勤劳动。此外,感谢中国博士后基金特别资助(2013T60408)为本书的出版提供资助。

最后,再一次借我的第一本著作出版之际,感谢爸爸妈妈的养育之恩,感铭他们倾注半生心血对女儿追求理想的理解和默默无闻的支持。也特别感谢我的爱人,一起相濡以沫走过这段不寻常的日子。搁笔之际,掩卷再思,慨自身学力有限,文章虽尽心经营,仍未及善且美。但愿,能在我的下一部书稿里弥补本书留下的遗憾吧。

潘　艳

2016 年 10 月